COURS
D'ARITHMÉTIQUE

ET DE

GÉOMÉTRIE ÉLÉMENTAIRE

PAR

Mlle BERTHE MARTIN

Agrégée des sciences

Professeur au lycée de jeunes filles de Besançon

CLASSE PRÉPARATOIRE A LA PREMIÈRE ANNÉE
PREMIÈRE ANNÉE

NOUVELLE ÉDITION REVUE ET CORRIGÉE

PARIS

LIBRAIRIE CLASSIQUE FERNAND NATHAN

16, RUE DES FOSSÉS-SAINT-JACQUES, 16

(Place du Panthéon, V^e)

—

1924

A LA MÊME LIBRAIRIE

(Envoi franco contre mandat ou timbres)

Mlle B. MARTIN. — **Cours d'Arithmétique** (*Enseignement Secondaire des Jeunes Filles*).
4e et 5e *Années.* — Un vol. relié.............................. 8
2e *Année.* — Un vol. relié. 6

Mlle B. MARTIN et H. COUPIN. — **Cours de Sciences Naturelles** (*Enseignement Secondaire des Jeunes Filles*).
1re *Année.* — Zoologie. — Botanique......................... 7 50
2e *Année.* — Géologie. — Botanique....................... 7 50
3e *Année.* — Hygiène et Économie domestique. — In-8°, relié..... 4

Mmes GOSSE-FABIN et GAUTHIER-ÉCHARD. — **Leçons de Chimie** (*Enseignement Secondaire des Jeunes Filles*).
3e et 4e *Années.* — Un vol. relié.................... 4 40
5e *Année.* — Un vol. relié.......................... 5

A. QUENEY. — **Problèmes et Exercices d'Arithmétique théorique.** — Un vol. in-12, broché................................... 9 50

A. PIERRE et A. MARTIN. — **Cours de Morale théorique et pratique**, conforme au programme des E. P. S. (Programme de 1920). — Un vol. in-12, broché. 3 80 ; relié.......................... 5

Mme H. WALTZ. — **Le Livre du Maître pour l'Enseignement de la Morale.** — Histoires pour le petit François. Un beau vol. Prix actuel...... 6 75

A. AMMANN et L. COUTANT, revue par G. HUISMAN. — **Histoire du Brevet élémentaire et des cours complémentaires**, les trois années réunies. — Un vol. 13 × 19 orné de nombreuses gravures, broché 8 50
relié.. 9 50

PRÉFACE

Cet ouvrage, écrit pour les élèves de la *classe préparatoire à la première année* et pour celles de la *première année secondaire* des Lycées et Collèges de jeunes filles, s'adresse à des enfants qui se sont exercées dans les classes précédentes au calcul pratique, mais qui sont encore malhabiles dans ce calcul, et qui n'ont aucune notion de la théorie de l'arithmétique.

Le professeur doit s'appliquer, au cours de ces deux années, à familiariser ses élèves avec la pratique du calcul et à obtenir qu'elles comptent rapidement et sûrement, aussi bien quand il est question d'opérations écrites que lorsqu'il s'agit de calcul mental. Il doit aussi les initier peu à peu à la méthode mathématique et les mettre à même de comprendre les leçons plus théoriques qui leur seront faites dans les classes suivantes.

L'enseignement de l'arithmétique doit donc cesser d'être presque exclusivement un exercice de mémoire et s'adresser principalement à l'intelligence de l'enfant ; mais les raisonnements doivent rester simples et essentiellement concrets, les esprits jeunes maniant difficilement les abstractions. Il faut chercher, en se reportant à des exemples bien choisis, et qui ne sortent pas du domaine des connaissances des élèves, à leur faire comprendre pourquoi telle ou telle opération, dont elles possèdent depuis quelque temps déjà le mécanisme, doit être faite d'après la règle qu'elles ont appliquée jusqu'alors sans en connaître et sans en chercher la raison.

Nous inspirant de cette idée, nous n'avons donné dans ce livre que des exemples concrets, et des raisonnements tout à fait élémentaires basés sur ces exemples. Sans avoir la rigueur de véritables démonstrations, ces raisonnements satisfont l'esprit des élèves, et les guident pour exposer logiquement les solutions des questions qui leur sont proposées à titre d'exercices.

L'ouvrage se termine par des notions de géométrie pratique contenant des définitions exactes, des exemples, des figures et des exercices intéressants sur la géométrie élémentaire. Nous avons cherché à familiariser les élèves avec l'usage de la règle, de l'équerre, du compas et du rapporteur, et à leur donner des indications qui les aident à trouver d'elles-mêmes les propriétés des figures qu'elles étudient.

Nous avions réuni, à la fin du volume, un grand nombre d'exercices écrits ou oraux, choisis avec soin, portant sur l'arithmétique ou sur la géométrie et que les élèves pourront traiter avec intérêt et profit.

Nous espérons que ce livre rendra quelques services à celles de nos collègues qui voudront bien l'adopter et qu'il les aidera à faire progresser rapidement leurs élèves dans le temps, malheureusement si court, que l'on consacre à l'étude de l'arithmétique dans les classes auxquelles cet ouvrage s'adresse.

B. M.

COURS D'ARITHMÉTIQUE

ET

DE GÉOMÉTRIE ÉLÉMENTAIRE

CLASSE PRÉPARATOIRE A LA PREMIÈRE ANNÉE

— PREMIÈRE ANNÉE —

ENSEIGNEMENT SECONDAIRE DES JEUNES FILLES

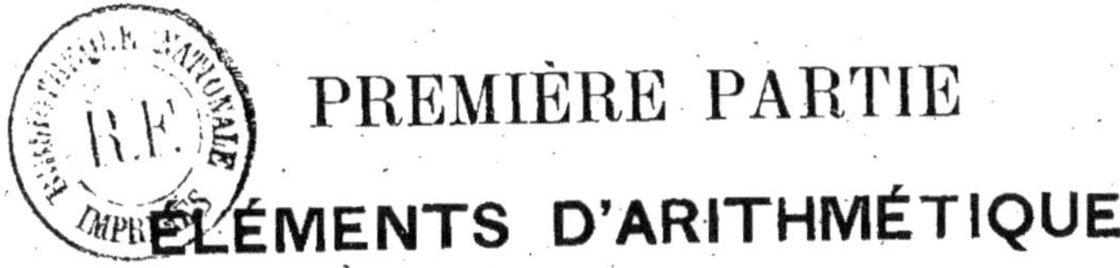

PREMIÈRE PARTIE

ÉLÉMENTS D'ARITHMÉTIQUE

NOTIONS PRÉLIMINAIRES

1. Grandeur ou quantité. — On nomme grandeur ou quantité tout ce qui peut être augmenté ou diminué.

Les mathématiques sont la *science des grandeurs;* mais toutes les grandeurs n'appartiennent pas au domaine des mathématiques, qui s'occupent seulement des **grandeurs mesurables.**

Celles-ci se divisent en **grandeurs discontinues,** formées d'objets distincts les uns des autres, comme les arbres qui bordent une avenue, les fruits qui sont dans une corbeille, les moutons qui composent un troupeau, etc., et en **grandeurs continues,** ne présentant pas de divisions apparentes, comme la longueur d'un mur, la surface d'un terrain, la capacité d'un vase, etc.

2. Mesure des grandeurs. — Pour évaluer une grandeur, c'est-à-dire pour s'en faire une idée exacte, on compte les objets qui la composent s'il s'agit d'une grandeur discontinue, ou bien on **mesure** la grandeur si elle est continue. Dans les deux cas, le résultat que l'on obtient se nomme **nombre**.

Compter, c'est ou dire **un, deux, trois**, etc., en prenant en considérant successivement un à un les objets qui forment une collection.

On voit donc que, lorsqu'on évalue une grandeur discontinue, on prend comme terme de comparaison un des objets qui composent cette grandeur, objet que l'on nomme **unité**. Dans ce cas, le résultat que l'on obtient est forcément composé d'unités entières; on le nomme **nombre entier.** Par exemple, quand on dit qu'il y a **trente** arbres dans une avenue, **trente** est un nombre entier.

Mesurer une grandeur, c'est déterminer exactement sa valeur en la comparant à une autre grandeur bien déterminée et de même espèce prise pour **unité**.

Le *dénombrement* des objets qui composent une grandeur discontinue est en somme un *cas particulier de la mesure des grandeurs*, où le choix de l'unité est imposé par la nature de la grandeur à mesurer.

3. Différentes sortes de nombres. — Nous avons vu que, lorsqu'on évalue une grandeur discontinue, le résultat que l'on obtient est un nombre toujours composé d'unités entières. Il n'en est pas de même quand on mesure une grandeur continue.

Trois cas peuvent alors se présenter :

1° *La grandeur à mesurer contient une ou plusieurs fois sans reste la grandeur unité.* — Par exemple, la longueur d'un mur contient le mètre cinq fois exactement. Dans ce cas, le résultat de la mesure, **cinq** est un **nombre entier.**

2° *La grandeur à mesurer est plus petite que la grandeur unité.* — Dans ce cas, on partage la grandeur unité en un certain nombre de parties égales (que l'on nomme parties aliquotes de l'unité), et l'on cherche combien de fois l'une de ces parties est contenue dans la grandeur à mesurer. Il peut arriver qu'elle y soit contenue un nombre exact de fois.

Par exemple, pour mesurer la longueur d'une règle plus petite qu'un mètre, on peut partager le mètre en cent parties égales et convenir d'appeler chacune de ces parties un *centième du mètre*. Si la longueur de la règle contient trente-cinq de ces parties, le nombre **trente-cinq** ainsi obtenu exprimera la mesure de la longueur, à condition que l'on indique la nature des divisions de l'unité employées pour faire la mesure. On dira alors que la longueur de la règle est les **trente-cinq centièmes du mètre**.

Le nombre **trente-cinq centièmes** ainsi obtenu est une fraction.

3° *La grandeur à mesurer contient une ou plusieurs fois la grandeur unité avec un reste plus petit que l'unité*. Dans ce cas, après avoir retranché autant de fois que possible la grandeur unité de la grandeur à mesurer, on évalue le reste comme une grandeur plus petite que l'unité.

Supposons, par exemple, que la longueur d'un mur contient six fois le mètre avec un reste qui comprend soixante-quatre centièmes du mètre, on dira alors que la longueur du mur est **six mètres et soixante-quatre centièmes de mètre**.

Le nombre **six et soixante-quatre centièmes** obtenu dans ce cas se nomme **nombre fractionnaire**.

On aurait pu d'ailleurs mesurer cette longueur comme on mesure une longueur plus petite que l'unité. En cherchant combien elle contient de centièmes de mètres, on aurait vu qu'elle en renferme six cent soixante-quatre; donc sa mesure est également exprimée par le nombre **six cent soixante-quatre centièmes de mètre**. Ce nombre est une **fraction**.

En somme, il existe trois sortes de nombres :

Les **nombres entiers**, formés d'unités entières ;

Les **fractions**, formées d'une ou de plusieurs parties aliquotes de l'unité ;

Les **nombres fractionnaires**, composés d'un nombre entier et d'une fraction.

4. Nombres abstraits. — Nombres concrets. — Un nombre énoncé sans que l'on indique la nature des unités qui le composent est dit **nombre abstrait**.

Exemples : cinq, trente-cinq centièmes, etc.

Dans ce cas contraire, le nombre est dit **nombre concret**.

Exemples : cinq arbres ; trente-cinq centièmes de mètre, etc.

En réalité, un nombre concret est une grandeur. Dans l'expression cinq arbres, le *nombre est cinq*. Le mot arbre indique la nature des unités qui composent ce nombre, sans modifier l'idée donnée par ce nombre : collection de cinq objets semblables les uns aux autres.

5. But de l'arithmétique. — L'arithmétique est la partie des mathématiques qui a pour objet :

1° *L'étude des opérations que l'on peut effectuer sur les nombres,* c'est-à-dire du calcul ;

2° *L'étude des propriétés élémentaires des nombres.*

L'étude des nombres entiers forme la partie principale de l'arithmétique, car c'est toujours à des opérations sur des nombres entiers que se ramènent les opérations que l'on doit faire sur les autres nombres.

LIVRE PREMIER

NUMÉRATION DES NOMBRES ENTIERS
OPÉRATIONS SUR CES NOMBRES

CHAPITRE I

Numération.

1. Définition. — La numération est la partie l'arithmétique qui nous apprend à *former* les nombres, à les *nommer* et à les *écrire*. Elle comprend deux parties : la **numération orale**, qui s'occupe de former et de nommer les nombres, et la **numération écrite**, qui étudie la manière de les écrire.

§ 1. — Numération orale.

2. Formation des nombres. — Les nombres se forment en partant de l'unité qui est le plus petit des nombres entiers. On ajoute une unité à ce premier nombre et on obtient un nouveau nombre ; on ajoute ensuite une unité à ce nouveau nombre et on en obtient un autre, et ainsi de suite.

Il résulte de cette manière de former les nombres que *la suite des nombres entiers est illimitée*, car, quelque grand que soit un nombre, on peut toujours lui ajouter une unité et obtenir un nouveau nombre.

3. Noms des nombres. — La suite des nombres entiers étant illimitée, il n'était pas possible de donner à ces nombres des noms distincts et indépendants les uns des autres.

On a donc cherché à nommer les nombres en employant le moins de mots possible. Pour cela, on a adopté des règles qui permettent de déduire les noms des nombres entiers des noms de certains d'entre eux qu'il suffit de retenir.

On a d'abord donné des noms particuliers aux premiers nombres de la suite naturelle des nombres entiers.

Le premier nombre, formé d'une seule unité, se nomme *un*.

Le nombre obtenu en ajoutant une unité à un se nomme *deux*.

Les nombres suivants se nomment, dans leur ordre de succession, *trois, quatre, cinq, six, sept, huit* et *neuf*.

Le nombre qui suit neuf et que l'on nomme *dix* joue un rôle particulier dans la numération. Il est considéré comme une nouvelle unité que l'on nomme **dizaine** ou *unité de deuxième ordre*, tandis que les unités précédemment considérées se nomment **unités simples** ou *unités du premier ordre*.

On peut alors former et nommer des collections de dizaines comme on a formé et nommé des collections d'unités simples.

Une dizaine se nomme		*dix.*
La collection de deux dizaines se nomme		*vingt.*
Celle de trois dizaines	—	*trente.*
Celle de quatre dizaines	—	*quarante.*
Celle de cinq dizaines	—	*cinquante.*
Celle de six dizaines	—	*soixante.*
Celle de sept dizaines	—	*septante* ou *soixante-dix.*
Celle de huit dizaines	—	*octante* ou *quatre-vingts.*
Celle de neuf dizaines	—	*nonante* ou *quatre-vingt-dix.*
Celle de dix dizaines	—	*cent.*

La collection de dix dizaines est à son tour considérée comme une nouvelle unité que l'on nomme **centaine** ou *unité du troisième ordre*.

On forme et on nomme les collections de centaines comme on a formé et nommé celles de dizaines et d'unités simples.

On a ainsi :

Une centaine	ou *cent;*
Deux centaines	ou *deux cents;*
Trois centaines	ou *trois cents;*
Quatre centaines	ou *quatre cents;*
Cinq centaines	ou *cinq cents;*
Six centaines	ou *six cents;*
Sept centaines	ou *sept cents;*
Huit centaines	ou *huit cents;*
Neuf centaines	ou *neuf cents;*
Dix centaines	ou *mille.*

On continue à procéder de la même manière. La collection de dix centaines est considérée comme une nouvelle unité que l'on nomme **unité de mille** ou *unité du quatrième ordre ;* celle de dix unités de mille forme une **dizaine de mille** ou *unité du cinquième ordre* et ainsi de suite, on trouve successivement :

La **centaine de mille** ou *unité du sixième ordre ;*
L'**unité de million** ou *unité de septième ordre ;*
La **dizaine de million** ou *unité du huitième ordre ;*
La **centaine de million** ou *unité du neuvième ordre ;*
L'**unité de billion** ou **milliard** ou *unité du dixième ordre,* etc.

Le principe qui sert de base à notre numération orale est donc le suivant : *Dix unités d'un ordre quelconque en forment une de l'ordre immédiatement supérieur.* On peut également énoncer ce principe en disant que : *une unité d'un ordre quelconque en vaut dix de l'ordre immédiatement inférieur.*

Les conventions précédentes permettent de nommer un nombre formé d'un nombre exact, au plus égal à neuf, d'unités d'un ordre quelconque.

Entre deux dizaines consécutives, par exemple entre vingt et trente, se trouvent neuf nombres auxquels on devait donner un nom. Ces noms ont été choisis de manière à rappeler la façon dont ces nombres sont formés.

Ainsi, le nombre qui suit vingt, obtenu en ajoutant une unité à vingt, se nomme *vingt et un ;* celui qui suit vingt et un, obtenu en ajoutant une unité à vingt et un, ou, ce qui revient au même, deux unités à vingt, se nomme vingt-deux, et ainsi de suite, on trouve *vingt-trois, vingt-quatre, vingt-cinq, vingt-six, vingt-sept, vingt-huit* et *vingt-neuf.* De même entre cinquante et soixante on trouve *cinquante et un, cinquante-deux, cinquante-trois,* etc.

Donc, *pour former les noms des nombres compris entre deux dizaines consécutives, on ajoute successivement au nom de la première de ces dizaines les noms des neuf premiers nombres.*

Il y a exception pour les noms des six nombres qui suivent dix, et qui, au lieu de se nommer régulièrement *dix et un, dix-deux, dix-trois, dix-quatre, dix-cinq, dix-six,* se nomment *onze, douze, treize, quatorze, quinze* et *seize.*

De là résultent les exceptions correspondantes *soixante et onze, soixante-douze, soixante-treize, soixante-quatorze, soixante-quinze, soixante-seize* pour les six nombres qui suivent immédiatement soixante-dix quand on emploie le mot soixante-dix pour *septante*, et *quatre-vingt-onze, quatre-vingt-douze, quatre-vingt-treize, quatre-vingt-quatorze, quatre-vingt-quinze, quatre-vingt-seize* pour les six nombres qui suivent immédiatement quatre-vingt-dix quand on emploie ce mot pour *nonante*.

De même, entre deux centaines consécutives se trouvent quatre-vingt-dix-neuf nombres dont on forme les noms *en ajoutant successivement au nom de la première de ces centaines les noms des quatre-vingt-dix-neuf premiers nombres*. On trouve ainsi entre cent et deux cents : *cent un, cent deux, cent trois,* etc., *cent quatre-vingt-dix-neuf.*

De même encore, entre deux unités de mille consécutives, il y a neuf cent quatre-vingt-dix-neuf nombres dont on forme les noms en *ajoutant successivement au nom de la première de ces unités de mille les noms des neuf cent quatre-vingt-dix-neuf premiers nombres*, et ainsi de suite, ce qui permet de nommer un nombre, si grand qu'il soit.

4. Classes. — Remarquons que, dans notre système de numération, les différents ordres d'unités sont réunis par groupes comprenant trois ordres consécutifs en commençant par les unités du premier ordre. On nomme **classe** l'un quelconque de ces groupes, et **unités** principales de chaque classe les unités de l'ordre le plus faible dans cette classe. *Chaque classe comprend les unités, dizaines et centaines de son unité principale.*

La *première classe* est celle des *unités simples ;* la *deuxième,* celle des *mille ;* la *troisième,* celle des *millions,* etc.

On peut résumer ces notions relatives à la numération orale dans le tableau suivant :

PREMIÈRE CLASSE *Unités simples.*	Unités simples ou unités du premier ordre. Dizaines ou unités du deuxième ordre. Centaines ou unités du troisième ordre.
DEUXIÈME CLASSE *Mille.*	Unités de mille ou unités du quatrième ordre. Dizaines de mille ou unités du cinquième ordre. Centaines de mille ou unités du sixième ordre.
TROISIÈME CLASSE *Millions.*	Unités de million ou unités du septième ordre. Dizaines de million ou unités du huitième ordre. Centaines de million ou unités du neuvième ordre. Etc.

5. Divers systèmes de numération. — On nomme **base** d'un système de numération *le nombre qui indique combien il faut* dans ce système *d'unités d'un ordre donné pour former une unité de l'ordre immédiatement supérieur.*

La base du système de numération que nous venons d'exposer est donc **dix**. De là vient le nom de **numération décimale** donné à ce système de numération.

En suivant le même principe que dans la numération décimale, mais en faisant varier la base, on obtiendrait d'autres systèmes de numération. Par exemple, lorsqu'on compte des objets par **douzaines**, puis par **grosses** (la grosse valant douze douzaines), on applique le principe d'un système de numération de base **douze** ou **système duodécimal.**

---

§ 2. — Numération écrite.

6. Chiffres. — La numération écrite a pour but de représenter tous les nombres avec aussi peu de signes que possible.

Les signes ou caractères employés pour représenter les nombres se nomment **chiffres**. On a représenté par un chiffre chacun des neuf premiers nombres; les caractères employés à cet effet sont les suivants :

1	2	3	4	5	6	7	8	9
Un	deux	trois	quatre	cinq	six	sept	huit	neuf

En ajoutant à ces neuf chiffres un chiffre supplémentaire 0 (zéro), on peut représenter tous les nombres au moyen de ces dix caractères en appliquant la convention suivante.

7. Principe de la numération écrite. — *Tout chiffre écrit à la gauche d'un autre représente des unités dix fois plus fortes que celles représentées par cet autre, c'est-à-dire des unités de l'ordre immédiatement supérieur à l'ordre des unités que représente cet autre.*

D'après cette convention, si un chiffre représente des unités simples, un autre chiffre écrit immédiatement à gauche du premier représente des unités dix fois plus fortes que les unités simples, c'est-à-dire des dizaines. Inversement, *pour qu'un chiffre représente des dizaines, il faut l'écrire immédiatement à gauche d'un autre chiffre qui représente des unités simples.*

De même, si un chiffre représente des dizaines, un autre chiffre écrit immédiatement à gauche de celui-ci représente des unités dix fois plus fortes que les dizaines, c'est-à-dire des centaines , et inversement, *pour qu'un chiffre représente des centaines, il faut l'écrire immédiatement à gauche d'un autre chiffre qui représente des dizaines,* et ainsi de suite.

On peut donc, à l'aide de cette convention, écrire le nombre d'unités de chaque ordre que renferme un nombre donné, puisque chaque ordre contient au plus neuf unités. Lorsqu'un ordre d'unités manque, on le remplace par un zéro.

Soit, par exemple, à écrire le nombre huit cent vingt-sept. Ce nombre comprend huit centaines, deux dizaines et sept unités. On peut le figurer en écrivant un 7 qui représentera les 7 unités ; puis, à gauche du 7, un 2 qui représentera les 2 dizaines, et, à gauche du 2, un 8 qui représentera les 8 centaines du nombre. On a ainsi le nombre 827.

Dans la pratique, au lieu d'écrire de droite à gauche les chiffres 7, 2 et 8, on écrit, en allant de gauche à droite, les chiffres 8, 2 et 7, en suivant l'ordre dans lequel les divers ordres d'unités du nombre sont énoncés.

Soit encore à écrire le nombre neuf cent trois, qui comprend neuf centaines et trois unités. On peut le figurer en écrivant d'abord un 3 qui représentera les 3 unités du nombre, puis à gauche de ce chiffre un zéro pour remplacer les dizaines qui manquent, et, à gauche du zéro, un 9 qui représente les 9 centaines du nombre donné. On a ainsi le nombre 903.

Dans la pratique, on écrit, en allant de gauche à droite, successivement les chiffres 9, 0 et 3.

On procède de même pour écrire un nombre quelque grand qu'il soit, ce qui conduit à la règle suivante :

8. Règle pour écrire un nombre. — *Pour écrire un nombre inférieur à mille, on écrit successivement en allant de gauche à droite les chiffres qui expriment combien ce nombre renferme de centaines, de dizaines et d'unités.*

Si le nombre est plus grand que mille, on écrit chacune de ses classes comme si elle était seule en allant de gauche à droite et en commençant par la classe la plus élevée pour finir par la classe des unités simples. Dans chaque cas, on remplace par un zéro tout ordre qui manque dans le nombre à écrire.

9. Chiffres significatifs. — Le zéro est un chiffre qui sert uniquement à tenir la place des ordres qui peuvent manquer dans un nombre à écrire. Il n'a par lui-même aucune valeur. Tout autre chiffre, au contraire, a une valeur propre et représente un nombre inférieur à dix. C'est pourquoi les chiffres autres que le zéro sont nommés **chiffres significatifs.**

10. Valeur absolue et valeur relative d'un chiffre. — On nomme **valeur absolue** d'un chiffre *la valeur qu'il a par lui-même,* valeur qui dépend de sa forme, et **valeur relative** de ce chiffre, *la valeur que lui donne le rang qu'il occupe dans un nombre.* Ainsi, la valeur absolue du chiffre 8 est huit unités. Dans le nombre 827, la valeur relative du même chiffre est huit centaines ou huit cents unités.

Dans un nombre quelconque, le chiffre des unités simples est le seul chiffre dont la valeur absolue soit égale à la valeur relative.

11. Règle pour lire un nombre. — La règle à suivre pour lire un nombre est une conséquence de la règle adoptée pour l'écrire :

Si le nombre n'a pas plus de trois chiffres, on énonce successivement ses centaines, ses dizaines et ses unités. S'il a plus de trois chiffres, on le partage à partir de la droite en tranches de trois chiffres (la dernière tranche à gauche pouvant n'avoir qu'un ou deux chiffres); puis on énonce successivement chaque tranche, à partir de la gauche, comme si elle était seule, en la faisant suivre du nom de la classe qu'elle représente.

Soit, par exemple, à lire le nombre 528.

Ce nombre comprend cinq centaines, ou *cinq cents,* deux dizaines ou *vingt,* et *huit unités.* Il se lit cinq cent vingt-huit unités.

Soit encore à lire le nombre 42506347. Je partage ce nombre en tranches de trois chiffres à partir de la droite, ce qui donne 42.506.347. La première tranche à droite représente la classe des unités simples; celle qui la précède représente la classe des mille; la dernière tranche, la classe des millions.

Le nombre se lit donc *quarante-deux millions, cinq cent six mille, trois cent quarante-sept unités.*

12. Manière de rendre un nombre entier 10, 100, 1000... fois plus grand. — *On rend un nombre entier 10, 100, 1000... fois plus grand en écrivant un, deux, trois,... zéros à la droite de ce nombre.*

Ainsi, je dis que le nombre 42 500 est 100 fois plus grand que le nombre 425.

En effet, le nombre 42 500 contient 425 centaines, tandis que le nombre 425 contient seulement 425 unités. Une centaine valant cent fois plus qu'une unité, 425 centaines valent bien cent fois plus que 425 unités.

Inversement, *lorsqu'un nombre entier est terminé par des zéros, on le rend 10, 100, 1000... fois plus petit en supprimant un, deux, trois,... zéros sur sa droite.*

Ainsi, en supprimant deux zéros à droite du nombre 12 000, ce qui donne 120, on obtient un nombre 100 fois plus petit que 12 000.

En effet, le nombre 12 000 contient 120 centaines, tandis que le nombre 120 contient 120 unités seulement. Une unité valant 100 fois moins qu'une centaine, 120 unités valent bien 100 fois moins que 120 centaines.

13. Les zéros écrits à gauche d'un nombre entier ne changent pas la valeur du nombre. — Ainsi le nombre 0037 a la même valeur que 37. En effet chacun de ces nombres contient 7 unités simples et 3 dizaines.

D'ailleurs, les deux zéros écrits à gauche du premier montrent que, comme le deuxième, il ne contient ni centaines, ni unités de mille. Les deux nombres, formés exactement des mêmes parties sont donc égaux.

---

§ 3. — Numération romaine écrite.

14. Chiffres romains. — Les chiffres que nous avons employés jusqu'ici nous viennent des Arabes et se nomment **chiffres arabes** à cause de leur origine.

·Les chiffres usités autrefois par les Romains sont encore employés actuellement dans un certain nombre de cas.

Ainsi les chiffres romains indiquent souvent les heures sur les cadrans des horloges et des montres ; ils servent à marquer les dates sur les monuments et dans les inscriptions ; ils sont employés dans les noms des souverains. Il est donc utile de connaître ces chiffres, et les règles suivies pour les employer dans la représentation des nombres.

Les chiffres romains sont les lettres majuscules suivantes :

$$I \quad V \quad X \quad L \quad C \quad D \quad M$$

qui représentent respectivement :

Un	cinq	dix	cinquante	cent	cinq cents	mille

15. Écriture des nombres. — Pour écrire tous les nombres à l'aide de ces sept caractères, on adopte les conventions suivantes :

1° *Tout chiffre placé à la droite d'un autre qui lui est supérieur ou au moins égal s'ajoute à cet autre.*

Ainsi les symboles :

$$II \quad VI \quad XV \quad CGC \quad MDLVII$$

représentent respectivement les nombres :

$$2 \quad 6 \quad 15 \quad 300 \quad 1557$$

2° *Tout chiffre placé à gauche d'un autre chiffre plus fort que lui s'en retranche.*

Ainsi ces symboles :

$$IV \quad IX \quad XL \quad XIX \quad XC \quad CM$$

représentent respectivement les nombres :

$$4 \quad 9 \quad 40 \quad 19 \quad 90 \quad 900$$

3° *Un nombre quelconque surmonté d'un trait horizontal représente des mille ; surmonté de deux traits, des millions ; de trois traits, des billions ou milliards, etc.*

Ainsi :

$$\overline{X} \quad \text{signifie } 10\,000$$

$$\overline{\overline{XIV}} \quad \text{signifie } 14\,000\,000$$

D'après cette dernière convention, le nombre 1000 peut s'écrire indifféremment M ou $\overline{I}$; la première manière est la plus usitée.

En appliquant ces règles, on lit facilement un nombre quelconque écrit en chiffres romains.

CHAPITRE II

Addition.

1. Notion de somme. — Dans une corbeille se trouvent 12 oranges, dans une autre 8 oranges, dans une troisième 15 oranges. Mettons toutes les oranges dans la même corbeille, et comptons alors le nombre des oranges contenues dans celle-ci. Nous trouverons qu'il y en a 35. L'opération que nous venons de faire ainsi est une **addition** et le nombre 35 que nous avons trouvé comme résultat se nomme **somme** ou **total** des nombres 12, 8 et 15. Ces nombres eux-mêmes sont appelés les **parties de la somme**.

Il est évident que le résultat est le même quelle que soit la nature des objets que l'on additionne, et que, si l'on cherche par exemple combien il y a en tout de rosiers dans trois plates-bandes dont l'une en contient 12, l'autre 8 et la dernière 15, on trouvera 35 rosiers. Ceci conduit à la définition suivante.

2. Définition. — *L'addition est l'opération par laquelle on obtient la somme de plusieurs nombres donnés de même espèce. Elle a donc pour but de trouver un nombre qui contienne autant d'unités qu'il y en a en tout dans les nombres donnés.*

Pour indiquer que l'on doit faire la somme de plusieurs nombres, on les écrit les uns à la suite des autres en mettant entre eux le signe $+$ qui s'énonce *plus;* c'est le signe de l'addition.

Pour exprimer le total, on place à la suite des nombres le signe $=$ qui s'énonce *égale*, et à droite de ce signe on écrit le résultat obtenu. Ainsi l'indication et le résultat de l'addition faite précédemment se traduisent par la formule suivante :

$$12 + 8 + 15 = 35,$$

qui s'énonce 12 plus 8 plus 15 égale 35.

3. **Remarque.** — Dans l'étude que nous ferons des opérations relatives aux nombres entiers, nous distinguerons plusieurs cas pour chaque opération. Ces cas seront choisis de telle sorte que le premier soit le plus simple ; que le deuxième se déduise du premier, le troisième du deuxième et ainsi de suite s'il y a lieu, le dernier cas étant *le cas général* et se déduisant finalement du premier.

Cela posé, nous distinguerons deux cas dans l'addition.

4. **Premier cas.** — *Addition d'un nombre d'un seul chiffre à un nombre quelconque.*

Soit à ajouter 5 à 28.

On obtiendra évidemment la somme en ajoutant successivement à 28 toutes les unités que contient 5.

J'ajoute à 28 une première unité et j'ai 29 ; à 29, j'ajoute une deuxième unité et j'ai 30 ; à 30, une troisième unité et j'ai 31 ; à 31, une quatrième unité et j'ai 32 ; à 32, une cinquième unité et j'ai 33. Je vois ainsi que :

$$28 + 5 = 33.$$

Dans la pratique, au lieu d'ajouter une à une au premier nombre les unités du deuxième, on doit connaître les résultats de toutes les additions du premier cas et pouvoir dire immédiatement que 28 et 5 font 33.

5. **Principes relatifs à l'addition.** — Pour étudier le deuxième cas de l'addition nous établirons d'abord les principes suivants :

I. *La somme de plusieurs nombres ne change pas dans quelque ordre que l'on prenne ces nombres.*

Si par exemple on met dans une corbeille unique successivement 10 pommes, 8 pommes, 12 pommes et enfin 7 pommes contenues primitivement dans quatre corbeilles différentes, la corbeille contient exactement le même nombre de pommes que si l'on y avait mis successivement 12 pommes, puis 8 pommes, puis 7 pommes et enfin 10 pommes, en prenant dans un ordre différent les contenus des quatre premières corbeilles. On a par suite :

$$10 + 8 + 12 + 7 = 12 + 8 + 7 + 10.$$

II. *Dans une somme de plusieurs nombres, on peut rem-*

placer plusieurs parties par leur somme, ou, au contraire, remplacer un des nombres donnés par plusieurs autres dont la somme est égale à ce nombre.

1° Supposons par exemple que quatre sacs contenant des billes en renferment respectivement 28, 32, 15 et 20.

On peut totaliser les billes en versant successivement dans le premier sac les contenus du deuxième, du troisième et du dernier. Le premier sac contient alors :

$$28 + 32 + 15 + 20 \text{ billes.}$$

On peut aussi verser d'abord dans le premier sac le contenu du deuxième et dans le troisième le contenu du quatrième.

Le premier sac contient alors :

$$28 + 32 \text{ billes,}$$

et le troisième :

$$15 + 20 \text{ billes.}$$

Si maintenant on verse dans le premier sac ce que contient le troisième, le premier sac renferme toutes les billes, et l'on voit bien ainsi que :

$$28 + 32 + 15 + 20 = (28 + 32) + (15 + 20).$$

(Les parenthèses du second membre de l'égalité indiquent que l'on considère comme effectuées les sommes $28 + 32$ et $15 + 20$.)

2° Supposons que, dans une bourse qui contient déjà 65 francs, on doive mettre une somme de 253 francs composée de deux billets de 100 francs, cinq billets de 10 francs et trois pièces de 1 franc. On peut introduire successivement dans la bourse les deux billets de 100 francs, les cinq billets de 10 francs et les trois pièces de 1 franc. Il en résulte que :

$$65 + 253 = 65 + 200 + 50 + 3.$$

3. Deuxième cas de l'addition. — *Addition de plusieurs nombres quelconques.*

Soit à calculer la somme $3452 + 723 + 9684$.

Chacun des nombres à additionner peut être considéré comme une somme de plusieurs parties :

$3\,452 = 3$ unités de mille $+ 4$ centaines $+ 5$ dizaines $+ 2$ unités;
$723 = \phantom{3\text{ unités de mille} + }7$ centaines $+ 2$ dizaines $+ 3$ unités;
$9\,684 = 9$ unités de mille $+ 6$ centaines $+ 8$ dizaines $+ 4$ unités.

D'après les principes énoncés précédemment, nous obtiendrons le résultat cherché en additionnant séparément les unités simples, puis les dizaines, puis les centaines et enfin les unités de mille que renferment les trois nombres donnés, et en réunissant en un seul nombre toutes les sommes partielles.

La somme des unités $2 + 3 + 4$ s'obtient à l'aide de deux additions du premier cas et vaut 9 unités.

La somme des dizaines 5 dizaines $+ 2$ dizaines $+ 8$ dizaines s'obtient également à l'aide de deux additions du premier cas, elle vaut 15 dizaines et comprend 5 dizaines et une centaine.

La somme des centaines 4 centaines $+ 7$ centaines $+ 6$ centaines vaut 17 centaines. J'y ajoute une centaine provenant de la somme partielle précédente, ce qui fait 18 centaines. Ces 18 centaines comprennent 8 centaines et une unité de mille.

La somme des unités de mille vaut $3 + 9$ ou 12 unités de mille; j'y ajoute une unité de mille provenant de la somme partielle précédente, ce qui fait 13 unités de mille. La somme totale formée de 13 unités de mille, 8 centaines, 5 dizaines et 9 unités, est le nombre 13859.

Pour faciliter le calcul, on dispose ordinairement les nombres les uns sous les autres, de manière que les unités de même ordre se trouvent dans une même colonne; on souligne le dernier nombre pour le séparer du résultat que l'on écrit au-dessous de lui, en faisant correspondre ses diverses unités aux unités de même ordre des nombres donnés. On dit :

Retenues 1 1	2 et 3, 5 et 4, 9.
3452	5 et 2, 7 et 8, 15; je pose 5 et je retiens **1**.
723	1 et 4, 5 et 7, 12 et 6, 18; je pose 8 et je
9684	retiens **1**.
Total : 13859	1 et 3, 4 et 9, 13.

De là résulte la règle :

7. Règle. — *Pour faire la somme de plusieurs nombres quelconques, on écrit ces nombres les uns sous les autres, de manière que les unités de même ordre soient dans la même colonne. On souligne le dernier nombre pour le séparer du résultat. Puis, en commençant par la droite, on fait la somme de tous les chiffres d'une même colonne. Lorsqu'une somme ne dépasse pas* **9,** *on l'écrit sous la colonne des chiffres qui l'ont fournie ; quand au contraire une somme dépasse* 9, *on écrit sous la colonne des chiffres que l'on vient d'additionner les unités de la somme obtenue, et l'on reporte les dizaines de cette somme à la colonne suivante. On continue de la même façon jusqu'à la dernière colonne sous laquelle on écrit le dernier résultat tel qu'on le trouve.*

8. Remarque. — Si la somme des chiffres d'une même colonne ne dépassait jamais 9, on pourrait commencer l'addition par la gauche aussi bien que par la droite ou même par une colonne quelconque. Mais il n'en est généralement pas ainsi, de sorte qu'il y a avantage à commencer l'addition par la droite. Sans cela, on serait obligé d'effacer un ou plusieurs chiffres déjà écrits pour les modifier lorsqu'il y aurait une retenue, ou de faire une deuxième addition à la suite de la première.

9. Preuve de l'addition. — *On nomme* **preuve** *d'une opération une nouvelle opération que l'on fait pour s'assurer de l'exactitude de la première.*

Lorsqu'une preuve réussit, il n'est pas absolument sûr que l'opération est exacte ; de même, quand elle ne réussit pas, il n'est pas absolument sûr que l'opération soit fausse, car on peut aussi bien se tromper en faisant la preuve qu'en effectuant l'opération. Tout ce que l'on peut dire, c'est que, *lorsque la preuve réussit, il est probable que l'opération est juste.*

En général, pour faire la preuve d'une addition, on recommence l'opération en sens contraire du sens où on l'a faite en premier lieu, c'est-à-dire que si tout d'abord on a calculé les sommes partielles en prenant les chiffres d'une même colonne de haut en bas, on les calcule la deuxième fois en prenant les chiffres de chaque colonne de bas en haut, ou inversement. Si les deux résultats sont identiques, il est probable que l'opération est exacte.

On peut aussi, lorsqu'il s'agit d'une longue addition, la

partager en deux ou un plus grand nombre d'additions partielles, et réunir en une somme totale les diverses sommes partielles obtenues. Si le premier résultat est identique au deuxième, il est probable que l'opération est exacte.

Exemple :	1328	1328	
	649	649	
	753	753	Sommes partielles.
	29	29	
	3472	3472	2759
	945	945	
	1873	1873	
	6732	6732	13022
	874	874	
	90	90	
	5321	5321	6285
	22066	22066	Somme totale.

CHAPITRE III

Soustraction.

----

1. Notion de différence. — Une boîte contient
12 plumes ; on en retire 5 ; si l'on compte le nombre de
plumes qui se trouvent encore dans la boîte, on voit qu'il y
en a 7. L'opération qui vient d'être faite est une **soustraction**
et le nombre 7, obtenu comme résultat, se nomme **différence**
des nombres 12 et 5. Ceci conduit à la définition suivante :

2. Définition. — *La soustraction est l'opération par laquelle
on obtient la différence de deux nombres donnés de même espèce.
Elle a donc pour but de retrancher d'un nombre donné toutes les
unités contenues dans un autre nombre donné, plus petit que lui
et de même espèce que lui.*

Le résultat se nomme aussi **reste** de la soustraction ou
encore **excès** du plus grand nombre sur le plus petit.

Les deux nombres donnés sont les deux **parties** ou les deux
termes de la différence.

Il est évident que si, dans la boîte qui ne contient plus que
7 plumes, nous remettons les 5 plumes qui en ont été retirées,
la boîte contiendra de nouveau 12 plumes.

Le reste est donc un nombre tel que, si on l'ajoute au plus
petit des nombres donnés, on obtient pour somme le plus
grand nombre, de sorte que l'on peut dire aussi que :

*La soustraction est une opération qui a pour but, étant donnés
deux nombres, d'en chercher un troisième qui, ajouté au plus
petit, reproduise le plus grand.*

Pour indiquer que l'on doit chercher la différence de deux
nombres, on écrit le plus petit nombre à la droite du plus
grand en mettant entre les deux nombres le signe — que l'on
énonce *moins ;* c'est le signe de la soustraction.

Pour exprimer la différence, on met après le plus petit nombre le signe =, puis le reste. Ainsi on écrira :

$$12 - 5 = 7,$$

ce qui s'énonce 12 moins 5 égale 7.

Nous distinguerons trois cas dans la soustraction.

3. Premier cas. — *Le plus petit nombre est au plus égal à* 10.

Soit à calculer la différence 13 — 4.

On obtiendra évidemment la différence en retranchant succsessivement de 13 les unités contenues dans 4.

J'enlève à 13 une première unité; il reste 12. J'enlève à 12 une deuxième unité, il reste 11 ; j'enlève à 11 une troisième unité, il reste 10 ; enfin, j'enlève à 10 une quatrième unité, il reste 9. Je vois ainsi que :

$$13 - 4 = 9.$$

Dans la pratique, au lieu d'enlever une à une au plus grand nombre les unités contenues dans le plus petit, on doit connaître les résultats de toutes les soustractions du premier cas, et pouvoir dire directement que 13 moins 4 égale 9 ou que 4 ôté de 13, il reste 9.

4. Premier principe relatif à la soustraction. — Avant d'étudier le deuxième cas de la soustraction, nous établirons le principe suivant :

Pour retrancher d'un nombre donné une somme de plusieurs parties, on peut retrancher successivement de ce nombre toutes les parties de la somme.

Supposons que, dans une bourse qui contient 320 francs, on doive prélever la somme nécessaire pour acquitter une facture de 234 francs. On paie cette facture avec deux billets de 100 francs, trois billets de 10 francs et quatre pièces de 1 franc. Si on enlève successivement les deux billets de 100 francs, les trois billets de 10 francs et les quatre pièces de 1 franc, on a bien diminué de 234 francs le contenu de la bourse, et l'on voit ainsi que :

$$320 - 234 = 320 - 200 - 30 - 4.$$

5. Deuxième cas de la soustraction. — *Le plus petit nombre est supérieur à* 10, *mais chacun de ses chiffres est infé rieur ou au plus égal au chiffre de même ordre du plus grand nombre.*

Soit à calculer la différence 9 578 — 324.

Considérons chacun de ces nombres comme une somme de plusieurs parties.

$$9578 = 9 \text{ unités de mille} + 5 \text{ centaines} + 7 \text{ dizaines} + 8 \text{ unités.}$$
$$324 = \phantom{9 \text{ unités de mille} + {}} 3 \text{ centaines} + 2 \text{ dizaines} + 4 \text{ unités.}$$

D'après le principe qui vient d'être établi, la différence cherchée s'obtiendra en retranchant successivement du premier nombre toutes les parties du deuxième, ce que l'on peut faire en retranchant 4 unités des 8 unités, 2 dizaines des 7 dizaines et 3 centaines des 5 centaines du plus grand nombre. Chacune de ces différences partielles s'obtient par une soustraction du premier cas. Nous disons :

4 unités ôtées de 8 unités, il reste 4 unités.

2 dizaines ôtées de 7 dizaines, il reste 5 dizaines.

3 centaines ôtées de 5 centaines, il reste 2 centaines.

Il reste en outre 9 unités de mille. La différence composée de 9 unités de mille, 2 centaines, 5 dizaines et 4 unités est le nombre 9 254.

$$\begin{array}{r} 9578 \\ 324 \\ \hline 9254 \end{array}$$

L'opération se dispose comme ci-contre.

6. Deuxième principe relatif à la soustraction. — Le troisième cas de la soustraction est une application du principe suivant.

La différence de deux nombres ne change pas quand on ajoute un même nombre aux deux termes de la différence.

Supposons que deux boîtes de plumes en contiennent l'une 80, l'autre 60. Il y en a 80 — 60 ou 20 de plus dans la première que dans la seconde. Mettons alors 15 plumes dans chacune des boîtes ; la première en contient ainsi 80 + 15, la deuxième 60 + 15, et il est évident que la première en contient toujours 20 de plus que l'autre.

On a donc :

$$80 - 60 = (80 + 15) - (60 + 15).$$

On verrait d'ailleurs de la même façon que :

$$80 - 60 = (80 - 12) - (60 - 12),$$

c'est-à-dire que : *la différence de deux nombres ne change pas quand on retranche un même nombre aux deux termes de la différence.*

7. Troisième cas de la soustraction. — *Le plus petit nombre est supérieur à* 10, *mais certains de ses chiffres sont supérieurs aux chiffres de même ordre du plus grand nombre.*

Soit à calculer la différence 7 382 — 2 857.

Si nous cherchons, comme dans le cas précédent, à retrancher successivement les unités, dizaines, centaines et unités de mille du plus petit nombre des unités de même ordre du plus grand, nous voyons qu'il est impossible de retrancher 7 unités de 2 unités. Ajoutons alors 10 unités à 2, ce qui donne 12, et retranchons 7 unités de 12 unités, il reste 5 unités.

Ayant augmenté le plus grand nombre de 10 unités ou une dizaine, ajoutons (pour ne pas changer la différence) une dizaine au plus petit nombre, ce qui fait 6 dizaines. On peut retrancher 6 dizaines de 8 dizaines ; il reste 2 dizaines.

Il est impossible de retrancher 8 centaines de 3 centaines ; ajoutons 10 centaines à 3 centaines, ce qui fait 13 centaines, et retranchons 8 centaines de 13 centaines ; il reste 5 centaines.

Ayant augmenté le plus grand nombre de 10 centaines ou une unité de mille, ajoutons (pour ne pas changer la différence) une unité de mille au plus petit nombre, ce qui fait 3 unités de mille. Retranchons ces 3 unités de mille de 7 unités de mille du plus grand nombre ; il reste 4 unités de mille. La différence comprenant 4 unités de mille, 5 centaines, 2 dizaines et 5 unités est le nombre 4 525.

Dans la pratique on dit :

7382	7 ôté de 12 il reste 5 et je retiens 1 ;
2857	1 et 5, 6, ôté de 8 il reste 2 ;
	8 ôté de 13, il reste 5 et je retiens 1 ;
4525	1 et 2, 3, ôté de 7 il reste 4.

La disposition du calcul est la même que dans le cas précédent.

De là résulte la règle :

8. Règle. — *Pour faire une soustraction, on écrit le plus petit nombre sous le plus grand de manière que les unités de même ordre se trouvent dans une même colonne. On tire un trait sous le plus petit nombre pour le séparer du résultat. Puis, en commençant par la droite, on retranche chacun des chiffres du nombre inférieur du chiffre de même ordre du nombre supérieur. Lorsqu'une soustraction est impossible, on augmente le chiffre trop faible de dix unités de son ordre, et, pour ne pas changer la différence, on augmente d'une unité de son ordre le chiffre suivant du nombre inférieur avant de continuer l'opération.*

9. Remarque. — Lorsque aucun des chiffres du plus petit nombre n'est supérieur au chiffre de même rang du plus grand, on peut commencer la soustraction indifféremment par la gauche ou par la droite, ou même par un chiffre quelconque. Mais il n'en est généralement pas ainsi, de sorte qu'il y a avantage à commencer la soustraction par la droite. Sans cela on serait obligé d'effacer un ou plusieurs chiffres déjà écrits pour les modifier lorsqu'il y aurait une retenue, ou de faire une deuxième soustraction à la suite de la première.

10. Preuve de la soustraction. — *Pour faire la preuve d'une soustraction, il suffit d'ajouter le reste au plus petit nombre ; on doit ainsi retrouver le plus grand.*

---

§ 2. — Principes relatifs à l'addition et à la soustraction.

11. Premier principe. — *Pour ajouter à un nombre la différence entre deux autres, on peut ajouter à ce nombre le premier terme de la différence et retrancher le deuxième terme du résultat.*

Ainsi 18 étant la différence des nombres 20 et 2, je dis que :

$$37 + 18 \text{ ou } 37 + (20 - 2) = 37 + 20 - 2.$$

Supposons en effet que, dans sa caisse qui contient déjà 37 francs, un négociant veuille mettre le produit d'une vente de 18 francs. Si l'acheteur n'a pas de monnaie, il peut s'acquitter en donnant 20 francs, et le négociant doit alors lui rendre 2 francs. Celui-ci aura ainsi en caisse :

$$37 \text{ francs} + 20 \text{ francs} - 2 \text{ francs},$$

ce qui montre bien que :

$$37 + (20 - 2) = 37 + 20 - 2.$$

12. Deuxième principe. — *Pour retrancher d'un nombre la différence entre deux autres, on peut, si l'opération est faisable, retrancher de ce nombre le premier terme de la différence et ajouter le deuxième terme au résultat.*

Si, dans le cas précédent, l'acheteur avait eu dans sa bourse 100 francs (cinq billets de 20 francs), après qu'il a remis 20 francs au négociant, il a encore 100 francs — 20 francs, et lorsqu'il a reçu 2 francs de celui-ci, il possède finalement :

$$100 \text{ francs} - 20 \text{ francs} + 2 \text{ francs}.$$

On a donc bien :

$$100 - 18 \text{ ou } 100 - (20 - 2) = 100 - 20 + 2.$$

13. Applications au calcul mental. — Ces principes et ceux qui ont été établis en faisant l'étude de l'addition et de la soustraction ont de nombreuses applications dans le **calcul mental**. Nous en donnerons quelques exemples.

Pour calculer mentalement la somme $73 + 51 + 24$, on peut remarquer que cette somme vaut :

$$70 + 3 + 50 + 1 + 20 + 4,$$

ou

$$(70 + 50 + 20) + (3 + 1 + 4),$$

ou

$$140 + 8$$

et vaut par suite 148.

On a de même :

$$1523 + 345 = 1500 + 20 + 3 + 300 + 40 + 5,$$
$$= (1500 + 300) + (20 + 40) + (3 + 5),$$
$$= 1800 + 60 + 8 \text{ ou } 1868,$$

On a également :

$$3\,285 + 374 = 3\,200 + 80 + 5 + 300 + 70 + 4,$$
$$= (3\,200 + 300) + (80 + 70) + (5 + 4),$$
$$= 3\,500 + 150 + 9 \text{ ou } 3\,659.$$

Dans ces divers exemples, les nombres à additionner ont été décomposés en unités des différents ordres, et on a fait la somme des unités de même ordre en commençant par les ordres les plus élevés.

Pour calculer mentalement une somme telle que $157 + 24$, on peut remarquer que cette somme vaut :

$$157 + 3 + 21 \text{ ou } 160 + 21 \text{ ou } 181.$$

On a de même :

$$2\,173 + 129 = 2\,173 + 7 + 122,$$
$$= 2\,180 + 122,$$
$$= 2\,180 + 20 + 102,$$
$$= 2\,200 + 102 = 2\,302.$$

Dans les deux cas on a pris au second des nombres donnés le nombre d'unités qui forme le complément à 10 des unités de l'autre nombre, puis, dans le deuxième cas, le nombre de dizaines qui forme le complément à 100 des dizaines du premier nombre ainsi transformé.

D'autre part, si l'on doit calculer une somme telle que $73 + 39$, on peut remarquer que $39 = 40 - 1$.

Alors :

$$73 + 39 = 73 + (40 - 1),$$
$$= 73 + 40 - 1,$$
$$= 113 - 1 \text{ ou } 112.$$

De même on a :

$$153 + 78 = 153 + (80 - 2),$$
$$= 150 + 80 + 3 - 2,$$
$$= 230 + 1 \text{ ou } 231.$$

On a, dans chacun des cas, remplacé le nombre à additionner par le nombre exact de dizaines qui lui est immédiatement supérieur, diminué du complément à 10 du chiffre de ses unités simples.

On peut procéder d'une manière analogue pour la soustraction et remarquer par exemple que :

$$73 - 39 = 73 - (40 - 1),$$
$$= 73 - 40 + 1,$$
$$= 33 + 1 \text{ ou } 34.$$

De même on a :

$$357 - 98 = 357 - (100 - 2),$$
$$= 357 - 100 + 2,$$
$$= 257 + 2 \text{ ou } 259.$$

On aurait également :

$$1\,232 - 173 = 1\,232 - (200 - 27),$$
$$= 1\,232 - 200 + 27,$$
$$= 1\,032 + 27,$$
$$= 1\,032 + 30 - 3,$$
$$= 1\,062 - 3 \text{ ou } 1\,059.$$

Tous ces exemples montrent bien l'importance que présentent, au point de vue du calcul mental, les principes relatifs à l'addition et à la soustraction.

CHAPITRE IV

Multiplication.

---

§ 1. — Notions générales sur la multiplication.

1. Notion de produit. — Une personne a acheté 3 mètres d'étoffe à 5 francs le mètre. Quelle somme doit-elle débourser pour payer son achat?

Il est évident que, pour s'acquitter, la personne qui a acheté 3 mètres d'étoffe doit payer 3 fois le prix d'un mètre ou :

$$5 \text{ f.} + 5 \text{ f.} + 5 \text{ f.,} \text{ c'est-à-dire } 15 \text{ f.}$$

L'opération qui vient d'être faite est une **multiplication**. Le nombre 15 obtenu comme résultat se nomme **produit** ; 5 est le **multiplicande**, 3 le **multiplicateur** ; 5 et 3 sont les **deux facteurs** du produit. Ceci conduit à la définition suivante :

2. Définition. — *La multiplication est l'opération par laquelle on obtient le produit de deux nombres. Elle a pour but de chercher la somme d'autant de nombres égaux à un nombre donné nommé multiplicande qu'il y a d'unités dans un autre nombre donné nommé multiplicateur.*

Pour indiquer que l'on doit faire le produit de deux nombres, on écrit le multiplicateur à la droite du multiplicande, et l'on sépare les deux facteurs par le signe $\times$ que l'on énonce *multiplié par;* c'est le signe de la multiplication.

Pour exprimer le produit, on place à la suite du multiplicateur le signe $=$, puis le résultat de l'opération. Ainsi la multiplication prise précédemment comme exemple s'indiquera par l'égalité :

$$5 \text{ f.} \times 3 = 15 \text{ f.}$$

qui s'énonce 5 francs multipliés par 3 égalent 15 francs.

L'exemple montre d'ailleurs que, dans cette opération, le multiplicande 5 francs est un nombre concret, le multiplicateur 3 un nombre abstrait et le produit 15 francs un nombre concret de même nature que le multiplicande.

Dans toute multiplication comme dans celle-ci, *le multiplicande est un nombre concret, le multiplicateur un nombre abstrait, et le produit un nombre concret de même nature que le multiplicande.*

Nous distinguerons quatre cas dans la multiplication.

3. Premier cas. — *Les deux facteurs sont moindres que* 10. Soit à calculer le produit 7×4.

D'après la définition, l'opération consiste à chercher la somme de quatre nombres égaux à 7. Le produit est donc égal à $7 + 7 + 7 + 7$; par suite, il a pour valeur 28, et l'on peut écrire que :

$$7 \times 4 = 28.$$

Dans la pratique, au lieu de faire une addition, on doit connaître les résultats de toutes les multiplications du premier cas et pouvoir dire directement que 4 fois 7 font 28.

4. Table de Pythagore. — Les produits obtenus en multipliant l'un par l'autre deux nombres quelconques plus petits que 10 sont contenus dans un tableau que l'on nomme *table de multiplication* ou table de Pythagore.

Cette table est formée de la façon suivante :

Sur une première ligne horizontale, on écrit les neuf premiers nombres. Sur une deuxième ligne, on écrit les nombres obtenus en ajoutant à eux-mêmes les nombres de la première. On forme une troisième ligne en ajoutant chacun des nombres de la première au nombre correspondant de la deuxième ; une quatrième, en ajoutant chacun des nombres de la première au nombre correspondant de la troisième, et ainsi de suite jusqu'à ce que l'on arrive à la ligne qui commence par 9 et qui est la dernière du tableau.

Il résulte de la manière dont cette table est formée que la deuxième ligne de nombres renferme les produits des neuf premiers nombres par 2 ; la troisième renferme 2 *fois plus une fois* ou 3 fois les neuf premiers nombres, ou encore les produits des neuf premiers nombres par 3 ; la quatrième renferme 3 *fois plus une fois* ou 4 *fois* les neuf premiers nombres, ou encore les produits des neuf premiers nombres par 4, etc.

Table de multiplication

1	2	3	4	5	6	7	8	9
2	4	6	8	10	12	14	16	18
3	6	9	12	15	18	21	24	27
4	8	12	16	20	24	28	32	36
5	10	15	20	25	30	35	40	45
6	12	18	24	30	36	42	48	54
7	14	21	28	35	42	49	56	63
8	16	24	32	40	48	56	64	72
9	18	27	36	45	54	63	72	81

D'une manière générale, *chaque ligne contient le produit des neuf premiers nombres par le nombre qui commence cette même ligne.*

D'autre part, dans la colonne qui commence par 3, par exemple, nous trouvons, en allant de haut en bas, une fois 3, 2 fois 3, 3 fois 3, etc., 9 fois 3, et d'une manière générale, *on trouve dans une même colonne les produits du nombre qui commence cette colonne par les neuf premiers nombres.*

Cela posé, proposons-nous de trouver à l'aide de cette table le produit de 7 par 4.

D'après ce qui précède, ce produit appartient : 1° à la colonne qui commence par 7 (colonne qui contient les produits de 7 par les neuf premiers nombres) ; 2° à la ligne qui commence par 4 (ligne qui contient les produits des neuf premiers nombres par 4). Le nombre cherché est donc 28, seul nombre commun à la colonne et à la ligne considérées.

La règle à appliquer pour obtenir un produit au moyen de la table de Pythagore est alors la suivante : *On cherche le nombre qui se trouve à la fois dans la colonne commençant par le multiplicande et dans la ligne commençant par le multiplicateur, ce nombre est le produit demandé.*

5. Deuxième cas. — *Le multiplicande a plusieurs chiffres et le multiplicateur n'en a qu'un.*

Soit à calculer le produit 652 × 3.

D'après la définition, l'opération consiste à chercher la somme de trois nombres égaux à 652. Posons cette addition :

$$652$$
$$652$$
$$652$$

La somme des unités vaut 2 + 2 + 2 ou 3 fois 2 unités ; d'après le premier cas, elle est égale à 6 unités.

La somme des dizaines vaut 5 + 5 + 5 ou 3 fois 5 dizaines, ou encore 15 dizaines (1er cas) ; elle contient 5 dizaines et une centaine.

La somme des centaines vaut 6 + 6 + 6 ou 3 fois 6 centaines, ou encore 18 centaines (1er cas) ; en y ajoutant la centaine qui provient du produit précédent, on a 19 centaines. Finalement le produit comprend 19 centaines 5 dizaines et 6 unités. C'est le nombre 1956.

Dans la pratique, on se dispense de poser l'addition ; on adopte la disposition ci-dessous et l'on dit :

652   3 fois 2, 6 ;
  3   3 fois 5, 15 ; je pose 5 et je retiens 1.
‾‾‾‾‾
1 956   3 fois 6, 18 et 1, 19 ; je pose 9 et j'avance 1.

De là résulte la règle :

6. Règle. — *Pour multiplier un nombre de plusieurs chiffres par un nombre d'un seul chiffre, on écrit le multiplicateur sous les unités du multiplicande et on le souligne. Puis, en commençant par la droite, on multiplie successivement chaque chiffre du multiplicande par le multiplicateur. Si le produit ne dépasse pas 9, on l'écrit sous le chiffre correspondant du multiplicande; s'il dépasse 9, on n'écrit que ses unités et l'on retient les dizaines que l'on ajoute au produit suivant. On continue ainsi jusqu'au dernier chiffre à gauche du multiplicande et l'on écrit le dernier produit tel qu'on le trouve.*

Souvent on écrit simplement le multiplicateur à la droite du multiplicande en séparant les deux facteurs par le signe $\times$ et l'on écrit le produit à la droite du multiplicateur en l'en séparant par le signe $=$.

$$652 \times 3 = 1956.$$

7. Remarque. — Si les divers produits obtenus en multipliant successivement chaque chiffre du multiplicande par le multiplicateur étaient tous inférieurs à 10, il serait indifférent de commencer la multiplication par la gauche ou par la droite du multiplicande. Mais, en général, il n'en est pas ainsi, de sorte qu'il est préférable de commencer par la droite du multiplicande. Sans cela, on serait obligé d'effacer des chiffres déjà écrits pour les modifier lorsqu'il y aurait une retenue, ou de faire une addition à la suite de la multiplication.

8. Troisième cas. — *Le multiplicande a un ou plusieurs chiffres, et le multiplicateur est formé d'un chiffre significatif suivi de zéros.*

Le cas où le chiffre significatif du multiplicateur est **1** a déjà été examiné dans la numération. Considérons alors le cas où ce chiffre significatif est autre que **1**.

Soit à calculer le produit $1\,742 \times 400$.

D'après la définition, l'opération consiste à chercher la somme de 400 nombres égaux à 1 742. Supposons que cette addition est posée ; nous pouvons partager les nombres qui la composent en 100 groupes dont chacun contient 4 fois 1 742. La somme des quatre nombres qui forment l'un de ces groupes est égale à $1\,742 \times 4$ et vaut 6 968 (2ᵉ cas). Le produit cherché, somme de 100 nombres égaux à 6 968, vaut :

$$6\,968 \times 100 \text{ ou } 696\,800.$$

De là résulte la règle :

9. Règle. — *Pour multiplier un nombre quelconque par un nombre formé d'un chiffre significatif suivi de zéros, on multiplie le multiplicande par le chiffre significatif du multiplicateur, et on écrit à la droite du produit autant de zéros qu'il y en a au multiplicateur.*

Ordinairement, on se dispense de poser la multiplication et l'on écrit directement que :

$$1\,742 \times 400 = 696\,800.$$

10. Quatrième cas. — *Le multiplicande a un ou plusieurs chiffres et le multiplicateur a plusieurs chiffres quelconques.*

Soit à calculer le produit $2\,357 \times 423$.

D'après la définition, l'opération revient à calculer la somme de 423 nombres égaux à 2 357.

Supposons que cette addition est posée. Nous pouvons partager les nombres qui la composent en trois groupes comprenant l'un 3 fois, le deuxième 20 fois, le troisième 400 fois 2 357.

La somme des nombres qui forment le premier groupe est égale à $2\,357 \times 3$ et vaut 7 071 (2ᵉ cas) ; nous l'appellerons premier produit partiel.

La somme des nombres qui forment le deuxième groupe est égale à $2\,357 \times 20$ et vaut 47 140 (3ᵉ cas) ; nous l'appellerons deuxième produit partiel.

Enfin, la somme des nombres qui composent le troisième groupe est égale à $2\,357 \times 400$ et vaut 942 800 (3ᵉ cas) ; nous l'appellerons troisième produit partiel.

En faisant la somme des trois produits partiels, nous aurons le produit total. Nous avons ainsi :

$$
\begin{aligned}
\textit{Premier produit partiel :} \quad & 2\,357 \times 3 = 7\,071 \\
\textit{Deuxième produit partiel :} \quad & 2\,357 \times 20 = 47\,140 \\
\textit{Troisième produit partiel :} \quad & 2\,357 \times 400 = 942\,800 \\
\hline
\textit{Produit total :} \quad & 997\,011
\end{aligned}
$$

Il est à remarquer que l'on peut supprimer le zéro qui termine le deuxième produit partiel, et les deux zéros qui terminent le troisième, à condition de placer le premier chiffre à droite du second produit sous le chiffre des dizaines du premier, et le premier chiffre à droite du troisième produit sous le chiffre des centaines du premier.

De là résulte la règle :

11. Règle. — *Pour multiplier un nombre quelconque par un nombre de plusieurs chiffres, on écrit le multiplicateur sous le multiplicande de manière que les unités de même ordre se correspondent. On souligne le multiplicateur pour le séparer des produits partiels. Puis, en commençant par la droite, on multiplie successivement tout le multiplicande par chaque chiffre du multiplicateur. On dispose les produits partiels les uns sous les autres de manière que le premier chiffre à droite de chacun d'eux se trouve sous le chiffre du multiplicateur qui a servi à le former. On fait la somme de tous ces produits partiels, ce qui donne le produit total.*

DISPOSITION PRATIQUE

```
  2357
   423
 ─────
  7071
 4714
9428
─────
997011
```

12. Remarques. — 1° En appliquant avec soin la règle indiquée pour la disposition des produits partiels, on pourrait commencer l'opération par la gauche aussi bien que par la droite du multiplicateur ou même par un chiffre quelconque de ce facteur. Il est plus simple toutefois de commencer l'opération par la droite du multiplicateur, car il suffit alors, pour disposer convenablement les produits partiels, de reculer d'un rang vers la gauche le premier chiffre à droite de chacun des produits partiels successifs ;

2° Si le multiplicateur contient des zéros, les produits partiels qui leur correspondent sont nuls; mais il faut tenir compte des rangs qu'ils occuperaient, et reculer le premier chiffre à droite du premier produit partiel suivant, autre que zéro, d'autant de rangs plus un vers la gauche que l'on a trouvé de zéros successifs au multiplicateur.

Exemple :

```
    342
  20047
 ──────
   2394
  1368
684..
──────
6856074
```

13. Cas particuliers. — 1° *Le multiplicateur est terminé par des zéros.*

Soit à calculer le produit 234 × 12000.

Un raisonnement identique à celui qui a été fait pour le troisième cas montre que, pour avoir ce produit, il suffit de multiplier 234 par 12, ce qui donne 2808, et d'écrire à droite du produit autant de zéros qu'il y en a à la droite du multiplicateur, de sorte que :

$$234 \times 12\,000 = 2\,808\,000.$$

2° *Le multiplicande est terminé par des zéros.*
Soit à calculer le produit 23 400 × 12.
L'opération revient à multiplier 234 centaines par 12.
Or le produit obtenu en multipliant 234 par 12 est 2 808, et, puisqu'un produit est toujours de même nature que le multiplicande, nous pouvons dire que :

$$234 \text{ centaines} \times 12 = 2\,808 \text{ centaines.}$$

Comme une centaine vaut 100 unités simples, il faut, pour faire exprimer des unités simples au résultat, rendre celui-ci 100 fois plus grand en écrivant deux zéros à sa droite, de sorte que :

$$23\,400 \times 12 = 280\,800.$$

3° *Les deux facteurs sont terminés par des zéros.*
Soit à calculer le produit 2 340 × 1 200.
Le multiplicande étant terminé par deux zéros, nous savons que, pour avoir le produit, il suffit de multiplier 2 340 par 12 et d'écrire deux zéros à droite du résultat.
Mais nous savons aussi que, pour avoir le produit de 2 340 par 12, il suffit de multiplier 234 par 12 et d'écrire un zéro à droite du résultat.
Finalement, on obtiendra le produit demandé en multipliant 334 par 12 et en écrivant 2 + 1 ou 3 zéros à droite du résultat, c'est-à-dire autant de zéros qu'il y en a en tout à la droite des deux facteurs. On a donc :

$$2\,340 \times 1\,200 = 2\,808\,000.$$

Nous voyons ainsi que : *lorsque dans une multiplication l'un des deux facteurs, ou les deux facteurs à la fois, se terminent par des zéros, on opère sans tenir compte de ces zéros, mais on écrit à la droite du produit autant de zéros qu'il y en a en tout à la droite des deux facteurs.*

---

§ 2. — Principes relatifs à la multiplication.

14. Définition. — *On appelle* **produit de facteurs** *une expression de la forme* $3 \times 4 \times 5 \times 2$ *dont on obtient la valeur en multipliant le premier facteur par le deuxième, puis le produit obtenu par le troisième, et ainsi de suite jusqu'à ce que tous les facteurs soient employés.*

Ainsi, pour avoir le produit $3 \times 4 \times 5 \times 2$, on multiplie 3 par 4, ce qui donne 12 ; puis 12 par 5, ce qui donne 60, et enfin 60 par 2, ce qui donne 120. On voit ainsi que :

$$3 \times 4 \times 5 \times 2 = 120.$$

15. Théorème I[1]. — *Le produit de deux facteurs ne change pas quand on intervertit l'ordre de ces facteurs.*

Nous allons montrer par exemple que $13 \times 5 = 5 \times 13$.

Pour cela, supposons que l'on veuille distribuer des noix à 5 enfants de façon que chacun ait 13 noix. On peut procéder de deux façons différentes ; ou bien donner 13 noix au premier enfant, puis 13 noix au deuxième, puis 13 au troisième, 13 au quatrième et 13 au cinquième, ce qui emploie en tout un nombre de noix à 13×5.

On peut aussi donner d'abord une noix à chaque enfant, ce qui fait en tout 5 noix, puis répéter 12 fois encore cette distribution de façon que chaque enfant ait reçu 13 noix, le nombre des noix distribuées ainsi est 5×13. Il est évidemment le même que dans le premier cas et l'on voit bien ainsi que :

$$13 \times 5 = 5 \times 13.$$

16. **Applications.** — 1° *Preuve de la multiplication.* — Pour faire la preuve d'une multiplication, *on peut recommencer l'opération en*

---

1. On nomme *théorème* une proposition qui n'est pas évidente et qui a besoin d'être démontrée.

prenant le multiplicande pour multiplicateur et inversement. Si l'opération est exacte, ainsi que la preuve, les produits obtenus sont égaux.

Il est à remarquer que cette preuve conduit à un calcul aussi compliqué que la première opération, et que de plus elle ne donne pas de vérification si les deux facteurs sont égaux. C'est pourquoi on emploie de préférence une autre méthode plus simple, dite *preuve par 9* dont nous donnerons la règle plus tard (p. 62).

2° *Simplification de certaines multiplications.* — Il y a, dans une multiplication, autant de produits partiels à calculer qu'il y a de chiffres significatifs au multiplicateur. Par suite, l'opération est d'autant plus longue qu'il y a plus de chiffres significatifs différents au multiplicateur.

Il est donc avantageux d'intervertir l'ordre des facteurs lorsque le multiplicateur a beaucoup plus de chiffres que le multiplicande (exemple : $27 \times 3\,652\,729$ remplacé par $3\,652\,729 \times 27$) ou lorsque le multiplicande a plusieurs chiffres identiques ou plusieurs zéros, alors qu'il n'en est pas de même pour le multiplicateur (exemples : $28\,828 \times 759$ remplacé par $759 \times 28\,828$ et $302\,009 \times 574$ remplacé par $574 \times 302\,009$).

17. Théorème II. — *Le produit de plus de deux facteurs ne change pas si l'on intervertit d'une manière quelconque l'ordre des facteurs du produit.*

Nous admettrons ce théorème sans le démontrer en nous contentant de le vérifier par quelques exemples.

Nous avons vu précédemment, par exemple, que :

$$3 \times 4 \times 5 \times 2 = 120,$$

et nous aurions de même :

$$5 \times 2 \times 4 \times 3 = 120,$$

puisque $5 \times 2 = 10$, $10 \times 4 = 40$ et $40 \times 3 = 120$.

D'autre part on a :

$$7 \times 6 \times 5 \times 8 = 1\,680,$$

car $7 \times 6 = 42$, $42 \times 5 = 210$ et $210 \times 8 = 1\,680$;
et l'on a également :

$$5 \times 6 \times 7 \times 8 = 1\,680,$$

puisque $5 \times 6 = 30$, $30 \times 7 = 210$ et $210 \times 8 = 1\,680$.

Nous voyons ainsi que l'on a :

$$3 \times 4 \times 5 \times 2 = 5 \times 2 \times 4 \times 3$$

et

$$7 \times 6 \times 5 \times 8 = 5 \times 6 \times 7 \times 8,$$

ce qui vérifie le théorème pour les deux exemples choisis.

Nous admettons aussi, sans le démontrer, le principe suivant :

18. **Théorème III.** — *Dans un produit de facteurs, on peut remplacer plusieurs facteurs par leur produit effectué, ou, au contraire, remplacer l'un des facteurs par plusieurs autres dont le produit est égal à ce facteur.*

Ainsi l'on a :

$$7 \times \underline{3} \times 4 \times \underline{5} \times \underline{2} = 7 \times 4 \times 30.$$

On constate en effet que chacun des deux produits a pour valeur 840.

De même on a :

$$7 \times 13 \times 25 \times \underline{36} = 7 \times 13 \times 25 \times \underline{4 \times 9},$$

puisque les facteurs 4 et 9 qui figurent dans le deuxième produit de facteurs peuvent être remplacés par leur produit effectué 36.

19. *Applications.* — Le théorème précédent permet souvent de simplifier le calcul d'un produit de facteurs.

Si par exemple dans un produit de facteurs se trouvent les facteurs 2 et 5, ou 4 et 25 ou 8 et 125, on remplace les deux facteurs considérés par leur produit effectué 10, 100 ou 1000.

Ainsi :

$$7 \times \underline{2} \times 3 \times \underline{5} = 7 \times 3 \times 10 = 210,$$
$$6 \times \underline{4} \times 9 \times 2 \times \underline{25} = 6 \times 9 \times 2 \times 100 = 10\,800,$$
$$7 \times \underline{8} \times 11 \times \underline{125} = 7 \times 11 \times 1\,000 = 77\,000.$$

Dans d'autres cas, il y a au contraire avantage à remplacer un facteur par plusieurs autres.

On a, par exemple :

$$13 \times 22 = 13 \times 2 \times 11 = 26 \times 11 = 286,$$
$$28 \times 55 = 14 \times 2 \times 5 \times 11 = 14 \times 11 \times 10 = 1\,540.$$

20. Définitions. — *On nomme* **puissance** *d'un nombre* **le produit de plusieurs facteurs égaux à ce nombre. Le nombre des facteurs est le degré de la puissance.**

Ainsi $5 \times 5 \times 5 \times 5$ est la quatrième puissance de 5.

Pour simplifier l'écriture, on représente une puissance d'un nombre en écrivant à droite et un peu au-dessus de ce nombre un autre nombre qui indique le degré de la puissance et que l'on nomme **exposant.**

Ainsi la quatrième puissance de 5 se représente par 5^4, expression qui se lit 5 *puissance 4,* ou 5 *quatrième puissance ;* 4 est l'exposant de la puissance. On a donc :

$$5^4 = 625.$$

La deuxième et la troisième puissance d'un nombre se nomment souvent **carré** ou **cube** de ce nombre.

Ainsi le carré de 4 vaut 4×4 ou 16 ;

son cube vaut $4 \times 4 \times 4$ ou 64.

Les expressions 4^2, 4^3 se lisent alors : 4 au carré, 4 au cube.

21. Théorème IV. — *Pour multiplier une somme par un nombre, il suffit de multiplier chacune des parties de la somme par ce nombre et d'additionner les produits partiels.*

Supposons par exemple que trois enfants reçoivent chacun successivement 15 billes, 8 billes et 5 billes et que l'on se propose de chercher le nombre total des billes ainsi distribuées. On peut résoudre cette question de deux manières différentes.

1° On peut dire : Chaque enfant a reçu $15 + 8 + 5$ billes ; donc les trois enfants ont reçu un nombre total de billes égal à :

$$(15 + 8 + 5) \times 3.$$

2° On peut dire aussi : Les enfants ont reçu la première fois 15 billes $\times$ 3 ; la deuxième, 8 billes $\times$ 3 ; la troisième,

5 billes $\times$ 3, soit au total un nombre de billes égal à :

$$15 \times 3 + 8 \times 3 + 5 \times 3.$$

Les deux résultats doivent être égaux et l'on a bien :

$$(15 + 8 + 5) \times 3 = 15 \times 3 + 8 \times 3 + 5 \times 3.$$

22. Corollaire[1]. — *Pour multiplier un nombre par une somme, il suffit de multiplier le nombre par chacune des parties de la somme et d'additionner les produits partiels.*

Nous allons montrer par exemple que :

$$7 \times (8 + 13 + 9 + 5) = 7 \times 8 + 7 \times 13 + 7 \times 9 + 7 \times 5.$$

En effet, puisque le produit de deux facteurs ne change pas quand on en intervertit l'ordre, on a :

$$7 \times (8 + 13 + 9 + 5) = (8 + 13 + 9 + 5) \times 7.$$

Mais d'après le raisonnement précédent :

$$(8 + 13 + 9 + 5) \times 7 = 8 \times 7 + 13 \times 7 + 9 \times 7 + 5 \times 7.$$

On peut, dans chaque partie de la somme qui forme le second membre de l'égalité, intervertir l'ordre des deux facteurs, et l'on a bien finalement pour produit :

$$7 \times 8 + 7 \times 13 + 7 \times 9 + 7 \times 5.$$

23. Théorème V. — *Pour multiplier une différence par un nombre, il suffit de multiplier chaque partie de la différence par le nombre et de retrancher le plus petit produit du plus grand.*

Supposons que 4 enfants qui possédaient chacun 16 billes en donnent chacun 3 à un de leurs camarades et que l'on veuille savoir combien il reste en tout de billes aux quatre enfants.

On peut résoudre la question de deux manières différentes :

____

1. On nomme *corellaire* la conséquence d'un théorème.

1° On peut dire : Chaque enfant a encore 16 — 3 billes ; donc les quatre enfants ont un nombre total de billes égal à :

$$(16 - 3) \times 4.$$

2° On peut dire aussi : Les quatre enfants possédaient un nombre de billes égal à 16×4 ; ils en ont donné 3×4 ; il leur en reste $16 \times 4 - 3 \times 4$. On voit bien ainsi que :

$$(16 - 3) \times 4 = 16 \times 4 - 3 \times 4.$$

24. Corollaire. — *Pour multiplier un nombre par une différence, il suffit de multiplier ce nombre par chaque partie de la différence et de retrancher le plus petit produit du plus grand.*

Nous allons montrer par exemple que :

$$23 \times (29 - 4) = 23 \times 29 - 23 \times 4.$$

En effet, puisque le produit de deux facteurs ne change pas quand on en intervertit l'ordre, on a :

$$23 \times (29 - 4) = (29 - 4) \times 23.$$

Mais d'après le raisonnement précédent :

$$(29 - 4) \times 23 = 29 \times 23 - 4 \times 23.$$

On peut, dans chaque partie de la différence qui forme le second membre de l'égalité, intervertir l'ordre des deux facteurs, et l'on a bien pour produit :

$$23 \times 29 - 23 \times 4.$$

25. Applications. — Les derniers théorèmes que nous venons d'établir ont des applications nombreuses et importantes dans le calcul mental. Nous en donnerons quelques exemples :

1° Pour multiplier **48** par **6**, on peut, en remarquant que $48 = 40 + 8$, dire :

6 fois 40 font 240 ;
6 fois 8 font 48.

Donc :

6 fois 48 ou 48×6 font $240 + 48$ ou 288.

2º Pour multiplier 36 par 21, on peut, en remarquant que $21 = 20 + 1$, dire que :

$$36 \times 21 = 36 \times 20 + 36 = 720 + 36 = 756.$$

3º Pour multiplier 52 par 39, on peut, en remarquant que $39 = 40 - 1$. dire que :

$$52 \times 39 = 52 \times 40 - 52 = 2\,080 - 52 = 2\,028.$$

CHAPITRE V

Division.

———

§ 1. — Notions générales sur la division.

1. Notion de quotient. — On doit partager 24 pommes entre 6 enfants, combien chaque enfant recevra-t-il de pommes ?

Pour effectuer le partage, on peut donner d'abord une pomme à chaque enfant; on distribue ainsi 6 pommes et il en reste 24 — 6 ou 18. Si l'on donne une deuxième pomme à chaque enfant, on en distribue encore 6, et il en reste 18 — 6 ou 12. En donnant une troisième pomme à chaque enfant, on en distribue de nouveau 6 et il en reste 12 — 6 ou 6 ; enfin, en donnant une quatrième pomme à chaque enfant on distribue les 6 pommes restantes.

L'opération que nous venons de faire est une **division** ; le nombre à partager 24 est le **dividende** ; le nombre 6 des parts à faire est le **diviseur**, et la valeur de chaque part ou 4 est le **quotient** de la division.

Le partage ne peut pas toujours se faire aussi simplement. Si par exemple on avait à partager 27 pommes entre 6 enfants, on verrait, en procédant comme précédemment, que lorsqu'on a donné 4 pommes à chaque enfant, il reste 3 pommes seulement, ce qui est insuffisant pour que l'on puisse donner à chacun des enfants une pomme de plus. Si l'on veut que chaque enfant ne reçoive que des pommes entières, on doit arrêter le partage à ce moment. On dit alors encore que l'on a fait une division; que 27 est le **dividende**, 6 le **diviseur** et 4 le **quotient** de la division ; de plus, on dit que 3 est le **reste** de l'opération.

2. Définition. — *La division est donc une opération qui a pour but de partager un nombre nommé dividende en autant de* *parties égales qu'il y a d'unités dans un autre nombre appelé diviseur, en négligeant, s'il le faut, une partie du dividende plus petite que le diviseur et que l'on nomme reste de la division. La valeur de chacune des parties est le quotient de la division.*

Dans le premier cas, nous avons pu donner 4 pommes à chaque enfant ; le nombre des pommes distribuées aux 6 enfants est donc égal à 4×6, ce qui permet de dire aussi, dans le cas où une division se fait sans reste, que :

La division est une opération qui a pour but, étant donnés deux nombres, le dividende et le diviseur, d'en chercher un troisième, nommé quotient, qui, multiplié par le diviseur, reproduise le dividende.

Dans le second cas, le nombre des pommes distribuées est encore égal à 4×6 ; mais, pour retrouver le nombre des pommes que l'on avait à partager, il faut ajouter à ce produit les 3 pommes qui n'ont pas été distribuées ; le dividende est donc égal à :

$$4 \times 6 + 3,$$

et l'on voit ainsi que *lorsqu'une division donne un reste, le dividende est égal à la somme obtenue en ajoutant le reste de la division au produit du quotient par le diviseur.*

Dans ce cas aussi, le nombre des pommes à partager, qui est $4 \times 6 + 3$, est supérieur à 4×6, mais inférieur à 5×6, puisqu'il n'a pas été possible de donner 5 pommes à chaque enfant. Donc, *lorsqu'une division donne un reste, le quotient est le plus grand nombre entier dont le produit par le diviseur est contenu dans le dividende.*

Nous avons vu que, pour donner une pomme à chaque enfant, il faut enlever 6 pommes au nombre des pommes que l'on doit distribuer. Dans le premier cas, on a pu donner 4 pommes à chaque enfant et le dividende contenait alors exactement 4 fois 6. Dans le second cas, on a pu donner 4 pommes à chaque enfant, mais il a été impossible d'en donner 5 ; le dividende contenait alors 4 fois 6 et ne le contenait pas 5 fois. Il résulte de là que l'on peut dire aussi que :

La division est une opération qui a pour but de chercher le plus grand nombre entier de fois qu'un nombre nommé dividende en contient un autre nommé diviseur. Ce nombre de fois s'appelle quotient de la division.

Pour indiquer que l'on doit faire une division, on écrit le diviseur à la droite du dividende et on l'en sépare par le signe : que l'on énonce *divisé par*. C'est le signe de la division. Quelquefois on indique encore l'opération en écrivant le diviseur au-dessous du dividende et en séparant les deux nombres par un trait horizontal. Ainsi, pour indiquer la division de 24 par 6, on écrira :

$$24 : 6 \text{ ou } \frac{24}{6},$$

ce qui s'énonce dans les deux cas 24 divisé par 6.

Pour exprimer le quotient, on l'écrit à la suite de l'indication de l'opération en l'en séparant par le signe $=$; on écrit donc :

$$24 : 6 = 4 \text{ ou } \frac{24}{6} = 4,$$

ce qui se lit 24 divisé par 6 égale 4.

3. **Remarque.** — Si l'on n'avait pas exigé dans le deuxième cas que chaque enfant ne reçoive que des pommes entières, on aurait pu partager exactement les 27 pommes entre les 6 enfants. Il aurait suffi pour cela de partager en 6 parties égales chacune des 3 pommes restantes et de donner à chaque enfant un sixième de chacune des 3 pommes, soit au total 3 sixièmes de pomme. La part de chaque enfant aurait été de 4 pommes et 3 sixièmes de pomme. Le nombre 4 et 3 sixièmes se nomme **quotient exact** ou **quotient complet** de la division de 27 par 6, et l'on dit que 4 est le **quotient entier** ou **quotient à une unité près.**

Dans ce qui suit, nous nous occuperons seulement du calcul du quotient entier d'une division.

Nous distinguerons quatre cas dans la division.

Cette subdivision est basée sur le nombre des chiffres du diviseur et du quotient. On connaît toujours le nombre des chiffres du diviseur qui est un nombre donné. Quant au nombre des chiffres du quotient, on peut le déterminer à l'avance en appliquant le théorème suivant :

4. **Théorème.** — *Le nombre des chiffres du quotient d'une division est égal au nombre des zéros que l'on doit écrire à*

*droite du diviseur pour avoir un nombre qui contienne le divi-
dende une fois et moins de dix fois.*

Considérons par exemple, la division 6375 par 21.

Il faut écrire trois zéros à droite du diviseur pour former un nombre qui contienne le dividende au moins une fois et moins de dix fois. Je dis que le quotient aura trois chiffres.

En effet, en écrivant deux zéros à droite du diviseur, ce qui rend le diviseur 100 fois plus grand, on obtient un nombre inférieur au dividende. Donc celui-ci contient au moins 100 fois le diviseur, et le quotient est au moins égal à 100.

D'autre part, en écrivant trois zéros à droite du diviseur, ce qui rend le diviseur 1 000 fois plus grand, on obtient un nombre supérieur au dividende; donc celui-ci ne contient pas 1 000 fois le diviseur et le quotient est plus petit que 1 000.

Le quotient est donc un nombre compris entre 100 et 1 000; par suite, il a bien trois chiffres.

5. Premier cas. — *Le diviseur et le quotient n'ont qu'un chiffre.*

Soit à diviser 46 par 6.

Le quotient n'aura qu'un chiffre, puisqu'en écrivant un zéro à la droite du diviseur, on obtient un nombre 60 supérieur au diviseur 46.

En consultant la table de multiplication, on voit que 46 est compris entre 7 fois 6 ou 42 et 8 fois 6 ou 48.

Le dividende contient donc 7 fois le diviseur et ne le contient pas 8 fois; par suite, le quotient cherché est 7 et le reste de la division est égal à :

$$46 - 42 \text{ ou } 4.$$

On trouve de même, au moyen de la table de multiplication, le quotient de toutes les divisions du premier cas.

6. Deuxième cas. — *Le diviseur est un nombre formé d'un chiffre significatif suivi de zéros et le quotient n'a qu'un chiffre.*

Soit à diviser 4 637 par 600.

Le quotient n'aura qu'un chiffre, car il suffit d'écrire un

zéro à droite du diviseur pour obtenir un nombre **6 000** supérieur au dividende.

Le chiffre significatif **6** du diviseur, exprime des centaines et le dividende contient **46** centaines. On démontre simplement que pour avoir le quotient, il suffit de diviser **46** par **6** (1er cas), de sorte que ce quotient est **7**.

Le reste est l'excès de **4 637** sur **600** $\times$ **7** et vaut :

$$4632 — 4200 \text{ ou } 437.$$

La règle est donc la suivante :

7. Règle. — *Lorsque, dans une division, le diviseur est un nombre formé d'un chiffre significatif suivi de zéros et que le quotient n'a qu'un chiffre, on obtient ce quotient en divisant par le chiffre significatif du diviseur le nombre des unités de même ordre que celles représentées par ce chiffre qui sont contenues dans le dividende. Le reste s'obtient en retranchant du dividende le produit du diviseur par ce quotient.*

Toutes ces opérations se font mentalement, mais on peut disposer le calcul de la façon suivante : *On écrit le diviseur à droite du dividende et on l'en sépare par un trait tiré de haut en bas ; on souligne le diviseur et on écrit le quotient sous le trait qui vient d'être tracé ; le reste se place au-dessous du dividende et l'on a soin de faire se correspondre dans une même colonne les unités de même ordre du dividende et du reste.*

$$\begin{array}{r|l} 4637 & 600 \\ \hline 437 & 7 \end{array}$$

8. Troisième cas. — *Le diviseur a plusieurs chiffres quelconques et le quotient n'a qu'un chiffre.*

Soit à diviser **4 637** par **689**.

Le quotient n'aura qu'un chiffre, car il suffit d'écrire un zéro à droite du diviseur pour avoir un nombre **6 890** supérieur au dividende.

Si, au lieu de diviser **4 637** par **689**, on divise **4 637** par **600**, comme on diminue le diviseur, on ne peut qu'augmenter le quotient, si on le change, de sorte que la division de **4 637** par **600** (2e cas) donnera le quotient cherché ou un chiffre trop fort.

Le quotient obtenu en divisant 4 637 par 600 étant 7, il faut chercher si 7 est aussi le quotient de la division proposée, c'est-à-dire si 4 637 contient 7 fois 689. Or

$$689 \times 7 = 4\,823,$$

nombre supérieur à 4 637 ; donc le dividende ne contient pas 7 fois le diviseur. Cherchons s'il le contient 6 fois.

$$689 \times 6 = 4\,134,$$

nombre inférieur à 4 637. Donc le dividende contient 6 fois le diviseur et ne le contient pas 7 fois. Par suite, le quotient de la division proposée est 6 : le reste est égal à :

$$4\,637 - 4\,134 \text{ ou } 503.$$

De là résulte la règle :

9. Règle. — *Pour faire une division lorsque le diviseur a plusieurs chiffres et que le quotient n'en a qu'un, on divise par le premier chiffre à gauche du diviseur le nombre des unités de même ordre que celles représentées par ce chiffre qui sont contenues dans le dividende. On a ainsi le quotient cherché ou un chiffre trop fort. Pour l'essayer, on multiplie le diviseur par ce chiffre ; si le produit peut se retrancher du dividende, le chiffre essayé est bon ; sinon, on le diminue d'une unité et on l'essaye de nouveau jusqu'à ce que la soustraction puisse se faire. A ce moment, le chiffre essayé est le quotient cherché et le reste de la soustraction est en même temps celui de la division.*

On dispose le calcul comme dans le cas précédent, et, pour abréger l'opération, on fait à la fois la multiplication du diviseur par le quotient et la soustraction du produit correspondant du dividende. On dit :

4637 | 689
503 | 6

6 fois 9, 54, de 57, il reste 3 et je retiens 5 ;

6 fois 8, 48 et 5, 53, de 53 il reste 0 et je retiens 5 ;

6 fois 6, 36 et 5, 41, de 46 il reste 5.

10. Remarque. — Il peut arriver que, pour restreindre le nombre des essais, après avoir reconnu qu'un chiffre est trop fort, on le diminue de plusieurs unités à la fois ; on peut alors essayer un chiffre trop faible. On est dans ce cas averti de l'erreur par ce fait que le reste obtenu est supérieur au diviseur.

11. Quatrième cas. — *Le diviseur est quelconque et le quotient a plusieurs chiffres.*

Soit à diviser 463 798 par 689.

Le quotient aura trois chiffres, car il faut écrire trois zéros à droite du diviseur pour avoir un nombre supérieur au dividende.

Le quotient devant avoir trois chiffres sera composé de centaines, de dizaines et d'unités. Le dividende, qui est égal à la somme obtenue en ajoutant le reste de la division au produit du diviseur par le quotient, peut être considéré comme formé de quatre parties ;

1° Le produit du diviseur par les centaines du quotient ;

2° Le produit du diviseur par les dizaines du quotient ;

3° Le produit du diviseur par les unités du quotient ;

4° Le reste s'il y en a un.

La première de ces quatre parties : le produit du diviseur par les centaines du quotient, est un nombre exact de centaines qui ne peut se trouver que dans les 4 637 centaines du dividende. On démontre facilement qu'en divisant 4 637 par 689 (3ᵉ cas), on obtient le chiffre des centaines du quotient ; ce chiffre est donc 6.

Si du dividende on retranche le produit du diviseur par les 6 centaines du quotient ou 4 134 centaines, il reste 503 centaines et 98 unités ou le nombre 50 398 qui contient encore trois parties :

Le produit du diviseur par les dizaines du quotient ;

Le produit du diviseur par les unités du quotient ;

Le reste s'il y en a un.

Le produit du diviseur par les dizaines du quotient est un nombre exact de dizaines et ne peut se trouver que dans les 5 039 dizaines du reste. On prouve facilement qu'en divisant 5 039 par 689 (3ᵉ cas), on obtient le chiffre des dizaines du quotient. Ce chiffre est donc 7.

Si alors on retranche du reste 50 398 le produit du diviseur par les 7 dizaines du quotient ou 4 823 dizaines, il reste 216 dizaines et 8 unités ou le nombre 2 168 qui ne contient plus que le produit du diviseur par les unités du quotient et le reste. Donc, en divisant 2168 par 689 (3ᵉ cas), on obtient le chiffre des unités du quotient qui est 3, et, en retranchant de 2168 le produit de 689, par 3 ou 2 067, on obtient le reste de la division. Ce reste est 101. Le quotient composé de 6 centaines, 7 dizaines et 3 unités est le nombre 673. De là résulte la règle :

12. Règle. — *Pour faire une division dont le quotient doit avoir plusieurs chiffres, on prend sur la gauche du dividende un nombre suffisant pour contenir le diviseur au moins une fois et moins de 10 fois. On a ainsi un* **premier dividende partiel** *que l'on divise par le diviseur, ce qui donne le chiffre des plus hautes unités du quotient. On multiplie le diviseur par ce chiffre et l'on retranche le produit obtenu du premier dividende partiel. A la droite du reste, on abaisse le chiffre qui dans le dividende total, suit immédiatement le premier dividende partiel ; on a ainsi un* **deuxième dividende partiel,** *que l'on divise par le diviseur, ce qui donne le deuxième chiffre du quotient. On multiplie le diviseur par ce chiffre et l'on retranche le produit obtenu du deuxième dividende partiel ;*

$$\begin{array}{r|l} 463798 & 689 \\ \underline{4134} & \overline{673} \\ 5039 & \\ \underline{4823} & \\ 2168 & \\ \underline{2067} & \\ 101 & \end{array}$$

on continue l'opération de la même façon, en abaissant un à un à droite des restes successifs les chiffres du dividende total jusqu'à ce que tous les chiffres de celui-ci soient employés.

$$\begin{array}{r|l} 463798 & 689 \\ 5039 & \overline{673} \\ 2168 & \\ 101 & \end{array}$$

Dans la pratique, on dispose le calcul comme ci-contre en faisant à la fois la multiplication du diviseur par le chiffre que l'on vient d'écrire au quotient et la soustraction du produit ainsi obtenu du dividende partiel qui a fourni ce chiffre.

13. Remarques. — 1° Il peut arriver que dans le cours de l'opération, on trouve un *dividende partiel inférieur au diviseur.* Dans ce cas le chiffre correspondant du quotient est nul. *On écrit donc un zéro au quotient, on abaisse le chiffre suivant du dividende et l'on continue l'opération.*

$$\begin{array}{r|l} 569216 & 354 \\ 2152 & \overline{1607} \\ 2816 & \\ 338 & \end{array}$$

2° D'après ce qui précède, le premier dividende partiel fournit un chiffre au quotient; chacun des autres chiffres du dividende en fournit un également. Il en résulte que : *le quotient d'une division contient autant de chiffres plus un qu'il en reste au dividende quand on en a séparé le premier dividende partiel.*

3° *Quand le diviseur est un nombre d'un seul chiffre, on abrège l'opération en se dispensant d'écrire les dividendes partiels.*

Soit à diviser **3 278 691** par **9**.

On dit :

Le neuvième de **32** est **3**, il reste **5** ;
Le neuvième de **57** est **6**, il reste **3**;
Le neuvième de **38** est **4**, il reste **2** ;
Le neuvième de **26** est **2**, il reste **8**;
Le neuvième de **89** est **9**, il reste **8**;
Le neuvième de **81** est **9**.

Le quotient **364 299** s'écrit, à mesure qu'on l'obtient, au-dessous ou au-dessus du dividende.

14. Preuve de la division. — Pour vérifier une division, on s'assure d'abord que le reste est bien inférieur au diviseur.

On fait alors le produit du diviseur par le quotient ; on ajoute le reste de la division au produit, et, si l'opération est exacte, on retrouve ainsi le dividende.

Cette méthode, qui donne lieu à des calculs un peu longs, est souvent remplacée par une autre, plus simple, dite preuve par 9, dont nous donnerons la règle plus tard (p. 62).

---

§ 2. — Principes relatifs à la division

15. Théorème. — *Lorsqu'on multiplie le dividende et le diviseur d'une division par un même nombre, le quotient entier ne change pas; mais le reste, s'il y en a un, est multiplié par ce nombre.*

Supposons, par exemple, qu'une caisse contienne **20** paquets dont chacun renferme une douzaine de biscuits.

Puisque $20 = 3 \times 6 + 2$, on peut avec cette caisse faire 6 colis de 3 paquets et il reste **2** paquets de biscuits.

On peut dire alors que la division de **20** par 3 donne pour quotient **6** et pour reste **2**.

Mais on peut dire aussi (la caisse renfermant 12 fois plus de biscuits que de paquets) que, avec 20×12 biscuits, on peut faire 6 colis de 3×12 biscuits et qu'il verse 2×12 biscuits, de sorte que la division de 20×12 par 3×12 donne pour quotient 6 et pour reste 2×12.

Ceci montre bien que, en multipliant par 12 le dividende et le diviseur de la première division, on ne modifie pas le quotient entier 6 de cette division tandis que le reste 2 est multiplié par 12.

16. Corollaire. — *Lorsqu'on divise le dividende et le diviseur d'une division par un même nombre (en supposant que ces deux divisions se font sans reste), le quotient entier de la division ne change pas; mais le reste, s'il y en a un, est divisé par ce nombre.*

Nous pourrions, en effet, reprendre le raisonnement précédent en sens inverse et montrer que la division de 20×12 ou 240 par 3×12 ou 36 donnant pour quotient entier 6 et pour reste 2×12 ou 24, la division $240 : 12$ par $36 : 12$ donne aussi pour quotient 6 tandis que le reste vaut seulement $24 : 12$.

17. Applications. — Les principes précédents peuvent servir soit à la pratique du calcul mental, soit à la simplification du calcul écrit.

Ainsi, pour diviser un nombre par 5, on peut le multiplier par 2 et diviser le résultat par 10.

De même, pour diviser un nombre par 25, on peut le multiplier par 4 et diviser le résultat par 100.

De même encore, pour diviser un nombre par 125, on peut le multiplier par 8 et diviser le résultat par 1000.

On a, en effet :

$$375 : 5 = (375 \times 2) : (5 \times 2) = 750 : 10 = 75;$$
$$525 : 25 = (525 \times 4) : (25 \times 4) = 2100 : 100 = 21;$$
$$1500 : 125 = (1500 \times 8) : (125 \times 8) = 12000 : 1000 = 12.$$

D'autre part, si dans une division le dividende et le diviseur sont terminés par des zéros, on peut supprimer à la droite de chacun de ces nombres autant de zéros qu'il y en a à la droite de celui qui en renferme le moins. L'opération est ainsi simplifiée, mais il ne faut pas oublier que le reste a été divisé par le nombre par lequel on a divisé le dividende et le diviseur.

Ainsi la division de **68 000** par **7 200** peut être remplacée par la division de **680** par **72**, opération qui donne pour quotient **9** et pour reste **32**. Le quotient de la division proposée est bien **9**, mais le reste est 32×100 ou **3 200**.

---

§ 3. — Notions élémentaires sur la divisibilité

18. Définition. — On appelle **multiple d'un nombre** *tout produit de ce nombre par un nombre entier quelconque.*

Par exemple **54** est un multiple de **9** parce que

$$54 = 9 \times 6.$$

On dit aussi que **54** est divisible par **9** *parce que 54 étant multiple de 9, sa division par 9 se fait sans reste.*

Le plus petit multiple d'un nombre est ce nombre lui-même.

On dit qu'un nombre est diviseur d'un autre, ou encore qu'il divise cet autre quand il est contenu dans cet autre une ou plusieurs fois exactement.

Ainsi **7** est un diviseur de **35** parce que **7** est contenu **5** fois exactement dans **35**.

Les expressions **sous-multiple, facteur, partie aliquote** sont *synonymes de diviseur.*

Le plus petit des diviseurs d'un nombre est l'unité ; le plus grand, ce nombre lui-même.

En général, pour reconnaître si un nombre est divisible par un autre, on effectue la division du premier par le second afin de savoir si elle se fait ou non sans reste.

Dans quelques cas cependant, on peut dire avant de faire l'opération, si un nombre donné est ou n'est pas divisible par certains nombres.

On nomme **caractères de divisibilité** *les signes auxquels on peut reconnaître sans faire une division si un nombre est ou n'est pas divisible par un autre nombre.*

Nous allons indiquer, sans démonstrations, pour ne pas sortir des limites du programme, les principaux caractères de divisibilité, dont nous aurons à faire des applications très importantes dans la suite du cours.

19. Divisibilité par 10, 100, 1000... — *Un nombre est divisible par 10, 100, 1000,... quand il est terminé par un, deux, trois,... zéros.*

Le quotient de la division d'un nombre par 10 s'obtient en supprimant un zéro sur sa droite, par 100 en supprimant deux zéros, par 1 000 en supprimant trois zéros, etc., ainsi que nous l'avons vu dans la numération des nombres entiers.

Ainsi :

$$4\,500 : 10 = 450;$$
$$375\,000 : 100 = 3\,750;$$
$$28\,000 : 1\,000 = 28.$$

20. Divisibilité par 2. — *Un nombre est divisible par 2 quand il est terminé par un des chiffres 0, 2, 4, 6, 8, que l'on nomme chiffres pairs.*

Un nombre divisible par 2 est dit **nombre pair**, tandis que les nombres non divisibles par 2 sont appelés **nombres impairs**.

La division d'un nombre impair par 2 donne toujours pour reste 1.

Ainsi 350, 4 728, 74, 1 914 sont des nombres pairs ; 23, 175, 1749 sont des nombres impairs.

21. Divisibilité par 5. — *Un nombre est divisible par 5 quand il est terminé par un zéro ou par un 5.*

Ainsi 65, 175, 240, 3 600 sont des nombres divisibles par 5.

La division par 5 d'un nombre qui n'est terminé ni par un zéro ni par un 5 donne le même reste que la division par 5 de son dernier chiffre à droite.

Ainsi 73, 279, 3 802 sont des nombres non divisibles par 5 et dont la division par 5 donne comme reste 3 pour 73, 4 pour 279 et 2 pour 3 802, ces restes étant ceux de la division par 5 de 3, 9 et 2.

22. Divisibilité par 4. — *Un nombre est divisible par 4 quand il est terminé par deux zéros et quand le nombre formé par ses deux derniers chiffres à droite est divisible par 4.*

Ainsi 1 900, 2 000, 37 800 sont des nombres divisibles par 4 parce qu'ils sont terminés par deux zéros ; 728, 3 640, 572 sont aussi des nombres divisibles par 4 parce que 28, 40 et 72 sont des multiples de 4.

La division par 4 d'un nombre qui ne remplit pas la condition voulue pour être divisible par 4 donne le même reste que la division par 4 du nombre formé par ses deux derniers chiffres à droite.

Ainsi 737, 1 510, 3 429 sont des nombres non divisibles par 4, et dont la division par 4 donne comme reste 3 pour 737, 2 pour 1 510 et 1 pour 3 429, ces restes étant ceux de la division par 4 de 37, 10 et 29.

23. Divisibilité par 25. — *Un nombre est divisible par 25 quand il est terminé par deux zéros et quand le nombre forme par ses deux derniers chiffres à droite est divisible par 25.*

Ainsi 1 900, 2 000, 37 800 sont des nombres divisibles par 25 parce qu'ils sont terminés par deux zéros ; 125, 3 650, 575 sont aussi des nombres divisibles par 25 parce que 25, 50 et 75 sont des multiples de 25.

La division par 25 d'un nombre qui ne remplit pas les conditions indiquées dans l'énoncé précédent donne le même reste que la division par 25 du nombre formé par ses deux derniers chiffres à droite.

Ainsi 737, 1 510, 2 499 sont des nombres non divisibles par 25 et dont la division par 25 donne comme reste 12 pour 737, 10 pour 1 510 et 24 pour 2 499, ces restes étant ceux de la division par 25 de 37, 10 et 99.

24. Divisibilité par 8. — *Un nombre est divisible par 8 quand il est terminé par trois zéros et quand le nombre formé par ses trois derniers chiffres à droite est divisible par 8.*

Ainsi 37 000, 60 000, 129 000 sont des nombres divisibles par 8 parce qu'ils sont terminés par trois zéros ; 1 528, 3 720, 16 800 sont aussi des nombres divisibles par 8 parce que 528, 720 et 800 sont des multiples de 8.

La division par 8 d'un nombre qui ne remplit pas les conditions indiquées dans l'énoncé précédent donne le même reste que la division par 8 du nombre formé par ses trois derniers chiffres à droite.

Ainsi 1 526, 3 733, 16 819 sont des nombres non divisibles par 8, et dont la division par 8 donne comme reste 6 pour

1 526, 2 pour 3 730 et 3 pour 16 819, ces restes étant ceux de la division par 8 de 526, 730 et 819.

25. Divisibilité par 3. — *Un nombre est divisible par 3 quand la somme de ses chiffres est elle-même divisible par 3.*

Ainsi 72, 24, 615, 9 606 sont des nombres divisibles par 3, car si l'on fait la somme des chiffres de ces nombres on trouve pour résultats 9, 6, 12, 21, nombres qui sont divisibles par 3.

La division par 3 d'un nombre qui ne remplit pas les conditions indiquées dans l'énoncé précédent donne le même reste que la division par 3 de la somme des chiffres du nombre considéré.

Ainsi les nombres 25, 137, 652 sont des nombres non divisibles par 3 parce que $2 + 5$ ou 7, $1 + 3 + 7$ ou 11, $6 + 5 + 2$ ou 13 sont des nombres non divisibles par 3. La division par 3 de 25 donnera 1 pour reste, car 7 divisé par 3 donne 1 pour reste ; celle de 137 par 3 donnera 2 pour reste, car 11 divisé par 3 donne 2 pour reste ; celle de 652 par 3 donnera 1 pour reste, car 13 divisé par 3 donne 1 pour reste.

26. Divisibilité par 9. — *Un nombre est divisible par 9 quand la somme de ses chiffres est elle-même divisible par 9.*

Ainsi 72, 126, 909, 8 478 sont des nombres divisibles par 9, car si l'on fait la somme des chiffres de ces nombres on trouve pour résultats, 9, 9, 18, 27, nombres qui sont divisibles par 9.

La division par 9 d'un nombre qui ne remplit pas les conditions indiquées dans l'énoncé précédent donne le même reste que la division par 9 de la somme des chiffres du nombre considéré.

Ainsi les nombres 137, 9 606, 8 477 sont des nombres non divisibles par 9 parce que $1 + 3 + 7$ ou 11, $9 + 6 + 6$ ou 21, $8 + 4 + 7 + 7$ ou 26 sont des nombres non divisibles par 9.

Les restes respectifs de la division par 9 de 137, 9 606 et 8 477 seront 2, 3 et 8 qui sont aussi les restes respectifs de la division par 9 de 11, 21 et 26.

27. Remarque. — Lorsqu'on fait la somme des chiffres d'un nombre pour chercher le reste de la division de ce nombre par 9, on peut négliger les 9 que le nombre renferme, et de plus, chaque fois que la somme obtenue dépasse **9**, on peut la remplacer par la somme de ses chiffres.

Ainsi, pour chercher le reste de la division par **9** du nombre **749 586**, on dit : 7 et 4, **11** ; 1 et 1, 2 (on passe 9), et 5, 7, et 8, **15** ; 1 et 5, 6, et 6, **12** ; 1 et 2, 3 ; le reste sera **3**.

28. **Preuve par 9 de la multiplication.** — *Pour faire la preuve par 9 d'une multiplication, on cherche les restes de la division par 9 du multiplicande, du multiplicateur et du produit. On fait le produit des deux premiers restes et on le divise par 9 ; on obtient ainsi un quatrième reste qui doit être égal au troisième si l'opération est exacte.*

Calculons, par exemple, le produit 4189 × 547. Nous obtenons comme résultat 2 291 383.

Cherchons, d'après la méthode indiquée précédemment, les restes de la division par 9 du multiplicande, du multiplicateur et du produit.

Le premier reste **4**, le second **7**, le troisième **1**.

$$\begin{array}{r} 4189 \\ 547 \\ \hline 29323 \\ 16756 \\ 20945 \\ \hline 2291383 \end{array}$$

Le produit des deux premiers restes vaut 28, et la division de 28 par 9 donne pour reste **1**.

Les deux derniers restes étant égaux, il est probable que l'opération est exacte.

En général, dans la pratique, on adopte la disposition suivante. On trace deux droites qui se coupent en formant une croix oblique. Dans l'angle supérieur, on écrit le reste de la division par 9 du multiplicande ; dans l'angle inférieur le reste de la division par 9 du multiplicateur, et dans les deux autres angles, les deux derniers restes qui doivent être égaux.

29. **Preuve par 9 de la division.** — *Pour faire la preuve par 9 d'une division, on cherche les restes de la division par 9 du diviseur, du quotient, du reste de l'opération et du dividende. On fait le produit des deux premiers restes et on y ajoute le troisième ; la somme ainsi obtenue, divisée par 9, donne un dernier reste égal au quatrième, si l'opération est exacte.*

Calculons, par exemple, le quotient de la division de 23 981 par 673. Nous obtenons 35 pour quotient et 426 pour reste.

Les divisions par 9 du diviseur 673, du quotient 35, du reste de la division 426 et du dividende 23 981 donnent pour restes respectifs 7, 8, 3 et 5.

23981 | 673
3791 | 35
426-3

Le produit des deux premiers restes vaut 56; ce produit augmenté du troisième reste 3 donne pour somme 59, et 59 divisé par 9 donne pour reste 5.

Les deux derniers restes étant égaux, il est probable que l'opération est exacte.

En général, on adopte dans la pratique une disposition analogue à celle employée pour la preuve par 9 de la multiplication. Dans l'angle supérieur de la croix, on écrit le reste de la division par 9 du diviseur; dans l'angle inférieur, le reste de la division par 9 du quotient, et dans les deux autres angles, les deux derniers restes qui doivent être égaux. Le reste de la division par 9 du reste de l'opération s'écrit soit à droite, soit à gauche de celui-ci.

30. Moyenne arithmétique de plusieurs nombres.

— *On nomme* moyenne arithmétique de deux nombres *le nombre obtenu en divisant par 2 la somme de ces deux nombres.*

Ainsi la somme des nombres de 5 et 7 étant 12, leur moyenne arithmétique est 12 : 2 = 6.

De même, la moyenne arithmétique de trois nombres *est le nombre obtenu en divisant par 3 la somme de ces trois nombres,* et, d'une manière générale, la moyenne arithmétique de plusieurs nombres *est le résultat obtenu en divisant la somme de tous ces nombres par leur nombre.*

Ainsi, la moyenne arithmétique des cinq nombres 6, 14, 15, 28 et 32 est égale à la somme 95 de ces nombres divisée par 5, c'est-à-dire 19.

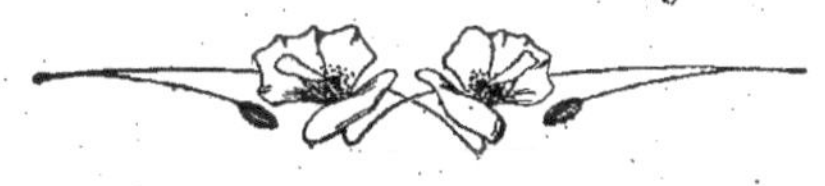

LIVRE DEUXIEME

LES FRACTIONS ET LES NOMBRES DÉCIMAUX

CHAPITRE I

Notions sur les fractions ordinaires.

§ 1. — Propriétés générales des fractions.

1. Définitions. — Nous avons vu (n° 3, p. 6) que, pour mesurer une grandeur continue, on est souvent conduit à partager la grandeur unité en un certain nombre de parties égales, nommées *parties aliquotes de l'unité*, et que l'on nomme **fraction** *le nombre par lequel on exprime la mesure d'une grandeur qui contient une ou plusieurs parties aliquotes de l'unité de même espèce.*

Pour avoir une idée exacte de la valeur de cette grandeur, il faut savoir :

1° En combien de parties égales l'unité a été partagée ;

2° Combien la grandeur à mesurer contient de ces parties.

C'est ce que l'on indique au moyen de deux nombres entiers nommés, l'un **dénominateur**, l'autre **numérateur** de la fraction.

Le *dénominateur* et le *numérateur* sont les **deux termes de la fraction.**

2. Manière de nommer et d'écrire une fraction. — Pour nommer une fraction, on énonce d'abord son numérateur, puis son dénominateur que l'on fait suivre de la terminaison *ième.* Il y a exception pour les fractions dont le dénominateur est l'un des nombres 2, 3 ou 4. Alors, au lieu d'énoncer le dénominateur, on fait suivre le nom du numérateur de l'un des mots *demi, tiers* ou *quart.*

Pour écrire une fraction, on écrit son dénominateur au-dessous de son numérateur, et on sépare ces deux nombres par un trait horizontal.

Considérons par exemple une longueur **AB** et prenons pour la mesurer une bande de papier **CD** de longueur égale à l'unité de longueur. Supposons que la longueur **AB** ne contienne pas la longueur **CD** un nombre exact de fois, et que, en partageant la bande de papier en 5 parties égales, on trouve que la longueur **AB** contient exactement 13 de ces parties.

Dans ces conditions, la mesure de la longueur **AB** qui vaut 13 fois la cinquième partie de l'unité de longueur, s'exprime par une fraction dont le dénominateur est 5 et le numérateur 13. Cette fraction s'écrit $\frac{13}{5}$ et s'énonce **treize cinquièmes**.

Les fractions $\frac{1}{2}$, $\frac{2}{3}$, $\frac{7}{4}$ s'énonceraient *un demi, deux tiers, sept quarts*.

Lorsque les termes d'une fraction sont de grands nombres, on peut énoncer la fraction en nommant successivement son numérateur et son dénominateur et en intercalant entre eux le mot *sur*. Ainsi la fraction $\frac{3\,649}{11\,793}$ peut se lire 3 649 sur 11 793.

Pour mesurer la longueur **AB**, on aurait pu chercher d'abord combien de fois la longueur unité **CD** y était contenue; on aurait vu que dans **AB** on trouve deux fois la longueur de **CD** avec un reste plus petit que la longueur unité, et que la longueur de ce reste vaut trois fois le cinquième de la longueur unité : le reste est donc mesuré par la fraction $\frac{3}{5}$ et la mesure de **AB** peut s'exprimer par le nombre 2 unités et $\frac{3}{5}$ qui est un nombre fractionnaire. Ce nombre s'écrit :

$$2 + \frac{3}{5} \text{ ou simplement } 2\frac{3}{5}.$$

On le lit deux unités trois cinquièmes, ou simplement deux et trois cinquièmes.

3. Comparaison des fractions avec l'unité. — *On dit qu'une fraction est supérieure, égale ou inférieure à l'unité, suivant qu'elle mesure une grandeur supérieure, égale ou inférieure à la grandeur unité.*

Cela posé, nous allons montrer qu'*une fraction est supérieure, égale ou inférieure à l'unité, suivant que son numérateur est supérieur, égal ou inférieur à son dénominateur.*

1° Considérons la fraction $\dfrac{15}{7}$ dont le numérateur est supérieur au dénominateur. Elle exprime la mesure d'une grandeur qui contient 15 des parties de l'unité de même espèce divisée en 7 parties égales. Cette grandeur est évidemment supérieure à la grandeur unité qui contient seulement 7 de ces parties. Donc la fraction $\dfrac{15}{7}$ est bien supérieure à l'unité.

2° Considérons maintenant la fraction $\dfrac{12}{12}$ dont le numérateur est égal au dénominateur. Elle exprime la mesure d'une grandeur qui contient 12 des parties de l'unité de même espèce divisée en 12 parties égales. Cette grandeur est évidemment égale à la grandeur unité qui contient aussi 12 des mêmes parties. Donc la fraction $\dfrac{12}{12}$ est égale à l'unité.

3° Considérons enfin la fraction $\dfrac{6}{11}$ dont le numérateur est inférieur au dénominateur. Elle exprime la mesure d'une grandeur qui contient 6 des parties de l'unité de même espèce divisée en 11 parties égales. Cette grandeur est évidemment inférieure à la grandeur unité qui contient 11 des mêmes parties. Donc la fraction $\dfrac{6}{11}$ est plus petite que l'unité.

4. Comparaison de deux fractions qui ont le même dénominateur. — *On dit que deux fractions sont égales quand elles mesurent la même grandeur ou des grandeurs égales.*

Si deux fractions mesurent des grandeurs inégales, elles sont elles-mêmes inégales et la plus grande fraction est celle qui mesure la plus grande des grandeurs.

Cela posé, nous allons prouver que : *Si deux fractions ont le même dénominateur, la plus grande est celle qui a le plus grand numérateur.*

Soient par exemple les fractions $\frac{7}{11}$ et $\frac{5}{11}$.

La première exprime la mesure d'une longueur AB qui contient 7 des parties de l'unité de longueur CD divisée en 11 parties égales; la deuxième exprime la mesure d'une autre longueur A'B' qui contient seulement 5 des parties de CD. La longueur AB est donc plus grande que la longueur A'B'. Par suite la fraction $\frac{7}{11}$ est plus grande que la fraction $\frac{5}{11}$.

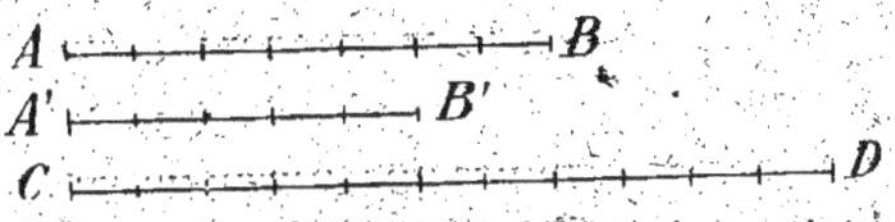

5. Comparaison de deux fractions qui ont le même numérateur. — *Lorsque deux fractions ont le même numérateur, la plus grande est celle qui a le plus petit dénominateur.*

Soient par exemple les fractions $\frac{7}{8}$ et $\frac{7}{11}$.

La première exprime la mesure d'une longueur AB qui contient 7 des parties de l'unité de longueur CD partagée en 8 parties égales; la deuxième exprime la mesure d'une autre longueur A'B' qui contient 7 des parties de l'unité de longueur CD partagée en 11 parties égales. Or, les parties obtenues en divisant CD en 8 parties égales sont évidemment plus grandes que les parties obtenues en divisant CD en 11 parties égales. La longueur AB qui contient 7 des premières parties est donc plus grande que la longueur A'B' qui en contient 7 des dernières; par suite la fraction $\frac{7}{8}$ est plus grande que la fraction $\frac{7}{11}$.

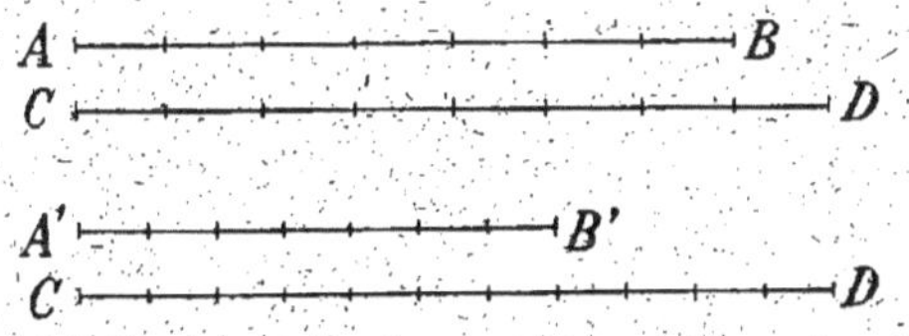

6. Théorème I. — *Toute fraction représente le quotient exact de la division de son numérateur par son dénominateur.*

Reprenons, par exemple, le problème que nous avons résolu en étudiant la division des nombres entiers (n° 3, p. 50).

Partager 27 *pommes entre* 6 *enfants de manière que toutes les parts soient égales.*

On peut faire le partage en coupant chaque pomme en 6 parties égales et en donnant à chacun des enfants $\frac{1}{6}$ de chaque pomme. Chacun d'eux reçoit, par suite, autant de sixièmes de pommes qu'il y avait de pommes à partager, c'est-à-dire 27 sixièmes de pomme.

La fraction $\frac{27}{6}$, valeur de chacune des parties obtenues en partageant 27 unités (27 pommes) en 6 parties égales, est donc le quotient exact de la division de 27 par 6.

7. Corollaire. — *Quand une division donne un reste, on obtient le quotient complet de cette division en ajoutant au quotient à une unité près une fraction ayant pour numérateur le reste de la division et pour dénominateur le diviseur.*

Reprenons encore le problème précédent. Nous avons vu (n° 3, p. 50) que pour faire le partage on peut donner d'abord 4 pommes à chaque enfant ; il reste alors 3 pommes à partager en 6 parties égales. La fraction $\frac{3}{6}$, quotient exact de la division de 3 par 6, représente le résultat de ce dernier partage, et le quotient complet $4 + \frac{3}{6}$ ou $4\frac{3}{6}$ est bien obtenu conformément à la règle qui vient d'être énoncée.

8. Conversion d'une fraction plus grande que l'unité en nombre fractionnaire. — *Soit à convertir en nombre fractionnaire la fraction* $\frac{49}{15}$.

Nous savons que cette fraction représente le quotient exact de la division de son numérateur 49 par son dénominateur 15.

Il suffit donc, pour faire la transformation demandée, de diviser 49 par 15 en calculant, d'après la règle précédente, le quotient complet de cette division. Le quotient entier étant 3 et le reste 4, le quotient complet est le nombre fractionnaire $3\frac{4}{15}$; on a donc :

$$\frac{49}{15} = 3\frac{4}{15}.$$

De là résulte la règle : *Pour transformer une fraction plus grande que l'unité en nombre fractionnaire, on divise le numérateur de la fraction par son dénominateur et l'on ajoute au quotient entier de la division une fraction qui a pour numérateur le reste de cette division et pour dénominateur le dénominateur de la fraction proposée.*

9. Remarque. — Étant donnée une fraction plus grande que l'unité, si la division de son numérateur par son dénominateur se fait sans reste, la fraction est égale à un nombre entier.

Ainsi la division de **72** par **8** ayant pour quotient exact **9**, on a :

$$\frac{72}{8} = 9.$$

Dans tout autre cas, la fraction n'est pas égale à un nombre entier. Ainsi la fraction $\frac{49}{15}$ étant égale à $3\frac{4}{15}$ est supérieure à **3**, mais inférieure à **4** puisque la fraction $\frac{4}{15}$ est inférieure à l'unité.

On voit ainsi que :

Pour qu'une fraction soit égale à un nombre entier, il faut et il suffit que son numérateur soit divisible par son dénominateur.

Quand on remplace une fraction plus grande que l'unité par un nombre fractionnaire ou par un nombre entier qui lui est égal, on dit que l'on *extrait les entiers contenus dans la fraction*.

10. Théorème II. — *Une fraction ne change pas de valeur quand on multiplie ou quand on divise ses deux termes par un même nombre.*

Considérons la fraction $\frac{7}{11}$. Elle exprime la mesure d'une longueur **AB** qui contient 7 des parties de l'unité de longueur **CD** divisée en **11** parties égales.

Supposons qu'au lieu de diviser l'unité de longueur CD en 11 parties égales, nous la divisions en 5 fois plus de parties, c'est-à-dire en 11×5 parties. Chacune des anciennes parties de l'unité en contient 5 des nouvelles; donc 7 des anciennes parties de l'unité en contiennent 5×7 ou, ce qui revient au même, 7×5 des nouvelles; de sorte que la longueur **AB** est aussi mesurée par la fraction $\dfrac{7 \times 5}{11 \times 5}$.

Les fractions $\dfrac{7}{11}$ et $\dfrac{7 \times 5}{11 \times 5}$ mesurant la même longueur **AB** sont égales et l'on a bien :

$$\frac{7}{11} = \frac{7 \times 5}{11 \times 5} = \frac{35}{55}.$$

Donc on ne change pas la valeur d'une fraction en multipliant ses deux termes par un même nombre.

L'égalité

$$\frac{7}{11} = \frac{35}{55},$$

qui équivaut à :

$$\frac{35}{55} = \frac{7}{11}$$

ou :

$$\frac{35}{55} = \frac{35 : 5}{55 : 5},$$

montre également que, *en divisant les deux termes d'une fraction par un même nombre, on ne change pas la valeur de cette fraction.*

---

§ 2. — Simplification des fractions.

11. Définitions. — *Simplifier une fraction, c'est trouver une fraction égale à la fraction donnée et dont les termes soient respectivement plus petits que ceux de cette fraction.*

Lorsqu'une fraction est telle qu'*il n'existe aucune fraction qui lui soit égale et dont les termes soient plus petits que les siens*, on dit que cette fraction est **irréductible**.

Réduire une fraction à sa plus simple expression, c'est trouver une fraction irréductible égale à la fraction donnée.

La simplification des fractions et la réduction des fractions à leur plus simple expression reposent sur le théorème qui vient d'être démontré. *Une fraction ne change pas de valeur quand on divise ses deux termes par un même nombre.*

On peut d'ailleurs démontrer que, *lorsque les deux termes d'une fraction n'ont pas d'autre diviseur commun que l'unité, toute fraction égale à celle-ci s'obtient en multipliant ses deux termes par un même nombre.* On exprime ce double fait en disant que *les deux termes de la fraction considérée sont* **premiers entre eux** et que *les deux termes de toute fraction qui lui est égale sont des équimultiples des termes de cette fraction*.

Il résulte de là que *toute fraction dont les termes sont premiers entre eux est irréductible*, puisque toute fraction qui lui est égale a des termes respectivement plus grands que les siens.

12. Méthode pour simplifier une fraction. — *Pour simplifier une fraction, on divise les deux termes de cette fraction par un de leurs diviseurs communs.*

La fraction finalement obtenue est irréductible lorsque ses deux termes sont premiers entre eux.

Dans la simplification des fractions, on applique souvent les caractères de divisibilité qui ont été établis précédemment.

Exemples. — 1° Soit la fraction $\dfrac{24}{42}$.

Les deux termes étant des nombres pairs sont divisibles par 2. Donc :

$$\frac{24}{42} = \frac{24 : 2}{42 : 2} = \frac{12}{21}.$$

Les nombres 12 et 21 sont divisibles par 3, car chacun d'eux est tel que la somme de ses chiffres est divisible par 3, de sorte que

$$\frac{12}{21} = \frac{12 : 3}{21 : 3} = \frac{4}{7}.$$

Les nombres 4 et 7 sont premiers entre eux. Donc $\frac{4}{7}$ est la fraction irréductible égale à $\frac{24}{42}$.

2° Soit la fraction $\frac{576}{1\,512}$.

Les deux termes de cette fraction sont divisibles par 4, car 76 et 12 sont divisibles par 4. Donc :

$$\frac{576}{1\,512} = \frac{576 : 4}{1\,512 : 4} = \frac{144}{378}.$$

Les deux termes de la fraction $\frac{144}{378}$ sont eux-mêmes divisibles par 2, de sorte que :

$$\frac{144}{378} = \frac{144 : 2}{378 : 2} = \frac{72}{189}.$$

Les deux termes de la fraction $\frac{72}{189}$ sont divisibles par 9, car la somme des chiffres de 72 et de 189 est divisible par 9. Par suite :

$$\frac{72}{189} = \frac{72 : 9}{189 : 9} = \frac{8}{21}$$

La fraction $\frac{8}{21}$ ayant ses deux termes premiers entre eux, la fraction irréductible égale à $\frac{576}{1\,512}$ est $\frac{8}{21}$.

3° Soit la fraction $\frac{20\,160}{27\,720}$.

Les deux termes de cette fraction sont divisibles par 10. Donc :

$$\frac{20\,160}{27\,720} = \frac{20\,160 : 10}{27\,720 : 10} = \frac{2\,016}{2\,772},$$

16 et 72 étant divisibles par 4, les deux termes de la nouvelle fraction sont divisibles par 4, et l'on a :

$$\frac{2\,016}{2\,772} = \frac{2\,016 : 4}{2\,772 : 4} = \frac{504}{693},$$

504 et 693 sont divisibles par 9, de sorte que :

$$\frac{504}{693} = \frac{504 : 9}{693 : 9} = \frac{56}{77};$$

56 et 77 sont divisibles par 7 et l'on a :

$$\frac{56}{77} = \frac{56 : 7}{77 : 7} = \frac{8}{11}.$$

La fraction $\frac{8}{11}$ ayant des termes premiers entre eux est irréductible. Donc la fraction irréductible égale à la fraction donnée est $\frac{8}{11}$.

La simplification des fractions et la réduction des fractions à leur plus simple expression sont deux opérations importantes *que l'on doit faire chaque fois qu'elles sont possibles*. On a une idée d'autant plus exacte de la valeur d'une fraction que ses termes sont plus simples. De plus, les calculs se font plus vite, en général, sur les fractions irréductibles que sur les fractions égales non irréductibles.

---

§ 3. — Réduction des fractions au même dénominateur.

13. Définition. — *Réduire des fractions au même dénominateur, c'est trouver des fractions respectivement égales aux fractions données et telles que les nouvelles fractions aient toutes le même dénominateur.* Cette opération permet de *comparer les fractions entre elles*, et par suite *de comparer les grandeurs dont ces fractions expriment la mesure.*

Elle repose sur le théorème suivant, démontré précédemment : *Une fraction ne change pas de valeur quand on multiplie ses deux termes par un même nombre.*

14. Méthode élémentaire pour réduire des fractions au même dénominateur. — Soit à réduire au même dénominateur les fractions :

$$\frac{7}{12}, \frac{8}{15} \text{ et } \frac{9}{20}$$

Nous aurons une solution de la question en multipliant les deux termes de chaque fraction par le produit des dénominateurs des deux autres. Nous obtenons ainsi les fractions :

$$\frac{7 \times 15 \times 20}{12 \times 15 \times 20}, \quad \frac{8 \times 12 \times 20}{15 \times 12 \times 20} \quad \text{et} \quad \frac{9 \times 12 \times 15}{20 \times 12 \times 15},$$

respectivement égales aux fractions données et qui de plus ont le même dénominateur, puisque le produit de plusieurs facteurs ne change pas quand on en intervertit l'ordre.

En effectuant ces calculs, nous voyons que :

$$\frac{7}{12} = \frac{2100}{3\,600};$$
$$\frac{8}{15} = \frac{1\,920}{3\,600};$$
$$\frac{9}{20} = \frac{1\,620}{3\,600}.$$

Donc : *Pour réduire des fractions au même dénominateur, on peut multiplier les deux termes de chaque fraction par le produit des dénominateurs de toutes les autres.*

15. Remarque. — Dans le cas particulier où l'on n'a que deux fractions à réduire au même dénominateur, la règle peut s'énoncer de la façon suivante :

Pour réduire deux fractions au même dénominateur, il suffit de multiplier les deux termes de chacune des fractions par le dénominateur de l'autre.

Si les fractions données sont égales, les nouvelles fractions obtenues sont elles-mêmes égales, et, comme elle sont le même dénominateur, leurs numérateurs sont égaux.

Si au contraire les fractions données sont inégales, les fractions obtenues sont elles-mêmes inégales, et, comme elles ont le même dénominateur, leurs numérateurs sont inégaux, la plus grande fraction ayant alors le plus grand numérateur.

On voit ainsi que : *Pour que deux fractions soient égales, il faut et il suffit que le produit du numérateur de la première par le dénominateur de la seconde soit égal au produit du numérateur de la seconde par le dénominateur de la première.*

Ainsi, les fractions $\dfrac{10}{15}$ et $\dfrac{14}{21}$ sont égales parce que l'on a :

$$10 \times 21 \text{ ou } 210 = 14 \times 15.$$

Au contraire, la fraction $\dfrac{10}{15}$ est plus petite que la fraction $\dfrac{14}{20}$, parce que le produit 10×20 ou 200 est inférieur à 14×15 ou 210.

16. Cas particuliers où la réduction des fractions au même dénominateur peut se simplifier. — Souvent l'application de la règle que nous avons donnée pour réduire des fractions au même dénominateur conduit à des fractions dont les termes sont considérables. Dans certains cas, on peut arriver à un résultat plus simple; nous examinerons seulement les plus faciles de ces cas.

1° Si les fractions données ne sont pas réduites à leur plus simple expression, il y a en général intérêt à les rendre irréductibles avant de faire la réduction au même dénominateur.

Considérons par exemple les fractions :

$$\frac{15}{36}, \quad \frac{28}{90} \quad \text{et} \quad \frac{55}{100}.$$

En appliquant la règle indiquée plus haut, nous verrions que :

$$\frac{15}{36} = \frac{15 \times 90 \times 100}{36 \times 90 \times 100} = \frac{135\,000}{324\,000},$$

$$\frac{28}{90} = \frac{28 \times 36 \times 100}{90 \times 36 \times 100} = \frac{100\,800}{324\,000},$$

$$\frac{55}{100} = \frac{55 \times 36 \times 90}{100 \times 36 \times 90} = \frac{178\,200}{324\,000}.$$

Mais nous pouvons remarquer que :

$$\frac{15}{36} = \frac{15 : 3}{36 : 3} = \frac{5}{12},$$

$$\frac{28}{90} = \frac{28 : 2}{90 : 2} = \frac{14}{45},$$

$$\frac{55}{100} = \frac{55 : 5}{100 : 5} = \frac{11}{20}.$$

Alors, en appliquant la règle donnée nous avons :

$$\frac{5}{12} = \frac{5 \times 45 \times 20}{12 \times 45 \times 20} = \frac{4\,500}{10\,800};$$

$$\frac{14}{45} = \frac{14 \times 12 \times 20}{45 \times 12 \times 20} = \frac{3\,360}{10\,800};$$

$$\frac{11}{20} = \frac{11 \times 12 \times 45}{20 \times 12 \times 45} = \frac{5\,940}{10\,800}.$$

Les fractions $\frac{4\,500}{10\,800}$, $\frac{3\,360}{10\,800}$ et $\frac{5\,940}{10\,800}$, respectivement égales

aux fractions $\frac{5}{12}$, $\frac{14}{15}$ et $\frac{11}{20}$, sont aussi respectivement égales

aux fractions $\frac{15}{36}$, $\frac{28}{90}$ et $\frac{55}{100}$; elles ont le même dénominateur

et sont beaucoup plus simples que les fractions $\frac{135\,000}{324\,000}$,

$\frac{100\,800}{324\,000}$ et $\frac{178\,200}{324\,000}$ que l'on obtient si l'on ne prend pas la pré-
caution de réduire les fractions données à leur plus simple
expression avant de les réduire au même dénominateur.

2° Si le plus grand des dénominateurs donnés est un multiple de tous les dénominateurs, il peut être pris pour dénominateur commun des nouvelles fractions.

Considérons les fractions irréductibles :

$$\frac{8}{15}, \quad \frac{11}{12}, \quad \frac{57}{20} \quad \text{et} \quad \frac{151}{60};$$

60 étant divisible par 15, 12 et 20 peut servir de dénominateur
commun. On a :

$$60 : 15 = 4;$$
$$60 : 12 = 5;$$
$$60 : 20 = 3.$$

Alors, en multipliant par 4 les deux termes de la première
fraction, par 5 ceux de la deuxième et par 3 ceux de la troisième,
on aura, sans modifier la dernière fraction, un système de
fractions respectivement égales aux fractions données et
ayant toutes pour dénominateur 60.

En effet,

$$\frac{8}{15} = \frac{8 \times 4}{15 \times 4} = \frac{32}{60},$$

$$\frac{11}{12} = \frac{11 \times 5}{12 \times 5} = \frac{55}{60},$$

$$\frac{57}{20} = \frac{57 \times 3}{20 \times 3} = \frac{171}{60}.$$

La règle à appliquer dans ce cas est donc la suivante : *on ne modifie pas la fraction qui a le plus grand dénominateur, tandis que l'on multiplie les deux termes de chacune des autres par le quotient obtenu en divisant le plus grand dénominateur par son propre dénominateur.*

CHAPITRE II

Opérations sur les fractions.

§ 1. — Addition.

1. Notion de somme de plusieurs fractions. —
Considérons les fractions $\frac{2}{15}$, $\frac{3}{15}$ et $\frac{5}{15}$ qui mesurent respectivement les longueurs AB, A′B′ et A″B″, longueurs qui contiennent
l'une 2, la deuxième 3 et la troisième 5
des parties de l'unité de longueur CD
divisée en 15 parties égales.

Si nous plaçons bout à bout en ligne droite les trois longueurs AB, A′B′, A″B″, nous obtenons une longueur EF qui
contient $2 + 3 + 5$ ou 10 des parties de CD, et qui par suite
est mesurée par la fraction $\frac{10}{15}$. Nous dirons alors que la frac-
tion $\frac{10}{15}$ est la **somme** des fractions $\frac{2}{15}$, $\frac{3}{15}$ et $\frac{5}{15}$. Nous arrivons
ainsi à la définition suivante :

2. Définition. — *La somme de plusieurs fractions est une
nouvelle fraction qui mesure la grandeur somme des grandeurs
mesurées respectivement par les fractions données.*
Nous distinguerons deux cas dans l'addition des fractions.

3. Premier cas. — *Addition de fractions de même dénominateur.*
Le raisonnement qui nous a donné la notion de somme de
plusieurs fractions montre que :
*La somme de plusieurs fractions de même dénominateur
s'obtient en faisant la somme de leurs numérateurs et en donnant*

pour dénominateur à cette somme le dénominateur commun des fractions. On doit simplifier le résultat lorsqu'on le peut.

Ainsi on écrira que :

$$\frac{2}{15} + \frac{3}{15} + \frac{5}{15} = \frac{2+3+5}{15} = \frac{10}{15} = \frac{2}{3}.$$

4. Deuxième cas. — *Addition de fractions qui n'ont pas le même dénominateur.*

Soit à faire la somme des fractions $\frac{7}{12}$, $\frac{8}{15}$ et $\frac{13}{60}$.

On ramène ce cas au précédent en réduisant les fractions données au même dénominateur.

Ainsi les fractions $\frac{7}{12}$ et $\frac{8}{15}$ étant respectivement égales aux fractions $\frac{35}{60}$ et $\frac{32}{60}$, la somme cherchée est égale à :

$$\frac{35}{60} + \frac{32}{60} + \frac{13}{60} \text{ ou } \frac{35+32+13}{60} = \frac{80}{60} = \frac{8}{6} = \frac{4}{3}.$$

5. Addition de nombres fractionnaires. — La somme de plusieurs nombres fractionnaires, ou encore de fractions et de nombres fractionnaires, ou enfin de fractions de nombres fractionnaires et de nombres entiers, se définit comme la somme de plusieurs fractions : *c'est un nombre qui mesure la grandeur, somme des grandeurs mesurées par les nombres donnés.*

Soit, par exemple, à faire la somme des nombres :

$$13\frac{2}{3},\ 2\frac{3}{4} \text{ et } 9\frac{5}{6}.$$

Nous savons que :

$$13\frac{2}{3} = 13 + \frac{2}{3};$$
$$2\frac{3}{4} = 2 + \frac{3}{4};$$
$$9\frac{5}{6} = 9 + \frac{5}{6}.$$

Par suite, la somme cherchée doit être égale à :

$$13 + 2\tfrac{2}{3} + 2 + \tfrac{3}{4} + 9 + \tfrac{5}{6},$$

ou encore à :

$$13 + 2 + 9 + \tfrac{2}{3} + \tfrac{3}{4} + \tfrac{5}{6}.$$

Or :

$$\tfrac{2}{3} + \tfrac{3}{4} + \tfrac{5}{6} = \tfrac{48}{72} + \tfrac{54}{72} + \tfrac{60}{72} = \tfrac{162}{72} = \tfrac{81}{36} = \tfrac{9}{4} = 2\tfrac{1}{4}.$$

D'ailleurs :

$$13 + 2 + 9 = 24.$$

La somme cherchée a donc pour valeur :

$$24 + 2\tfrac{1}{4} = 26\tfrac{1}{4}.$$

De là résulte la règle : *Pour faire la somme de plusieurs nombres fractionnaires, on fait d'une part la somme des fractions, d'autre part celle des nombres entiers qui entrent dans les nombres fractionnaires, et on réunit les deux sommes en une seule.*

---

§ 2. — Soustraction.

6. Notion de différence de deux fractions. —
D'une bande de toile dont la longueur AB est égale à $\tfrac{14}{6}$ de mètre, on supprime une partie dont la longueur BC est $\tfrac{5}{6}$ de mètre.

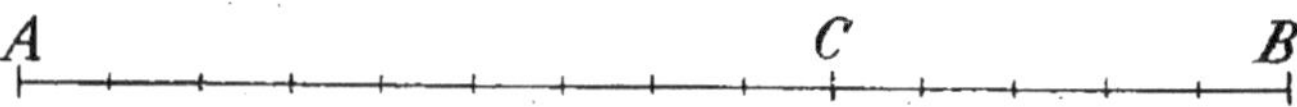

Il est évident que la longueur restante AC contient $14 - 5$ ou 9 sixièmes de mètre et qu'elle est mesurée par la fraction $\tfrac{9}{6}$.

On dit alors que la fraction $\dfrac{9}{6}$ est la **différence** des fractions $\dfrac{14}{6}$ et $\dfrac{5}{6}$, ce qui conduit à la définition suivante :

7. Définition. — *La différence de deux fractions est une nouvelle fraction qui mesure la grandeur, différence des grandeurs mesurées par les fractions données.*

Nous distinguerons deux cas dans la soustraction des fractions.

8. Premier cas. — *Soustraction de fractions de même dénominateur.*

Le raisonnement qui nous a donné la notion de différence de deux fractions montre que :

Pour avoir la différence de deux fractions de même dénominateur, on retranche le plus petit numérateur du plus grand, et l'on donne pour dénominateur à la différence obtenue le dénominateur commun des deux fractions. On doit simplifier le résultat s'il y a lieu.

On écrira donc que :

$$\frac{14}{6} - \frac{5}{6} = \frac{9}{6} = \frac{3}{2}.$$

9. Deuxième cas. — *Soustraction de fractions qui n'ont pas le même dénominateur.*

Soit à trouver la différence des fractions $\dfrac{11}{15}$ et $\dfrac{7}{12}$.

On ramène ce cas au précédent en réduisant les deux fractions au même dénominateur.

Ainsi les fractions $\dfrac{11}{15}$ et $\dfrac{7}{12}$ étant respectivement égales aux fractions $\dfrac{132}{180}$ et $\dfrac{105}{180}$, leur différence est égale à :

$$\frac{132 - 105}{180} = \frac{27}{180} = \frac{3}{20}.$$

10. Soustraction des nombres fractionnaires. — La différence de deux nombres fractionnaires, ou d'une fraction et d'un nombre fractionnaire, ou enfin d'un nombre entier et d'un nombre fractionnaire, se définit comme la différence de deux fractions. *C'est le nombre qui mesure la grandeur différence des grandeurs mesurées par les deux nombres donnés.*

Soit par exemple à trouver la différence des nombres :

$$27\,\frac{5}{6} \text{ et } 8\,\frac{7}{20}.$$

Nous savons que :

$$27\,\frac{5}{6} = 27 + \frac{5}{6}$$

et

$$8\,\frac{7}{20} = 8 + \frac{7}{20}.$$

Les fractions $\frac{5}{6}$ et $\frac{7}{20}$ sont respectivement égales à $\frac{100}{120}$ et $\frac{42}{120}$. La question revient donc à retrancher 8 unités et $\frac{42}{120}$ de 27 unités et $\frac{100}{120}$. La différence peut être obtenue en retranchant $\frac{42}{120}$ de $\frac{100}{120}$, ce qui donne $\frac{58}{120}$ ou $\frac{29}{60}$, puis 8 unités de 27 unités, ce qui donne 19 unités. On voit ainsi que :

$$27\,\frac{5}{6} - 8\,\frac{7}{20} = 19\,\frac{29}{60}.$$

Soit encore à trouver la différence des nombres :

$$57\,\frac{2}{9} \text{ et } 11\,\frac{5}{12}$$

Nous savons que :

$$57\,\frac{2}{9} = 57 + \frac{2}{9}.$$

et

$$11\,\frac{5}{12} = 11 + \frac{5}{12}.$$

Les fractions $\frac{2}{9}$ et $\frac{5}{12}$ sont respectivement égales à $\frac{24}{108}$ et $\frac{45}{108}$.

Or on ne peut retrancher 11 unités et $\frac{45}{108}$ de 57 unités et $\frac{24}{108}$, en retranchant $\frac{45}{108}$ de $\frac{24}{108}$, puis 11 unités de 57 unités, puisque la première soustraction est impossible. Mais on sait que : *la différence entre deux nombres ne change pas quand on les augmente tous les deux de la même quantité.* On ajoutera donc une unité ou $\frac{108}{108}$ à la fraction trop faible $\frac{24}{108}$, ce qui donnera $\frac{132}{108}$, et pour ne pas changer la différence, on ajoutera une unité au plus petit nombre entier. On a alors à retrancher 12 unités $\frac{45}{108}$ de 57 unités $\frac{132}{108}$. En opérant comme précédemment, on obtient comme différence 45 unités $\frac{87}{108}$. On a donc :

$$57\,\frac{2}{9} - 11\,\frac{5}{12} = 45\,\frac{87}{108} = 45\,\frac{29}{36}.$$

De là résulte la règle : *Pour trouver la différence de deux nombres fractionnaires, on retranche la fraction qui entre dans le petit nombre de celle qui entre dans le plus grand, puis le petit nombre entier du plus grand, et l'on réunit les deux résultats en un seul. Si la première soustraction est impossible, on augmente d'une unité la fraction trop faible, et, pour ne pas changer la différence, on augmente d'une unité le plus petit nombre entier.*

11. Connaissant la règle à suivre pour obtenir la différence de deux fractions, nous pouvons établir le théorème suivant :

Théorème. — *Si l'on ajoute un même nombre entier aux deux termes d'une fraction, on obtient une fraction plus voisine de l'unité que la première, autrement dit : la fraction augmente si elle est plus petite que l'unité et diminue si elle est plus grande que l'unité.*

Considérons d'abord une fraction plus petite que l'unité $\frac{7}{11}$, par exemple. Ajoutons un même nombre 5 à ses deux termes. Il s'agit de prouver que la fraction obtenue :

$$\frac{7+5}{11+5} \ \text{ou} \ \frac{12}{16},$$

est plus grande que $\frac{7}{11}$.

En effet, on a d'une part :

$$1 - \frac{7}{11} = \frac{11}{11} - \frac{7}{11} = \frac{4}{11}$$

et d'autre part :

$$1 - \frac{12}{16} = \frac{16}{16} - \frac{12}{16} = \frac{4}{16}$$

(les différences obtenues doivent avoir le même numérateur, $16 - 12 = 11 - 7$, puisque la différence entre deux nombres ne change pas quand on les augmente tous deux de la même quantité).

La fraction $\frac{4}{16}$ est plus petite que $\frac{4}{11}$ puisqu'elle a le même numérateur que celle-ci et un dénominateur plus grand. Donc il manque moins à la fraction $\frac{12}{16}$ qu'à la fraction $\frac{7}{11}$ pour égaler l'unité, et la fraction $\frac{12}{16}$ est bien plus grande que la fraction $\frac{7}{11}$.

Considérons maintenant une fraction plus grande que l'unité, $\frac{13}{7}$ par exemple. Ajoutons un même nombre 4 à ses deux termes. Il s'agit de prouver que la fraction obtenue

$$\frac{13+4}{7+4} \ \text{ou} \ \frac{17}{11},$$

est plus petite que la fraction $\frac{13}{7}$.

En effet, on a d'une part :

$$\frac{13}{7} - 1 = \frac{13}{7} - \frac{7}{7} = \frac{6}{7},$$

et d'autre part :

$$\frac{17}{11} - 1 = \frac{17}{11} - \frac{11}{11} = \frac{6}{11}.$$

(On voit comme précédemment que les différences obtenues doivent avoir même numérateur.)

La fraction $\frac{6}{11}$ est plus petite que la fraction $\frac{6}{7}$ puisqu'elle a le même numérateur que celle-ci et un dénominateur plus grand. Donc la fraction $\frac{17}{11}$ surpasse l'unité d'une quantité moindre que celle dont la surpasse la fraction $\frac{13}{7}$; par suite la fraction $\frac{17}{11}$ est bien plus petite que la fraction $\frac{13}{7}$.

Le théorème qui vient d'être établi a pour conséquence évidente le théorème suivant : *Si l'on retranche un même nombre entier aux deux termes d'une fraction, la fraction diminue si elle est plus petite que l'unité, et augmente si elle est plus grande que l'unité.*

---

§ 3. — Multiplication d'une fraction par un nombre entier.

12. Définition. — La notion de **produit** donnée dans l'étude de la multiplication des nombres entiers suppose seulement que le multiplicateur est un nombre entier et s'étend sans modification au cas où le multiplicande est une fraction. C'est ce que met en évidence le problème suivant :

Une personne achète 3 mètres d'étoffe dont le mètre vaut $\frac{5}{4}$ de franc. Quelle somme doit-elle débourser pour payer son achat?

Il est évident que pour s'acquitter la personne qui a acheté

3 mètres d'étoffe doit payer 3 fois le prix d'un mètre ou :

$$\frac{5}{4} + \frac{5}{4} + \frac{5}{4} \text{ de franc,}$$

ou encore :

$$\frac{5 + 5 + 5}{4}, \text{ c'est-à-dire } \frac{5 \times 3}{4} = \frac{15}{4} \text{ de franc.}$$

Nous voyons ainsi que : *la multiplication d'une fraction par un nombre entier consiste à faire la somme d'autant de nombres égaux au multiplicande qu'il y a d'unités dans le multiplicateur. Le résultat se momme* **produit**.

13. Règle de multiplication d'une fraction par un nombre entier. — L'exemple précédent nous a montré que : *Pour multiplier une fraction par un nombre entier, on multiplie le numérateur de la fraction par ce nombre entier sans changer son dénominateur.* On simplifie le résultat s'il y a lieu.

Ainsi l'on a :

$$\frac{7}{30} \times 4 = \frac{7 \times 4}{30} = \frac{28}{30} = \frac{14}{15}.$$

14. Remarque. — Si le multiplicande est un multiple du dénominateur de la fraction donnée, on simplifie le résultat en divisant ses deux termes par ce multiplicateur, ce qui redonne comme numérateur le numérateur primitif.

Ainsi :

$$\frac{5}{12} \times 4 = \frac{5 \times 4}{12} = \frac{20}{12} = \frac{5}{3}.$$

On peut donc dire que : *Pour rendre une fraction 2, 3, 4, ... fois plus grande, ou multiplie son numérateur par 2, 3, 4, ... sans changer son dénominateur, ou, quand cela se peut, en divisant son dénominateur par 2, 3, 4, ... sans changer son numérateur.*

La deuxième méthode, quand elle est applicable, est préférable à la première, car elle donne le résultat sous une forme plus simple.

15. Transformation d'un nombre entier en une fraction de dénominateur donné. — La multiplication d'une fraction par un nombre entier permet de transformer un nombre entier en une fraction de dénominateur donné.

Soit à remplacer le nombre entier 8 par une fraction de dénominateur 5 :

Nous savons qu'une unité vaut $\frac{5}{5}$; 8 unités valent donc 8 fois $\frac{5}{5}$ ou

$$\frac{5}{5} \times 8 = \frac{5 \times 8}{5} = \frac{40}{5}.$$

Donc : *Pour transformer un nombre entier en une fraction de dénominateur donné, il suffit de prendre pour numérateur de la fraction le produit du dénominateur donné par le nombre entier.*

16. Transformation d'un nombre fractionnaire en fraction.

— La transformation d'un nombre fractionnaire en fraction est aussi une application de la multiplication d'une fraction par un nombre entier.

Considérons le nombre fractionnaire $6\frac{3}{4}$.

Nous savons que :

$$6\frac{3}{4} = 6 + \frac{3}{4}.$$

Or nous venons de voir que :

$$6 = \frac{4 \times 6}{4} = \frac{24}{4}.$$

Donc :

$$6\frac{3}{4} = \frac{24}{4} + \frac{3}{4} = \frac{24 + 3}{4} = \frac{27}{4}.$$

Par suite : *Pour transformer un nombre fractionnaire en fraction, on multiplie le dénominateur de la fraction qui entre dans le nombre fractionnaire par la partie entière de ce nombre ; au produit, on ajoute le numérateur de la fraction, et au résultat, on donne comme dénominateur celui de la fraction.*

§ 4. — Division d'une fraction par un nombre entier.

17. *Définition générale de la division.* — En étudiant la division des nombres entiers, nous avons distingué ce que l'on nomme **quotient entier** d'une division du **quotient exact** ou **quotient complet** de la même division.

Nous avons vu que, quand la division se fait sans reste, le quotient est tel que, multiplié par le diviseur, il reproduit le dividende.

Nous allons montrer que, quand la division donne un reste, le quotient exact est également tel que, multiplié par le diviseur, il reproduit le dividende.

Reprenons le problème qui nous a servi d'exemple (n° 3, p. 50) :

Partager 27 pommes entre 6 enfants de manière que toutes les parts soient égales.

Nous avons montré que, dans ces conditions, chaque enfant reçoit 4 pommes et $\frac{3}{6}$ de pomme ; les six enfants reçoivent donc en tout un nombre de pommes égal à :

$$4\frac{3}{6} \times 6$$

et le quotient complet $4\frac{3}{6}$ *est bien un nombre tel que, multiplié par le diviseur, il reproduit le dividende*; car la réunion des six parts donne évidemment le nombre des pommes qui ont été partagées.

18. **Application.** — *Soit à diviser la fraction* $\frac{8}{15}$ *par* **6.**

Nous cherchons un nombre qui, multiplié par 6, donne $\frac{8}{15}$.

La fraction $\frac{8}{15 \times 6}$ ou $\frac{8}{90}$ répond évidemment à la question, car on a :

$$\frac{8}{15 \times 6} \times 6 = \frac{8 \times 6}{15 \times 6} = \frac{8}{15}.$$

Il n'existe d'ailleurs aucun autre nombre que la fraction $\dfrac{8}{90}$ $\left(\text{ou une fraction égale à } \dfrac{8}{90}\right)$ qui, multiplié par 6, donne $\dfrac{8}{15}$, car le produit d'un nombre plus petit que $\dfrac{8}{90}$ par 6 serait un nombre inférieur à $\dfrac{8}{15}$ tandis que le produit d'un nombre plus grand que $\dfrac{8}{90}$ par 6 serait un nombre supérieur à $\dfrac{8}{15}$.

On a donc :

$$\frac{8}{15} : 6 = \frac{8}{15 \times 6} = \frac{8}{90} = \frac{4}{45},$$

et l'on voit que : *Pour diviser une fraction par un nombre entier, il suffit de multiplier son dénominateur par ce nombre entier sans changer son numérateur.* On simplifie le résultat s'il y a lieu.

19. Remarque. — Si le diviseur employé est un diviseur du numérateur de la fraction donnée, on simplifie le résultat en divisant ses deux termes par ce diviseur, ce qui redonne le numérateur primitif. Ainsi :

$$\frac{8}{15} : 4 = \frac{8}{15 \times 4} = \frac{8}{60} = \frac{2}{15},$$

et l'on peut dire que : *On rend une fraction 2, 3, 4, … fois plus petite en multipliant son dénominateur par 2, 3, 4, … sans changer son numérateur, ou, quand cela se peut, en divisant son numérateur par 2, 3, 4, … sans changer son dénominateur.*

La deuxième méthode, quand elle est applicable, est préférable à la première, car elle donne le résultat sous une forme plus simple.

---

§ 5. — Multiplication d'un nombre quelconque par une fraction.

20. Notion de produit d'un nombre par une fraction. — Considérons une longueur AB mesurée par un nombre quelconque entier ou fractionnaire, et proposons-nous de trouver une longueur A'B' qui vaille les $\frac{5}{6}$ de **AB**.

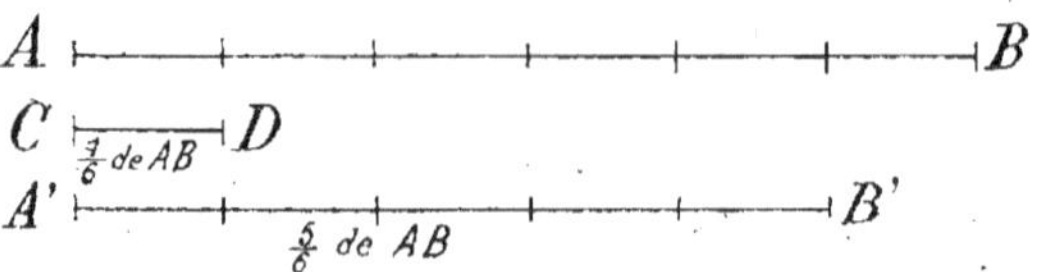

Pour cela, il suffit de partager la longueur **AB** en six parties égales et de porter bout à bout en ligne droite cinq longueurs égales à chacune des divisions de **AB**.

Le nombre qui mesure la longueur A'B' ainsi obtenue se nomme **produit du nombre qui mesure la longueur AB par la fraction** $\frac{5}{6}$.

Pour obtenir ce produit, il faut : 1° chercher le nombre qui mesure $\frac{1}{6}$ de **AB**, c'est-à-dire diviser par 6 le nombre qui mesure la longueur **AB** ; 2° multiplier par 5 le résultat obtenu. Le produit vaut donc 5 fois la sixième partie du multiplicande.

21. Définition. — Nous pouvons alors donner de la multiplication la définition générale suivante : *La multiplication est une opération qui a pour but, étant donnés deux nombres, le multiplicande et le multiplicateur, d'en chercher un troisième, appelé produit, qui soit formé avec le multiplicande comme le multiplicateur est formé avec l'unité.*

Il en résulte que *le produit des deux nombres est supérieur, égal ou inférieur au multiplicande, suivant que le multiplicateur est supérieur, égal ou inférieur à l'unité.*

Cette définition générale comprend comme cas particulier celle que nous avons adoptée quand le multiplicateur est un nombre entier. En effet, si le multiplicateur est un nombre entier, 4 par exemple, il est formé de 4 fois l'unité ; le produit doit donc se composer de 4 fois le multiplicande ; par suite, on l'obtient, en faisant la somme de quatre nombres égaux au multiplicande.

Nous distinguerons deux cas dans la multiplication d'un

nombre par une fraction, suivant que le multiplicande est un nombre entier ou une fraction.

22. Premier cas. — *Multiplication d'un nombre entier par une fraction.*

Soit à multiplier 21 par $\dfrac{5}{6}$.

Le multiplicateur valant 5 fois la sixième partie de l'unité, le produit doit valoir 5 fois la sixième partie du multiplicande 21.

Or la sixième partie de 21 (quotient de la division de 21 par 6) vaut $\dfrac{21}{6}$, et 5 fois cette sixième partie valent 5 fois plus, ou :

$$\frac{21}{6} \times 5 = \frac{21 \times 5}{6} = \frac{105}{6} = \frac{35}{2}.$$

On voit ainsi que : *pour multiplier un nombre entier par une fraction, on multiplie ce nombre entier par le numérateur de la fraction, et on donne au produit pour dénominateur celui de la fraction. On simplifie le résultat, s'il est possible.*

23. Deuxième cas. — *Multiplication d'une fraction par une fraction.*

Soit à multiplier $\dfrac{7}{15}$ par $\dfrac{5}{6}$.

Le multiplicateur valant 5 fois la sixième partie de l'unité, le produit doit valoir 5 fois la sixième partie du multiplicande $\dfrac{7}{15}$.

Or, la sixième partie de $\dfrac{7}{15}$ (quotient de la division de $\dfrac{7}{15}$ par 6) vaut $\dfrac{7}{15 \times 6}$, et 5 fois cette sixième partie valent 5 fois plus ou :

$$\frac{7}{15 \times 6} \times 5 = \frac{7 \times 5}{15 \times 6} = \frac{35}{90} = \frac{7}{18}.$$

Donc : *Pour multiplier une fraction par une fraction, on fait le produit des numérateurs, puis celui des dénominateurs, et on donne le second produit pour dénominateur au premier.* On simplifie le résultat lorsqu'on le peut.

24. Remarque. — La fraction multiplicateur peut être telle que son numérateur est égal à l'unité; soit $\frac{1}{6}$ par exemple.

Alors, le multiplicateur étant la sixième partie de l'unité, le produit doit être la sixième partie du multiplicande, et s'obtient en divisant le multiplicande par **6**. Donc, multiplier un nombre par $\frac{1}{6}$ et le diviser par **6**, c'est la même chose.

---

§6. — Division d'un nombre quelconque par une fraction.

25. Dans l'étude de la division d'un nombre par une fraction, nous appliquerons la définition suivante : *La division est une opération qui a pour but, étant donnés deux nombres, le dividende et le diviseur, d'en chercher un troisième nommé quotient qui, multiplié par le diviseur, redonne le dividende.*

Nous distinguerons deux cas dans la division d'un nombre par une fraction, suivant que le dividende est un nombre entier ou une fraction.

26. Premier cas. — *Division d'un nombre entier par une fraction.*

Soit à diviser **14** par $\frac{6}{25}$.

Nous cherchons un nombre qui, multiplié par $\frac{6}{25}$, redonne **14**.

La fraction $\frac{14 \times 25}{6}$ ou $\frac{350}{6}$ répond évidemment à la question, car :

$$\frac{14 \times 25}{6} \times \frac{6}{25} = \frac{14 \times 25 \times 6}{6 \times 25} = 14.$$

Il n'y a d'ailleurs aucun autre nombre que la fraction $\frac{350}{6}$ $\left(\text{ou une fraction égale à } \frac{350}{6}\right)$ qui, multiplié par $\frac{6}{25}$, donne **14**, car les produits de deux nombres inégaux par un même nombre sont forcément inégaux.

Remarquons que le produit $\dfrac{14 \times 25}{6}$ n'est autre chose que le résultat que l'on obtiendrait en multipliant 14 par $\dfrac{25}{6}$. On a donc :

$$14 : \frac{6}{25} = 14 \times \frac{25}{6} = \frac{14 \times 25}{6} = \frac{350}{6} = \frac{175}{3},$$

et l'on voit ainsi que : *Pour diviser un nombre entier par une fraction, il suffit de multiplier le dividende par la fraction diviseur renversée. On doit simplifier le résultat lorsqu'on le peut.*

27. Deuxième cas. — *Division d'une fraction par une fraction.*

Soit à diviser $\dfrac{21}{8}$ par $\dfrac{15}{14}$.

Nous cherchons un nombre qui, multiplié par $\dfrac{15}{14}$, redonne $\dfrac{21}{8}$.

La fraction $\dfrac{21 \times 14}{8 \times 15}$ ou $\dfrac{294}{120}$ répond évidemment à la question, car :

$$\frac{21 \times 14}{8 \times 15} \times \frac{15}{14} = \frac{21 \times 14 \times 15}{8 \times 15 \times 14} = \frac{21}{8}.$$

Il n'y a d'ailleurs aucun autre nombre que $\dfrac{294}{120}$ $\Big($ ou une fraction égale à $\dfrac{294}{120}\Big)$ qui, multiplié par $\dfrac{15}{14}$, donne $\dfrac{21}{8}$, car les produits de deux nombres inégaux par un même nombre sont forcément inégaux.

Remarquons que le résultat $\dfrac{21 \times 14}{8 \times 15}$ n'est autre chose que le produit que l'on obtiendrait en multipliant $\dfrac{21}{8}$ par $\dfrac{14}{15}$. On a donc :

$$\frac{21}{8} : \frac{15}{14} = \frac{21}{8} \times \frac{14}{15} = \frac{21 \times 14}{8 \times 15} = \frac{294}{120} = \frac{147}{60} = \frac{49}{20}.$$

Donc : *Pour diviser une fraction par une fraction, on multiplie la fraction dividende par la fraction diviseur renversée.* On simplifie le résultat s'il est possible.

28. **Remarque I.** — Nous voyons que diviser un nombre quelconque par une fraction telle que $\frac{1}{6}$ qui a pour numérateur l'unité, revient à multiplier ce nombre par $\frac{6}{1}$ ou 6. Donc, diviser un nombre par $\frac{1}{6}$ ou le multiplier par **6**, c'est la même chose.

29. **Remarque II.** — La multiplication et la division des nombres fractionnaires se ramènent à des opérations sur les fractions par la conversion de ces nombres en fractions.

Ainsi l'on a, par exemple :

$$8\frac{2}{3} \times 4 = \frac{26}{3} \times 4 = \frac{26 \times 4}{3} = \frac{104}{3} = 34\frac{2}{3};$$

$$6\frac{3}{4} \times 7\frac{1}{6} = \frac{27}{4} \times \frac{43}{6} = \frac{27 \times 43}{4 \times 6} = \frac{1\,161}{24} = 48\frac{9}{24} = 48\frac{3}{8};$$

$$7 : 2\frac{5}{6} = 7 : \frac{17}{6} = \frac{7 \times 6}{17} = \frac{42}{17} = 2\frac{8}{17};$$

$$5\frac{3}{4} : 8\frac{2}{3} = \frac{23}{4} : \frac{26}{3} = \frac{23 \times 3}{4 \times 26} = \frac{69}{104}.$$

CHAPITRE III

Numération des nombres décimaux.

1. Définition. — On nomme **fraction décimale** *une fraction qui a pour dénominateur* 10 *ou une puissance de* 10.

Telles sont les fractions $\dfrac{3}{10}$, $\dfrac{579}{100}$, $\dfrac{27}{10\,000}$, etc.

Un **nombre décimal** *est un nombre formé d'une partie entière et d'une fraction décimale plus petite que l'unité.*

Exemples :

$$7\,\frac{32}{100}\,; \quad 17\,\frac{3}{1\,000}\,, \text{ etc.}$$

On donne souvent aussi le nom de nombre décimal à une fraction décimale.

Une fraction décimale exprime donc la mesure d'une grandeur qui renferme une ou plusieurs parties de l'unité divisée en 10, 100, 1000,... parties égales.

Les **dixièmes** se nomment **parties décimales** ou **unités décimales** *du premier ordre.*

Les **centièmes** sont les **parties décimales** ou **unités décimales** *du deuxième ordre.*

Les **millièmes** sont les **parties décimales** ou **unités décimales** *du troisième ordre,* etc.

2. Théorème fondamental. — *Une unité décimale d'un ordre quelconque en vaut dix de l'ordre immédiatement inférieur.*

En effet, puisqu'une fraction ne change pas de valeur quand on multiplie ses deux termes par un même nombre, on a bien :

$$\frac{1}{10} = \frac{1 \times 10}{10 \times 10} = \frac{10}{100};$$

$$\frac{1}{100} = \frac{1 \times 10}{100 \times 10} = \frac{10}{1\,000};$$

$$\frac{1}{1\,000} = \frac{1 \times 10}{1\,000 \times 10} = \frac{10}{10\,000}, \text{ etc.}$$

Les unités décimales suivent donc la même loi de dérivation que les unités entières ; de sorte que les unités entières et les parties décimales de l'unité forment une série continue, dans laquelle les unités sont de dix en dix fois plus grandes ou plus petites, suivant que l'on commence par les plus faibles ou les plus fortes.

3. **Remarque.** — Deux ordres d'unités également distants des unités simples ont reçu des noms analogues :

Dizaines et *dixièmes;*
Centaines et *centièmes;*
Unités de mille et *millièmes;*
Dizaines de mille et *dix-millièmes*, etc.

mais l'ordre des unités qui portent des noms similaires n'est pas le même. Ainsi, les *dizaines* sont les unités entières du *deuxième ordre*, tandis que les *dixièmes* sont les unités décimales du *premier ordre*. De même, les *centaines* sont les unités entières du *troisième ordre*, tandis que les *centièmes* sont les unités décimales du *deuxième ordre*, etc.

4. **Théorème II.** — *Toute fraction décimale plus petite que l'unité peut être décomposée en une somme de fractions qui ont pour numérateurs les chiffres successifs de son numérateur et pour dénominateurs des puissances successives de* **10.**

Soit, par exemple, la fraction :

$$\frac{3\,756}{100\,000}.$$

On sait que :

$$3\,756 = 3\,000 + 700 + 50 + 6.$$

On a par suite :

$$\frac{3\,756}{100\,000} = \frac{3\,000 + 700 + 50 + 6}{100\,000},$$

ou, d'après la règle d'addition des fractions :

$$\frac{3\,756}{100\,000} = \frac{3\,000}{100\,000} + \frac{700}{100\,000} + \frac{50}{100\,000} + \frac{6}{100\,000}.$$

On peut simplifier les trois premières fractions qui forment le second membre de l'égalité en divisant leurs deux termes respectivement par 1000, par 100 et par 10 et l'on a :

$$\frac{3\,756}{100\,000} = \frac{3}{100} + \frac{7}{1\,000} + \frac{5}{10\,000} + \frac{6}{100\,000},$$

ce qui vérifie le théorème.

5. Écriture des nombres décimaux. — La loi en dérivation des unités décimales successives étant la même que la loi de dérivation des unités entières, on peut écrire sans dénominateur les fractions décimales et les nombres décimaux, en convenant d'étendre aux parties décimales de l'unité le principe posé pour la numération écrite des nombres entiers :

Tout chiffre écrit à la gauche d'un autre représente des unités dix fois plus fortes que celles représentées par cet autre, principe que l'on peut énoncer aussi sous la forme suivante :

Tout chiffre écrit à la droite d'un autre représente des unités dix fois plus faibles que celles représentées par cet autre.

D'après cela, si un chiffre représente des unités simples, un autre chiffre écrit à sa droite représente des dixièmes, et inversement, *pour qu'un chiffre représente des dixièmes, il suffit de l'écrire à droite d'un autre chiffre qui représente des unités simples.*

De même, un chiffre écrit à droite d'un autre chiffre qui représente des dixièmes, représente des centièmes, et inversement, *pour qu'un chiffre représente des centièmes, il suffit de l'écrire à droite d'un autre chiffre qui représente des dixièmes, etc.*

On a soin, quand on écrit ainsi un nombre décimal, de mettre une virgule à droite du chiffre des unités simples pour séparer la partie entière de la partie décimale. S'il s'agit d'une fraction décimale plus petite que l'unité, la partie entière manquant est remplacée par un zéro.

Dans un nombre décimal ainsi écrit, les dixièmes (unités décimales du premier ordre) sont au premier rang après la virgule; les centièmes (unités décimales du deuxième ordre) sont au deuxième rang à droite de la virgule, et ainsi de suite.

Soit par exemple à écrire sans dénominateur le nombre $32\dfrac{729}{1\,000}$.

D'après le théorème précédent, la fraction $\dfrac{729}{1\,000}$ peut se décomposer en

$$\frac{7}{10}, \frac{2}{100} \text{ et } \frac{9}{1\,000}.$$

Nous écrirons donc à droite de la partie entière 32 du nombre donné (suivie d'une virgule), successivement un 7, un 2 et un 9 qui représenteront bien $\dfrac{7}{10}, \dfrac{2}{100}, \dfrac{9}{1\,000}$. Le nombre donné s'écrit donc **32,729**.

Soit encore à écrire sans dénominateur la fraction $\dfrac{75}{1\,000}$. On a :

$$\frac{75}{1\,000} = \frac{7}{100} + \frac{5}{1\,000}.$$

Le nombre n'ayant pas de partie entière, on écrit d'abord un zéro suivi d'une virgule; on écrit à droite de la virgule un zéro pour remplacer les dixièmes qui manquent, et ensuite un 7 et un 5, qui représentent bien $\dfrac{7}{100}$ et $\dfrac{5}{1\,000}$. La fraction s'écrit donc **0,075**.

De là résulte la règle suivante : *Pour écrire un nombre décimal sans dénominateur, on écrit d'abord la partie entière et à la suite une virgule, ou si le nombre est plus petit que l'unité, un zéro suivi d'une virgule. On écrit ensuite la partie décimale comme si c'était un nombre entier, en remplaçant par des zéros les ordres qui peuvent manquer, de manière que le dernier chiffre à droite représente les unités du dernier ordre énoncé.*

6. Réciproquement, étant donné un nombre décimal écrit sans dénominateur, on peut toujours le remplacer par une fraction à deux termes. Pour cela, *on prend comme numérateur le nombre décimal écrit sans virgule, et pour dénominateur l'unité suivie d'autant de zéros qu'il y a de chiffres (significatifs ou non) à la partie décimale.*

Ainsi le nombre 0,0065 peut s'écrire $\dfrac{65}{10\,000}$, ces deux nombres étant formés de parties identiques $\dfrac{6}{1\,000}$ et $\dfrac{5}{10\,000}$.

D'autre part, le nombre 152,306 peut s'écrire $\dfrac{152\,306}{1\,000}$, car on a :

$$152,306 = 152 + \frac{306}{1\,000} = \frac{152\,000}{1\,000} + \frac{306}{1\,000} = \frac{152\,306}{1\,000}.$$

7. Lecture des nombres décimaux. — *On peut, pour énoncer un nombre décimal, lire ce nombre comme s'il était entier en faisant suivre le nom du dernier chiffre à droite du nom des unités que ce chiffre représente.*

Ainsi on peut lire le nombre 152,306, cent cinquante-deux mille trois cent six millièmes, puisque c'est la manière dont s'énonce la fraction $\dfrac{152\,306}{1\,000}$, égale au nombre 152,306.

Le plus souvent, *pour lire un nombre décimal, on énonce* (s'il y a lieu) *sa partie entière que l'on fait suivre du mot* **entier** *ou* **unité**, *puis la partie décimale comme si elle était seule en la faisant suivre du nom de l'ordre de son dernier chiffre à droite.*

Le nombre 152,306 se lit donc aussi 152 unités 306 millièmes ce qui résulte de ce que l'on peut l'écrire $152\,\dfrac{306}{1\,000}$.

8. Théorème III. — *On ne change pas la valeur d'un nombre décimal en écrivant ou en supprimant des zéros à sa droite ou à sa gauche.*

Ainsi je dis : 1° que l'on a :

$$7,53 = 7,5300.$$

En effet :

$$7,53 = \frac{753}{100}$$

et

$$7,5300 = \frac{75\,300}{10\,000}.$$

Or :

$$\frac{753}{100} = \frac{75\,300}{10\,000},$$

la deuxième fraction étant obtenue en multipliant par 100 les deux termes de la première, ce qui ne change pas sa valeur.

On a donc bien :

$$7,53 = 7,5300.$$

Je dis : 2° que l'on a :

$$7,53 = 0007,53.$$

En effet, nous avons vu dans la numération des nombres entiers que :

$$7 = 0007.$$

Donc :

$$7,53 = 0007,53,$$

puisque ces deux nombres sont formés de deux parties de même valeur.

9. Théorème IV. — *On rend un nombre décimal* 10, 100, 1 000,... *fois plus grand ou plus petit, en déplaçant sa virgule de* 1, 2, 3,... *rangs vers la droite ou vers la gauche, après y avoir écrit des zéros si c'est nécessaire.*

1° Soit à rendre 100 fois plus grand le nombre 18,725.

Je dis qu'il suffit de déplacer sa virgule de deux rangs vers la droite, ce qui donne le nombre 1872,5.

En effet :

$$18,725 = \frac{18\,725}{1\,000}$$

et

$$1872,5 = \frac{18\,725}{10}.$$

La fraction $\dfrac{18\,725}{10}$ ayant le même numérateur que $\dfrac{18\,725}{1\,000}$ et un dénominateur 100 fois plus petit, est 100 fois plus grande que cette dernière fraction.

Le nombre 1872,5 est donc bien 100 fois plus grand que 18,725.

2° Soit encore à rendre 1 000 fois plus grand le nombre 13,5.

Il faudrait, d'après l'énoncé, déplacer la virgule de ce nombre de trois rangs vers la droite. Comme il n'a qu'un chiffre décima' j'écris d'abord deux zéros à sa droite, puis je fais le déplacement de la virgule, ce qui revient à la supprimer, et j'obtiens ainsi le nombre 13 500.

Pour prouver que ce nombre est 1 000 fois plus grand que 13,5, je remarque que :

$$13,5 = 13,500 = \frac{13\,500}{1\,000}.$$

En supprimant le dénominateur de cette fraction, ce qui revient à diviser ce dénominateur par 1000, je rends la fraction 1 000 fois plus grande.

Donc le nombre 13 500 est bien 1 000 fois plus grand que le nombre 13,5.

Je prouverais de même que, en déplaçant la virgule d'un nombre décimal de 1, 2, 3, ... rangs vers la gauche, après y avoir écrit des zéros si c'est nécessaire, on rend le nombre décimal 10, 100, 1 000,... fois plus petit.

10. Corollaire. — On rend un nombre entier 10, 100, 1000, fois plus petit, en séparant par une virgule un, deux, trois chiffres décimaux sur la droite de ce nombre, après avoir écrit des zéros à sa gauche si c'est nécessaire.

CHAPITRE IV

Opérations sur les nombres décimaux.

1. Remarque. — Les nombres décimaux pouvant toujours être mis sous forme de fractions, les définitions des opérations relatives aux fractions sont applicables aux opérations correspondantes relatives aux nombres décimaux. Cela posé, nous allons montrer que les opérations sur les nombres décimaux se ramènent à des opérations sur des nombres entiers.

§ 1. — Addition.

2. Soit à faire la somme des nombres 3,57; 12,7; 0,457 et 32,15.

L'opération revient à faire la somme des fractions :

$$\frac{357}{100}, \frac{127}{10}, \frac{457}{1\,000} \text{ et } \frac{3\,215}{100}$$

Pour obtenir cette somme, il faut réduire ces fractions au même dénominateur. Le plus grand dénominateur 1 000 étant un multiple de tous les autres, peut être pris pour dénominateur commun. On obtient ainsi les fractions :

$$\frac{3\,570}{1\,000}, \frac{12\,700}{1\,000}, \frac{457}{1\,000} \text{ et } \frac{32\,150}{1\,000}$$

Leur somme est une fraction qui a pour numérateur la somme de leurs numérateurs et pour dénominateur le dénominateur commun ; elle est donc égale à :

$$\frac{3\,570 + 12\,700 + 457 + 32\,150}{1\,000} \text{ ou } \frac{48\,877}{1\,000},$$

ce qui peut s'écrire 48,877.

Ce résultat, abstraction faite de la virgule, est celui que l'on obtiendrait en additionnant les nombres proposés comme s'ils étaient entiers, après leur avoir donné le même nombre de chiffres décimaux en écrivant des zéros à droite de ceux qui ont le moins de décimales. Il exprime des millièmes, c'est-à-dire des unités décimales de même ordre que le dernier chiffre à droite des nombres ainsi modifiés.

Dans la pratique, on se dispense d'écrire des zéros à droite de ceux des nombres qui ont le moins de chiffres décimaux, mais on tient compte, pour faire l'addition, des rangs qu'ils occuperaient.

De là résulte la règle : *Pour faire la somme de plusieurs nombre décimaux, on les écrit les uns sous les autres de manière que les unités de même ordre se trouvent dans une même colonne ; on les additionne alors comme s'ils étaient entiers, en ayant soin de mettre dans le résultat obtenu une virgule sous la colonne des virgules.*

On dispose donc de la manière suivante l'opération qui nous a servi d'exemple :

3,570		3,57
12,700	ou simplement	12,7
0,457		0,457
32,150		32,15
48,877		48,877

§ 2. — Soustraction

3. Soit à retrancher 2,729 de 15,3.

Nous verrions comme précédemment que l'opération revient à calculer la différence :

$$\frac{153}{10} - \frac{2\,729}{1\,000},$$

ou :

$$\frac{15\,300}{1\,000} - \frac{2\,729}{1\,000}.$$

Les fractions $\dfrac{15\,300}{1\,000}$ et $\dfrac{2\,729}{1\,000}$ ayant le même dénominateur, leur différence est une fraction qui a pour numérateur la différence de leurs numérateurs et pour dénominateur leur dénominateur commun. Elle est donc égale à :

$$\frac{15\,300 - 2\,729}{1\,000} \text{ ou } \frac{12\,571}{1\,000}.$$

Ce qui peut s'écrire **12,571**.

Le résultat, abstraction faite de la virgule, est celui que l'on obtiendrait en retranchant le plus petit des nombres donnés du plus grand comme si ces nombres étaient entiers, après leur avoir donné le même nombre de chiffres décimaux, en écrivant des zéros à droite de celui qui a le moins de décimales. Il exprime des millièmes, c'est-à-dire des unités décimales de même ordre que le dernier chiffre à droite des deux nombres sur lesquels on opère.

Dans la pratique, on se dispense d'écrire des zéros à droite de celui des deux nombres qui a le moins de chiffres décimaux, mais on tient compte des rangs qu'ils occuperaient pour faire la soustraction.

De là résulte la règle : *Pour trouver la différence de deux nombres décimaux, on écrit le plus petit nombre sous le plus grand de manière que les unités de même ordre se trouvent dans une même colonne; on fait alors la soustraction comme s'il s'agissait de nombres entiers, et, dans le résultat obtenu, on met une virgule au bas de la colonne des virgules.*

On dispose donc ainsi la soustraction qui nous a servi d'exemple :

15,300		15,3
2,729	ou simplement	2,729
12,571		12,571

§ 3. — Multiplication

4. On peut avoir à faire le produit :

1° D'un nombre décimal par un nombre entier ;
2° D'un nombre entier par un un nombre décimal ;
3° D'un nombre décimal par un nombre décimal.

Le raisonnement étant le même pour les trois cas, nous le ferons pour un cas seulement, le troisième par exemple.

Soit à multiplier 58,72 par 6,8.

L'opération proposée revient à chercher le produit des fractions $\dfrac{5\,872}{100}$ et $\dfrac{68}{10}$. Le produit est une autre fraction qui a pour numérateur le produit des numérateurs et pour dénominateur le produit des dénominateurs de ces deux fractions. Il est donc égal à :

$$\frac{5\,872 \times 68}{100 \times 10} \quad \text{ou} \quad \frac{399\,296}{1\,000},$$

ce qui peut encore s'écrire 399,296.

Le résultat, abstraction faite de la virgule, est le produit des deux nombres donnés considérés comme nombres entiers. Il exprime des millièmes, et contient autant de chiffres décimaux qu'en ont ensemble le multiplicande et le multiplicateur.

De là résulte la règle : *Pour faire le produit de deux nombres décimaux, ou d'un nombre entier et d'un nombre décimal, on opère comme si les facteurs étaient entiers, et l'on sépare sur la droite du produit autant de chiffres décimaux qu'il y en a en tout dans le multiplicande et le multiplicateur.*

On dispose l'opération de la façon suivante :

$$\begin{array}{r}
5\,8,7\,2 \\
6,8 \\
\hline
4\,6\,9\,7\,6 \\
3\,5\,2\,3\,2 \\
\hline
3\,9\,9,2\,9\,6 \\
\hline
\end{array}$$

§ 4. — Division

5. Définitions. — Nous avons appelé **quotient exact** *d'une division un nombre qui, multiplié par le diviseur, reproduit le dividende.*

Ainsi nous pouvons dire que 58,72 est le quotient exact de la division de 399,296 par 6,8 puisque nous venons de voir que :

$$58,72 \times 6,8 = 399,296.$$

Or le quotient exact de la division de deux nombres entiers ou décimaux n'existe pas toujours sous la forme entière ou décimale, ce qui conduit à définir le **quotient approché** d'une division.

En généralisant ce que nous avons dit dans l'étude de la division des nombres entiers, nous appellerons **quotient à une unité près** *de la division de deux nombres quelconques le plus grand nombre entier dont le produit par le diviseur est contenu dans le dividende.*

Par analogie, nous appellerons **quotient approché** à $\dfrac{1}{10}$, $\dfrac{1}{100}$, $\dfrac{1}{1\,000}$, ... près *d'une division, le plus grand nombre de dixièmes, centièmes, millièmes,... dont le produit par le diviseur est contenu dans le dividende.*

La fraction $\dfrac{1}{10}$, $\dfrac{1}{100}$, $\dfrac{1}{1\,000}$,... qui indique l'ordre du dernier chiffre décimal que l'on veut avoir au quotient se nomme **fraction d'approximation**.

Cela posé, nous distinguerons deux cas dans la division des nombres décimaux.

6. Premier cas. — *Division d'un nombre décimal par un nombre entier.*

Ce cas se subdivise en trois autres suivant que l'on veut obtenir le quotient à une unité près, ou avec une approximation de l'ordre du dernier chiffre décimal du dividende ou avec une approximation plus grande que l'ordre de ce dernier chiffre.

1° Soit à trouver le quotient à une unité près de la division de 572,25 par 16.

Nous allons montrer que pour avoir ce quotient il suffit de diviser par le diviseur 16 la partie entière 572 du dividende.

La division de 572 par 16 donne 35 pour quotient à une unité près. Donc le nombre 572 contient le produit de 35 par 16 ; à plus forte raison le nombre 572,25 contient lui-même ce produit. D'ailleurs le nombre 572 ne contient pas le produit de 36 par 16, et la différence entre 572 et le produit 36×16 est au moins d'une unité puisque ces deux nombres sont entiers. Il en résulte que le nombre 572,25, qui ne surpasse pas d'une unité le nombre 572, ne contient pas non plus le produit de 36 par 16.

Le nombre 35 étant le plus grand nombre entier dont le produit par 16 est contenu dans 572,25 est bien le quotient à une unité près de la division de 572,25 par 16.

De là résulte la règle : *Pour avoir le quotient à une unité près de la division d'un nombre décimal par un nombre entier, il suffit de chercher le quotient à une unité près de la division de la partie entière du dividende par le diviseur.*

2° Soit à trouver le quotient à $\dfrac{1}{100}$ près de la division de 572,25 par 16.

Le nombre 572,25 peut s'écrire $\dfrac{57\,225}{100}$ et vaut 57 225 centièmes.

Or la division de 57225 par 16 donne pour quotient entier 3576. On en déduit que, dans 57225 unités, on trouve le produit de 3576 unités par 16 et qu'on n'y trouve pas le produit de 3577 unités par 16. Mais on peut dire aussi que dans 57225 centièmes, on trouve le produit de 3576 centièmes par 16 et qu'on n'y trouve pas le produit de 3577 centièmes par 16.

$$\begin{array}{c|c} 57225 & 16 \\ 92 & \overline{3576} \\ 122 & \\ 105 & \\ 09 & \end{array}$$

Donc 3576 centièmes est le plus grand nombre de centièmes dont le produit par 16 est contenu dans 57225 centièmes. Par suite, c'est le quotient à $\dfrac{1}{100}$ près de la division proposée. Il peut s'écrire d'ailleurs $\dfrac{3\,576}{100}$ ou 35,76. On voit ainsi que le quotient cherché s'obtient en divisant 57225 par 16 et en séparant sur la droite du quotient à une unité près de cette division, deux chiffres décimaux.

De là résulte la règle : *Pour obtenir à une unité près de l'ordre du dernier chiffre décimal du dividende le quotient de la division d'un nombre décimal par un nombre entier, on opère comme si le dividende était entier et l'on sépare sur la droite du quotient obtenu autant de chiffres décimaux qu'il y en a au dividende.*

Remarque. — Le premier chiffre décimal **7** du quotient est obtenu au moment où l'on abaisse le premier chiffre décimal **2** du dividende ; aussi, dans la pratique, on met la virgule au quotient au moment où l'on abaisse le premier chiffre décimal du dividende.

3° Calculer à $\dfrac{1}{10\,000}$ près le quotient de la division de 572,25 par **16**.

Il suffit, pour ramener ce cas au précédent, d'écrire deux zéros à droite du dividende de façon que son dernier chiffre à droite représente des unités de l'ordre de l'approximation donnée. On a ainsi à calculer à $\dfrac{1}{10\,000}$ le quotient de la division de 572,2500 par 16.

En appliquant la règle établie précédemment, on trouve pour quotient 35,7656.

```
5 7 2,2 5 0 0 | 1 6
  9 2         | ---------
  1 2 2       | 3 5,7 6 5 6
    1 0 5
      9 0
      1 0 0
        4
```

Remarque I. — Dans la pratique, on se dispense d'écrire des zéros à droite du dividende, mais on opère comme s'ils étaient écrits, c'est-à-dire que, lorsqu'on a employé tous les chiffres décimaux du dividende, on continue l'opération en écrivant un zéro à droite de chaque reste jusqu'à ce que l'on ait au quotient le nombre de chiffres décimaux indiqué par la fraction d'approximation.

Remarque II. — On peut de même obtenir avec une approximation décimale donnée le quotient de la division de deux nombres entiers et cela alors même que le dividende est inférieur au diviseur.

Exemples. — 1° Soit à calculer à $\dfrac{1}{100}$ le quotient de la division de 1 357 par **12**.

En remarquant que **1 357** = 1 357,00 et en appliquant la règle établie précédemment, on trouve pour quotient à $\dfrac{1}{100}$ près de la division 113,08.

```
1 3 5 7,0 0 | 1 2
  1 5       | ---------
    3 7     | 1 1 3,0 8
    1 0 0
        4
```

Ici encore, on peut se dispenser d'écrire des zéros à la droite du dividende et opérer comme s'ils étaient écrits.

Lorsqu'on a obtenu le quotient entier de la division, on met une virgule à droite de ce quotient et on continue l'opération en écrivant un zéro à droite de chacun des restes successifs que l'on obtient jusqu'à ce que l'on ait au quotient le nombre voulu de chiffres décimaux.

2° Soit à calculer à $\dfrac{1}{1\,000}$ près le quotient de la division de 3 par 7.

$$\begin{array}{c|c} 3{,}0\,0\,0 & 7 \\ 2\,0 & \overline{0{,}4\,2\,8} \\ 6\,0 & \\ 4 & \end{array}$$

En remarquant que $3 = 3{,}000$ et en appliquant la règle, on obtient pour quotient 0,428.

Dans la pratique, comme on sait que le quotient n'a pas de partie entière, on met d'abord au quotient un zéro suivi d'une virgule. On écrit un zéro à droite du dividende et on divise le nombre ainsi formé par le diviseur, ce qui donne le chiffre des dixièmes du quotient. On écrit un zéro à droite du reste, et on divise le nombre ainsi formé par le diviseur, ce qui donne le chiffre des centièmes du quotient; on continue de même jusqu'à ce que l'on ait au quotient le nombre de chiffres décimaux qu'indique la fraction d'approximation.

7. Deuxième cas. — *Division d'un nombre quelconque par un nombre décimal.*

Ce cas se subdivise en deux autres suivant que le dividende est entier ou décimal.

1° Soit à diviser 3624 par **12,53**.

L'opération revient à diviser 3624 par $\dfrac{1\,253}{100}$, c'est-à-dire un nombre entier par une fraction. Le quotient s'obtient en multipliant le dividende par la fraction diviseur renversée.

Il a donc pour valeur :

$$\frac{3\,624 \times 100}{1\,253} \quad \text{ou} \quad \frac{362\,400}{1\,253}.$$

On l'obtiendra en divisant 362 400 par 1 253, opération que l'on sait faire et dont on peut calculer le quotient soit à une unité près, soit avec une approximation décimale aussi grande que l'on veut.

$$\begin{array}{c|c} 362400 & 1253 \\ 11180 & \overline{289} \\ 11560 & \\ 283 & \end{array}$$

En particulier, le quotient à une unité près est **289**.

En somme, la division de 3 624 par **12,53** a été remplacée par la division de 362 400 par 1 253, qui en diffère en ce que le diviseur a été rendu entier et en ce que l'on a écrit deux zéros à la droite du dividende, c'est-à-dire autant de zéros qu'il y avait de chiffres décimaux au diviseur.

De là résulte la règle : *Pour diviser un nombre entier par un nombre décimal, on efface la virgule du diviseur, et l'on écrit à droite du dividende autant de zéros qu'il y avait de chiffres décimaux au diviseur. Il reste alors à diviser un nombre entier par un autre nombre entier.*

2° Soit à diviser 3 624,175 par 12,53.

L'opération revient à diviser $\dfrac{3\,624\,175}{1\,000}$ par $\dfrac{1\,253}{100}$, c'est-à-dire une fraction par une fraction. Le quotient est égal au produit de la fraction dividende par la fraction diviseur renversée. Il a donc pour valeur :

$$\frac{3\,624\,175 \times 100}{1\,000 \times 1\,253},$$

ou en divisant par 100 les deux termes de la fraction :

$$\frac{3\,624\,175}{10 \times 1\,253}.$$

On l'obtiendra donc en divisant 3 624 175 par 10 × 1 253.

On peut d'ailleurs, dans cette dernière division, diviser par 10 le dividende et le diviseur sans changer le quotient, et l'on a finalement à diviser 362 417,5 par 1 253, opération que l'on sait faire et dont on peut calculer le quotient soit à une unité près, soit avec une approximation décimale aussi grande qu'on le voudra.

$$
\begin{array}{l|l}
362417,5 & 1253 \\
11181 & \overline{289,239} \\
11577 & \\
\;\;3005 & \\
\;\;4990 & \\
12310 & \\
\;\;1033 & \\
\end{array}
$$

En particulier, le quotient à $\dfrac{1}{1\,000}$ près est 289,239.

En somme, la division de 3 624,175 par 12,53 a été remplacée par la division de 362 417,5 par 1253, qui en diffère en ce que le diviseur a été rendu nombre entier et en ce que l'on a déplacé la virgule du dividende de deux rangs vers la droite, c'est-à-dire d'autant de rangs vers la droite qu'il y avait de chiffres décimaux au diviseur.

De là résulte la règle : *Pour diviser un nombre décimal par un nombre décimal, on efface la virgule du diviseur, et l'on déplace celle du dividende d'autant de rangs vers la droite qu'il y avait de chiffres décimaux au diviseur (en écrivant des zéros, à droite du dividende s'il a moins de chiffres décimaux que le diviseur). Il reste alors à diviser soit un nombre décimal, soit un nombre entier par un nombre entier.*

8. Calcul mental appliqué aux nombres décimaux. — Nous pouvons remarquer que l'on a :

$$0,5 = \frac{5}{10} = \frac{1}{2} ;$$

$$0,25 = \frac{25}{100} = \frac{1}{4} ;$$

$$0,125 = \frac{125}{1\,000} = \frac{1}{8} ;$$

$$0,75 = \frac{75}{100} = \frac{3}{4} .$$

Il en résulte que, *pour multiplier un nombre par* 0,5 ; 0,25 ; 0,125 ; 0,75, *il suffit de prendre la moitié, le quart, le huitième, les trois quarts de ce nombre.*

Par exemple, on a :

$$520 \times 0,75 = \frac{520 \times 3}{4} = 390.$$

De même, *pour diviser un nombre par* 0,5 ; 0,25 ; 0 125 ou 0,75, *il suffit de le diviser par* $\frac{1}{2}$, $\frac{1}{4}$, $\frac{1}{8}$ ou $\frac{3}{4}$, *ou encore de le multiplier par* 2, 4, 8 ou $\frac{4}{3}$.

Par exemple :

$$72 : 0,125 = 72 \times 8 = 576.$$

LIVRE TROISIÈME

CARRÉS ET RACINES CARRÉES

CHAPITRE I

Carrés et racines carrées des nombres entiers.

1. *Définitions*. — Nous avons vu que l'on nomme carré d'un nombre le produit de deux facteurs égaux à ce nombre. Ainsi, le carré de 7 est 49 parce que :

$$7^2 = 7 \times 7 = 49.$$

Celui de $\frac{9}{4}$ est $\frac{81}{16}$, car :

$$\left(\frac{9}{4}\right)^2 = \frac{9}{4} \times \frac{9}{4} = \frac{81}{16}.$$

Lorsqu'un nombre entier est le carré d'un autre nombre entier, celui-ci se nomme **racine carrée** du premier nombre, qui est dit **carré parfait**.

Ainsi 49 est un carré parfait qui a pour racine carrée 7.

On indique la racine carrée d'un nombre au moyen du signe $\sqrt{}$ que l'on nomme *radical* et qui s'énonce *racine carrée de* ou simplement *racine de ;* le nombre se place sous le trait horizontal du radical.

Ainsi on écrira :

$$\sqrt{49} = 7,$$

ce qui s'énoncera : racine carrée de 49 égale 7.

2. Racine carrée à une unité près d'un nombre entier. — Formons les carrés des premiers nombres entiers.

$$1, 2, 3, 4, 5, 6, 7, 8, 9, 10, \ldots$$

Ces carrés sont les nombres :

$$1, 4, 9, 16, 25, 36, 49, 64, 81, 100, \ldots$$

En consultant ce tableau, on voit qu'il existe des nombres entiers tels que 2, 3, 5, 6, 7, 8, 10, ... qui ne sont pas le carré d'un autre nombre entier.

Ainsi 12 étant compris entre 9 et 16 devrait, s'il était carré parfait, être le carré d'un nombre compris entre 3, racine carrée de 9, et 4, racine carrée de 16, et il n'existe aucun nombre entier compris entre 3 et 4.

On peut d'ailleurs démontrer que : *si un nombre entier n'est par le carré d'un autre nombre entier, il n'est le carré ni d'un nombre fractionnaire ni d'un nombre décimal.*

Il en résulte qu'un tel nombre n'a pas de racine carrée, ce qui conduit à définir la **racine carrée approchée** d'un nombre entier.

En particulier on nomme **racine carrée à une unité près**, ou encore **racine carrée entière** d'un nombre entier qui n'est pas carré parfait, *le plus grand nombre entier dont le carré soit contenu dans le nombre considéré.*

Ainsi la racine carrée à une unité près de 69 est 8 parce que 69 contient le carré de 8 ou 64 et ne contient pas le carré de 9 ou 81.

On nomme **reste** *de la racine carrée d'un nombre, l'excès de ce nombre sur le carré de sa racine carrée entière.*

·Ainsi le reste de la racine carrée de 69 est 5 parce que :

$$69 - 64 = 5.$$

Quand un nombre entier est carré parfait, le reste de sa racine carrée est nul.

On peut démontrer d'ailleurs que, lorsqu'un nombre entier n'est pas carré parfait, le reste de sa racine carrée est inférieur ou au plus égal au double de cette racine.

3. Nombre des chiffres de la racine carrée entière d'un nombre entier. — On peut déterminer à l'avance le nombre des chiffres de la racine carrée entière d'un nombre donné. En effet :

Si le nombre a un ou deux chiffres, il est compris entre **1** et

100; *sa racine carrée* est comprise entre 1 et 10 et par suite *a un chiffre.*

Si le nombre a trois ou quatre chiffres, il est compris entre 100 et 10 000; *sa racine carrée* est comprise entre 10 et 100 et par suite *a deux chiffres.*

Si le nombre a cinq ou six chiffres, il est compris entre 10 000 et 1 000 000 ; *sa racine carrée* est comprise entre 100 et 1 000 et par suite *à trois chiffres*, etc.

D'une manière générale, *si l'on partage un nombre entier en tranches de deux chiffres à partir de la droite (la dernière tranche à gauche pouvant n'être formée que d'un seul chiffre), la racine carrée entière du nombre considéré a autant de chiffres qu'il y a de tranches dans ce nombre ainsi partagé.*

Nous distinguerons deux cas dans l'extraction de la racine carrée entière d'un nombre entier.

4. Premier cas. — *Le nombre donné est plus petit que* 100.

On trouve alors sa racine carrée au moyen de la table des carrés des dix premiers nombres entiers, table que l'on doit d'ailleurs connaître par cœur.

1° Soit à trouver la racine carrée de 49.

Comme $49 = 7^2$, la racine carrée exacte de 49 est 7.

2° Soit à extraire la racine carrée de 58.

Nous voyons que 58 est compris entre 49, carré de 7, et 64, carré de 8; sa racine carrée entière est donc 7, et le reste de la racine est $58 - 49$ ou 9.

5. Deuxième cas. — *Le nombre donné est plus grand que* 100.

Nous nous bornerons à donner dans ce cas la règle de l'opération.

Règle. — *Pour trouver la racine carrée d'un nombre plus grand que* 100, *on partage ce nombre en tranches de deux chiffres à partir de la droite, la dernière tranche pouvant n'avoir qu'un chiffre.*

La racine carrée de la première tranche à gauche donne le chiffre des plus hautes unités de la racine.

On retranche de la première tranche à gauche le carré de ce premier chiffre ; à droite du reste, on abaisse la deuxième tranche du nombre donné, puis on divise le nombre des dizaines du nombre ainsi formé par le double du premier chiffre de la racine. On obtient ainsi le second chiffre de la racine ou un chiffre trop fort.

Pour l'essayer, on l'écrit à droite du double du premier chiffre de la racine et on multiplie le nombre ainsi obtenu par le chiffre à essayer.

Si le produit peut se retrancher du nombre formé par le premier reste suivi de la seconde tranche, le chiffre essayé est bon ; sinon on le diminue d'une unité et on l'essaye de nouveau jusqu'à ce que la soustraction puisse se faire.

Quand la soustraction devient possible, le dernier chiffre essayé est le second chiffre de la racine.

A droite du reste de la soustraction, on abaisse la troisième tranche du nombre donné et on divise le nombre des dizaines du nombre ainsi obtenu par le double du nombre que forment les deux premiers chiffres de la racine. On a ainsi le troisième chiffre de la racine ou un chiffre trop fort, et on essaie ce chiffre comme précédemment.

On continue l'opération jusqu'à ce que toutes les tranches du nombre soient employées.

Exemples. — 1° Soit à extraire la racine carrée de 7 374.

Après avoir partagé le nombre en tranches de deux chiffres à partir de la droite, ce qui donne 73.74, on cherche la racine carrée de la première tranche à gauche, c'est-à-dire de 73 ; cette racine carrée est 8 et forme le chiffre des dizaines de la racine (celle-ci doit en effet, n'avoir que deux chiffres, puisque le nombre est formé de deux tranches seulement).

On retranche de 73 le carré de 8 ou 64, et à droite du reste 9, on abaisse la deuxième tranche du nombre. Le nombre 974 ainsi obtenu contient 97 dizaines (que l'on sépare par un point) ; on divise 97 par le double de 8 ou 16, ce qui donne pour quotient 6 ; 6 est le chiffre des unités de la racine ou un chiffre trop fort.

Pour l'essayer, on écrit 6 à droite de 16 et on multiplie par 6 le nombre ainsi formé :

$$166 \times 6 = 996.$$

996 est supérieur à 974, donc 6 est un chiffre trop fort ;

on essaie alors 5 en faisant le produit de 165 par 5. Or :

$$165 \times 5 = 825;$$

825 est inférieur à 974, donc 5 est le chiffre des unités de la racine.

Celle-ci est le nombre 85, et le reste est égal à 974 — 825 ou 149.

On dispose le calcul comme il est indiqué ci-contre ; mais, ordinairement, on se dispense de poser les soustractions, en en indiquant seulement les résultats, et, dans l'exemple précédent, on retranche de 974, à mesure qu'on le forme, le produit de 165 par 5.

L'opération se dispose alors de la façon ci-contre .

2° Soit à extraire la racine carrée de 74 667.

Nous partageons ce nombre en tranches de deux chiffres à partir de la droite, ce qui donne 7·46·67. Le nombre étant formé de trois tranches, sa racine carrée aura trois chiffres.

Le chiffre des centaines de la racine est la racine carrée de 7 ou 2, nous retranchons de 7 le carré de 2 ou 4 ; il reste 3.

Nous abaissons à droite de ce reste la deuxième tranche du nombre, ce qui donne le nombre 346, lequel contient 34 dizaines ; nous divisons 34 par le double de 2 ou 4 ; nous avons pour quotient 8, qui est le chiffre des dizaines de la racine ou un chiffre trop fort. Nous écrivons 8 à droite de 4 et nous multiplions par 8 le nombre ainsi formé :

$$48 \times 8 = 384,$$

nombre supérieur à 346, donc le chiffre 8 est trop fort. Nous essayons 7 en faisant le produit de 47 par 7 :

$$47 \times 7 = 329,$$

nombre inférieur à 346. Donc 7 est le chiffre des dizaines de la racine. Nous l'écrivons à droite de 2 ; puis nous retranchons 329 de 346 ; le reste est 17. Nous abaissons à droite de ce reste la dernière tranche du nombre donné. Nous obtenons le nombre 1767 qui contient 176 dizaines. Nous divisons 176 par le double de 27 ou 54 ; le quotient 3 de cette division est le chiffre des unités de la racine ou un chiffre trop fort. Nous écrivons ce chiffre à droite de 54, et nous multiplions par 3 le nombre ainsi formé :

$$543 \times 3 = 1629.$$

nombre inférieur à 1767. Donc 3 est le chiffre des unités de la racine. Nous l'écrivons à droite de 27. La racine est le nombre 273, et le reste s'obtient en retranchant 1629 de 1767. Il est donc égal à 138.

$$
\begin{array}{l|l}
7\ 46\ 67 & 2\ 7\ 3 \\
3\ 4\ 6 & \overline{4\ 7 \times 7} \\
\quad 1\ 7\ 6\ 7 & 5\ 4\ 3 \times 3 \\
\quad\quad 1\ 3\ 8 &
\end{array}
$$

6. *Remarques.* — Tous les chiffres d'une racine carrée, sauf le premier, s'obtiennent au moyen d'une division. Si dans le cours de l'opération on rencontre une division impossible, on met un zéro au quotient, un zéro à la racine, on abaisse une nouvelle tranche du nombre et on continue l'opération.

2° Il peut arriver que, afin de restreindre le nombre des essais, après avoir reconnu qu'un chiffre est trop fort, on le diminue de plusieurs unités à la fois. On peut alors essayer un chiffre trop faible. On est averti de l'erreur par ce fait que le reste correspondant est alors plus fort que le double de la partie déjà connue de la racine.

Exemple :

$$
\begin{array}{l|l}
5\ 3\ 2\ 3\ 7\ 8\ 1 & 2\ 3\ 0\ 7 \\
1\ 3\ 2 & \overline{4\ 3 \times 3} \\
\quad 0\ 3\ 3\ 7\ 8\ 1 & 4\ 6\ 0\ 7 \times 7 \\
\quad\quad 1\ 5\ 3\ 2 &
\end{array}
$$

7. Preuve de l'extraction d'une racine carrée. —

Après avoir vérifié que le reste est au plus égal au double de la racine, on calcule le carré de la racine et on y ajoute le reste. On doit retrouver ainsi le nombre donné, si l'opération est exacte.

On peut également faire la preuve par 9. Pour cela on applique la règle suivante :

On cherche les restes de la division par 9 de la racine carrée obtenue, du reste de l'opération et du nombre donné. On fait le carré du premier reste et on y ajoute le deuxième. Le reste de la division par 9 de la somme ainsi formée doit être égal au troisième, si l'opération est exacte.

La disposition pratique est la même que pour la preuve par 9 de la multiplication ou de la division. Dans l'angle supérieur de la croix, on met le reste de la division par 9 de la racine ; dans l'angle inférieur, le reste de la division par 9 du reste de l'opération, et, dans les deux autres angles, les deux derniers restes qui doivent être égaux.

CHAPITRE II

Racine carrée entière des nombres fractionnaires et racine carrée à une approximation décimale donnée d'un nombre quelconque.

1. Définition. — Lorsqu'une fraction est le carré d'une autre fraction, celle-ci se nomme **racine carrée** de la première que l'on nomme **carré parfait.**

Ainsi $\dfrac{81}{16}$ est un carré parfait dont la racine carrée est $\dfrac{9}{4}$ puisque nous avons vu que :

$$\left(\frac{9}{4}\right)^2 = \frac{81}{16}.$$

On indique que $\dfrac{9}{4}$ est la racine carrée de $\dfrac{81}{16}$ en écrivant :

$$\sqrt{\frac{81}{16}} = \frac{9}{4}.$$

Nous admettrons, sans la démontrer, la proposition suivante :

Théorème. — *Pour qu'une fraction* **rendue** *irréductible soit carré parfait, il faut et il suffit que ses deux termes soient des carrés parfaits.*

Un nombre fractionnaire, décimal ou non, pouvant toujours être remplacé par une fraction, le théorème précédent montre que, généralement, étant donné un nombre fractionnaire ou une fraction, il n'existe pas toujours un autre nombre qui, élevé au carré, le reproduise. Ceci conduit à définir la **racine carrée approchée** d'un nombre fractionnaire.

En particulier, on nomme **racine carrée à une unité près** *d'un nombre fractionnaire le plus grand nombre entier dont le carré soit contenu dans ce nombre fractionnaire.*

L'extraction de la racine carrée à une unité près d'un nombre fractionnaire se ramène à l'extraction de la racine carrée à une unité près d'un nombre entier par le théorème suivant :

2. Théorème. — *La racine carrée à une unité près d'un nombre fractionnaire est la même que la racine carrée à une unité près de sa partie entière.*

Soit le nombre fractionnaire $79\frac{5}{7}$.

Je dis que sa racine carrée à une unité près est la même que celle de 79, c'est-à-dire **8**.

En effet, puisque 79 contient le carré de 8, à plus forte raison $79\frac{5}{7}$ contient ce même carré.

D'ailleurs 79 ne contient pas le carré de 9 et la différence entre 79 et 9^2 est au moins d'une unité, puisque ces deux nombres sont entiers. Il en résulte que $79\frac{5}{7}$, qui ne surpasse pas d'une unité le nombre 79, ne contient pas non plus le carré de 9.

Le nombre 8 est donc le plus grand nombre entier dont le carré est contenu dans $79\frac{5}{7}$. Par suite 8 est bien la racine carrée à une unité près de ce nombre.

3. Applications. — 1º Calculer la racine carrée à une unité de près de 8 759,317.

Cherchons la racine carrée entière de 8 759. Cette racine est **93**; c'est la racine cherchée ; le reste est égal à 110,317.

2º Calculer la racine carrée à une unité près de $\dfrac{17\,528.315}{39}$. Il suffit pour cela de chercher la partie entière du quotient de la division de **17 528,315** par **39**, et de calculer la racine carrée à une unité près de ce quotient 449. On trouve ainsi **21** pour valeur de la racine cherchée.

```
8 7·5 9 | 9 3
  6 5·9 |--------
  1 1 0 | 1 8 3 × 3
```

```
1 7 5 2 8,3 1 5 | 3 9
    1 9 2        |--------
      3 6 8      | 4·4 9 | 2 1
        1 7      |   4 9 |--------
                 |     8 | 4 1 × 1
```

4. Définition. — *On nomme racine carrée à* $\dfrac{1}{10}\cdot\dfrac{1}{100}\cdot\dfrac{1}{1\,000}$, ..., *près d'un nombre quelconque, le plus grand nombre de dixièmes, de centièmes, de millièmes, ..., dont le carré soit contenu dans ce nombre.*

La fraction $\dfrac{1}{10}\cdot\dfrac{1}{100}\cdot\dfrac{1}{1\,000}$, ..., qui indique l'ordre du dernier chiffre décimal que l'on doit avoir à la racine, se nomme **fraction d'approximation.**

L'extraction de la racine carrée d'un nombre quelconque à une approximation décimale donnée se ramène à l'extraction de la racine carrée d'un nombre à une unité près par le théorème suivant, que nous admettrons sans le démontrer.

5. Théorème. — *La racine carrée d'un nombre quelconque à* $\dfrac{1}{10},\dfrac{1}{100},\dfrac{1}{1\,000}$, ... *près, s'obtient en multipliant ce nombre par le carré de* 10, 100, 1 000, ..., *en calculant la racine carrée entière du nombre ainsi obtenu, et en séparant sur la droite de cette racine le nombre de chiffres décimaux qu'indique la fraction d'approximation.*

6. Applications. — *1° Pour extraire avec une approximation décimale donnée la racine carrée d'un nombre entier, on écrit à la droite de ce nombre autant de fois deux zéros que l'on veut avoir de chiffres décimaux à la racine. On calcule la racine carrée à une unité près du nombre ainsi obtenu, et on sépare sur la droite de cette racine le nombre de chiffres décimaux qu'indique la fraction d'approximation.*

Soit à calculer la racine carrée de 2 à $\dfrac{1}{10\,000}$ près.

Il suffit de calculer la racine carrée entière du nombre $2\times10\,000^2$ ou 200 000 000 et de faire exprimer des dix-millièmes au résultat,

$$
\begin{array}{l|l}
2\,0\,0\,0\,0\,0\,0\,0\,0 & 1{,}4\,1\,4\,2 \\ \hline
1\;0\,0 & 2\,4\times4 \\
\quad\;4\;0\,0 & 2\,8\,1\times1 \\
\quad\;1\,1\,9\,0\,0 & 2\,8\,2\,4\times4 \\
\qquad\quad 6\,0\,4\,0\,0 & 2\,8\,2\,8\,2\times2 \\
\qquad\qquad\; 3\,8\,3\,6 &
\end{array}
$$

La racine cherchée est **1,4142.**

Remarque. — *Dans la pratique*, on se dispense d'écrire des zéros à droite du nombre donné, et l'on opère comme s'ils étaient écrits, c'est-à-dire que, *après avoir extrait la racine carrée à une unité près du nombre donné, on met une virgule à la racine, et on continue l'opération en écrivant deux zéros à droite de chacun des restes successifs jusqu'à ce que l'on ait le nombre de chiffres décimaux voulus à la racine.*

Donnons comme exemple le calcul de la racine carrée de **1752** à $\dfrac{1}{1\,000}$ près.

```
1 7·5 2      | 41,856
  1 5·2      | 81 × 1
    7 1 0·0  | 828 × 8
    4 7 6 0·0  | 8365 × 5
    5 7 7 5 0·0  | 83706 × 6
      7 5 2 6 4 |
```

La racine cherchée est **41,856**.

$2°$ *Pour extraire avec une approximation décimale donnée la racine carrée d'un nombre decimal, on déplace la virgule d'autant de fois deux rangs vers la droite que l'on veut avoir de chiffres décimaux à la racine, en écrivant des zéros à droite du nombre, s'il est nécessaire. On extrait ensuite la racine carrée à une unité près du nombre ainsi obtenu, et on sépare, sur la droite de cette racine, le nombre de chiffres décimaux indiqué par la fraction d'approximation.*

Soit à calculer à $\dfrac{1}{1\,000}$ près la racine carrée du nombre 6,549367582.

Il suffit de calculer la racine carrée à une unité près du nombre $6{,}549367582 \times 1\,000^2$ ou 6549367,582 (et pour cela on calcule la racine carrée à une unité près de la partie entière de ce nombre), et de faire exprimer des millièmes au résultat.

```
6 5 4·9 3·6 7 | 2,559
  2 5·4       | 45 × 5
    2 9 9·3   | 505 × 5
    4 6 8 6·7 | 5109 × 9
      8 8 6   |
```

La racine cherchée est donc **2,559**.

Remarque. — *Dans la pratique, on extrait la racine carrée à une unité près de la partie entière du nombre donné et on met une virgule à sa droite; puis on continue l'opération en abaissant à la droite de* *chacun des restes successifs une tranche de deux chiffres décimaux jus-qu'à ce que l'on ait le nombre de chiffres décimaux voulus à la racine. S'il n'y a pas assez de chiffres à la partie décimale du nombre donné, on y supplée par des zéros.*

Donnons comme exemple le calcul de la racine carrée de **375,927** à $\frac{1}{1000}$ près.

```
3·7 5,9 2 7  |  1 9,3 8 8,
  2 7·5      |  ──────────
  1 4 9·2    |  2 9 × 9
    3 4 3 7·0|  3 8 3 × 3
    3 4 2 6 0·0  3 8 6 8 × 8
      3 2 4 5 6  3 8 7 6 8 × 8
```

La racine cherchée est **19,388**.

3° Si une fraction ordinaire est irréductible et si ses termes ne sont pas carrés parfaits, nous savons qu'elle n'a pas de racine carrée exacte. Mais on peut calculer sa racine carrée avec une approximation donnée et en particulier à $\frac{1}{10}$, $\frac{1}{100}$, $\frac{1}{1000}$, ... près.

Il suffit, pour cela, de se rappeler qu'une fraction représente le quotient exact de la division de son numérateur par son dénominateur. On calcule donc ce quotient avec une approximation suffisante, et on applique la règle précédente.

Soit la fraction $\frac{752}{13}$. Cherchons sa racine carrée à $\frac{1}{100}$ près.

On a :

$$\frac{752}{13} = 57,84615\ldots$$

```
7 5 2  |  1 3
1 0 2  |  ─────────────
  1 1 0|  5 7,8 4 6 1 5...  |  7,6 0
    6 0|      8 8·4         |  ──────────
      8 0      0 8 6·1      |  1 4 6 × 6
      2 0                   |  1 5 2 0
        7 0
          5
```

et la racine carrée à $\frac{1}{100}$ près du nombre 57,84615 est 7,60;

c'est aussi la racine carrée à $\frac{1}{100}$ près de la fraction $\frac{752}{13}$.

LIVRE QUATRIÈME

SYSTÈME MÉTRIQUE

CHAPITRE I

Notions générales sur le système métrique.

1. Définitions. — Nous savons que **mesurer une grandeur,** *c'est déterminer exactement sa valeur en la comparant à une autre grandeur connue, de même espèce, prise pour unité.*

On nomme **unités de mesures** ou simplement **mesures** *les unités employées dans le commerce ou dans les calculs pour l'évaluation des grandeurs.*

Le **système métrique** *est l'ensemble des mesures employées actuellement en France pour évaluer les grandeurs.*

Dans ce système, toutes les mesures se déduisent d'une *unité fondamentale,* le **mètre,** soit au moyen des relations géométriques qui existent entre elles, soit à l'aide de définitions conventionnelles, mais très simples.

Les mesures autres que le mètre sont dites **unités dérivées du mètre.** De là le nom de **système métrique** donné à ce système d'unités.

2. Inconvénients des anciennes mesures employées en France. — Avant l'établissement du système métrique, on employait en France un ensemble de mesures qui présentait de grands inconvénients.

1° **Il n'était pas uniforme.** Chaque province avait ses unités particulières ; certaines mesures employées dans le Nord n'existaient pas dans le Midi, et inversement. De plus, des unités de même dénomination n'avaient pas la même valeur en divers lieux. Ainsi, à Paris, la toise (unité de longueur) n'avait pas exactement la même valeur qu'à Lyon ou à Bordeaux. Ce manque d'uniformité dans les mesures compliquait et rendait difficiles les échanges commerciaux.

2° Il n'était pas **stable**. Les unités de mesures ayant été choisies arbitrairement et n'étant pas rigoureusement définies, subissaient avec le temps des variations qui étaient peu à peu consacrées par l'usage, de sorte que, en un même lieu, suivant l'époque, la même dénomination s'appliquait à des mesures de valeurs différentes.

3° Il **n'était pas simple**, car les subdivisions des unités principales ne se déduisaient pas de ces unités d'après une loi simple et constante. Ainsi la *toise* valait 6 *pieds;* le *pied* valait 12 *pouces;* le *pouce*, 12 *lignes*, et la *ligne*, 12 *points*.

Les résultats des mesures étaient par suite exprimées par des nombres dits *nombres complexes*, pour lesquels les calculs sont assez compliqués et beaucoup moins simples que les calculs correspondants relatifs aux nombres qui dérivent de la numération décimale.

3. Établissement du système métrique. — Par un décret du 8 mai 1790, l'*Assemblée constituante* chargea une commission de savants choisis parmi les membres de l'*Académie des Sciences*, de préparer un système de mesures *uniforme, stable* et *simple*, susceptible d'être adopté par tous les peuples de la terre.

Borda, Lagrange, Laplace, Monge et **Condorcet** firent partie de cette commission qui décida que le nouveau système de mesures suivrait la loi décimale; que l'unité de longueur serait une fraction de la longueur du méridien terrestre, et que toutes les autres unités du système dériveraient de cette unité fondamentale.

La Terre a la forme d'un globe à peu près sphérique. Elle fait un tour complet sur elle-même en un jour. La ligne autour de laquelle se fait ce mouvement se nomme **axe de rotation** de la Terre, ou encore **ligne des pôles**.

Le **méridien** d'un lieu *est le plan qui passe par ce lieu et par la ligne des pôles.* Il coupe la surface de la Terre suivant une ligne qui peut, sans erreur sensible, être assimilée à une circonférence.

Pour déterminer la nouvelle unité de longueur, deux géomètres, **Delambre** et **Méchain**, furent chargés de mesurer la longueur de la partie d'un méridien comprise entre Dunkerque et Barcelone. Connaissant la longueur de cet arc ainsi que le nombre de degrés qui lui correspond, ils purent en déduire la longueur d'un arc de 90°, c'est-à-dire du quart du méridien terrestre.

Cette longueur fut trouvée égale à **5 130 740** toises de Paris, et on adopta sous le nom de **mètre** la *dix-millionième partie de cette longueur comme unité de longueur.*

Un étalon en platine iridié, représentant cette unité, fut déposé aux Archives nationales le 22 juin 1799, en même temps qu'un autre étalon, également en platine iridié, représentant une des nouvelles unités de masse : le **kilogramme.** La longueur à la température de la glace fondante du premier de ces étalons est le **mètre légal.**

En réalité, les mesures faites pour la détermination du mètre ne furent pas rigoureusement exactes et la longueur du mètre légal surpasse de $\dfrac{2}{10\,000}$ de mètre environ la dix-millionième partie de la longueur du quart du méridien terrestre.

Le nouveau système fut adopté dans son ensemble et devint **système légal** en 1801 ; mais on rencontra de grandes difficultés pour le faire adopter en France. On dut, pendant un certain temps, tolérer l'usage de mesures transitoires, modifications des anciennes mesures, mises en rapport simple avec les nouvelles. Ce n'est que par une loi du 4 juillet 1837 que le système métrique fut rendu *obligatoire pour toute la France* à partir du 1ᵉʳ janvier 1840.

Depuis, la *Conférence générale des poids et mesures*, tenue à Paris en 1889, a rectifié quelques-unes des mesures effectuées lors de l'établissement du système métrique. Enfin, une loi du 15 juillet 1903 a dressé définitivement le tableau des mesures légales et précisé les définitions des unités.

L'article 1ᵉʳ de cette loi est le suivant :

Les étalons prototypes du système métrique sont le mètre international et le kilogramme international, qui ont été sanctionnés par la Conférence générale des poids et mesures tenue à Paris en 1889, et qui ont été déposés au pavillon de Breteuil, à Sèvres.

Les copies de ces prototypes internationaux déposés aux Archives nationales (mètre n° 8 et kilogramme n° 35) sont les étalons légaux pour la France.

Le tableau des mesures légales, modifié par cette loi, donne, outre la nomenclature des unités avec leur valeur, l'indication des signes abréviatifs qui doivent être employés pour les représenter.

4. Avantages du système métrique. — Le nouveau système de mesures a fait disparaître tous les inconvénients de l'ancien.

1° Il est **uniforme**, c'est-à-dire que, dans toute la France, les unités qui portent le même nom ont exactement la même valeur.

2° Il est **stable**, car les définitions des nouvelles unités sont telles que l'on ne peut craindre qu'elles varient avec le temps.

En effet, comme toutes les unités dérivent du mètre et que les dimensions du mètre sont liées à celles de la Terre, si tous les étalons venaient à disparaître, on en pourrait faire de nouveaux identiques aux premiers.

3° Il est **simple**, car les subdivisions de l'unité principale de chaque espèce se déduisent de cette unité suivant la loi décimale.

Il en résulte que les nombres qui expriment les mesures des grandeurs sont des nombres décimaux pour lesquels les calculs, analogues aux calculs relatifs aux nombres entiers, sont très simples et s'effectuent rapidement.

Le système métrique, par suite de sa simplicité, est appelé à devenir universel. Il est adopté actuellement, au moins en partie, par la plupart des nations européennes et par plusieurs autres nations.

5. Différentes espèces de mesures du système métrique. — Les grandeurs que l'on a le plus souvent à évaluer sont : les *longueurs*, les *surfaces*, les *volumes*, les *masses* (que l'on nomme improprement *poids*) et les *valeurs*.

Aussi les unités de mesures du système métrique se subdivisent-elles en six classes dont chacune correspond à l'une de ces grandeurs.

Chaque classe comprend une *unité principale*, qui dérive du mètre, et des *unités secondaires*, plus grandes ou plus petites que l'unité principale et qui forment ses *multiples* et ses *sous-multiples*.

Les unités principales sont :

Pour les *longueurs*, le *mètre* qui s'abrège par *m* ;
pour les *surfaces*, le *mètre carré* (m^2) et *l'are* (*a*) ;
pour les *volumes*, le *mètre cube* (m^3) et le *stère* (*s*) ;
pour les *masses*, le *kilogramme* (*kg*) et le *gramme* (*g*) ;
pour les *capacités*, le *litre* (*l*) ;
et pour les *valeurs*, le *franc* (*f*).

Les multiples de l'unité principale se désignent par les mots :

déca, qui signifie *dix ;*
hecto, qui veut dire *cent ;*
kilo, qui veut dire *mille,*
et **myria,** qui veut dire *dix mille.*

Les sous-multiples sont désignés par les mots :

déci, qui veut dire *dixième ;*
centi, qui veut dire *centième ;*
et **milli,** qui veut dire *millième.*

Ainsi, le *décamètre* vaut **10** mètres ; *l'hectolitre* vaut 100 litres ; le *milligramme*, $\dfrac{1}{1\,000}$ de gramme, etc.

Pour abréger l'écriture, dans la désignation d'un multiple ou d'un sous-multiple, on fait précéder l'abréviation de l'unité principale de l'abréviation du mot qui désigne le multiple ou le sous-multiple considéré :

Pour les multiples, on emploie les symboles *da* pour *déca*, *h* pour *hecto*, *k* pour *kilo*, *M* pour *myria ;* et pour les sous-multiples les symboles *d* pour *déci*, *c* pour *centi*, *m* pour *milli*.

On écrit donc : *dam* pour *décamètre ;*
hl pour *hectolitre ;*
cg pour *centigramme*, etc.

6. Mesures réelles. — Mesures de compte. — On nomme **mesures réelles** ou **effectives** celles qui servent dans les usages du commerce et dont la loi a fixé le nombre, la forme et les dimensions.

Les autres sont dites **mesures de compte** ou **mesures fictives** ;

elles ne sont pas construites et servent seulement dans les calculs.

Conformément à la loi, *chaque mesure réelle a son double et sa moitié.* Il n'y a d'exception que pour les mesures trop grandes ou trop petites qui ne sauraient être employées.

Il est à remarquer qu'une demi-unité d'un ordre décimal en vaut cinq de l'ordre immédiatement inférieur.

Par suite, *les seules mesures réelles autorisées par la loi sont celles qui représentent une, deux ou cinq unités principales ou secondaires du système métrique.* Toutefois, la pièce de 25 centimes en nickel, créée en 1903, fait exception à cette règle.

Les mesures réelles ne peuvent être utilisées dans le commerce que lorsqu'elles ont été contrôlées par un employé de l'Etat, nommé *vérificateur des poids et mesures.* Les mesures vérifiées sont marquées d'un *poinçon* qui constate la vérification. Le poinçonnage des mesures employées par les commerçants est *obligatoire* et doit être *renouvelé tous les ans.*

CHAPITRE II

Mesures de longueur.

1. Unité principale. — Unités secondaires. —
L'unité principale pour les mesures de longueur est le mètre,
dont la définition exacte est la suivante :

*Le mètre est la longueur à 0° du prototype international en
platine iridié qui a été sanctionné par la Conférence générale
des poids et mesures tenue à Paris en 1889, et qui est déposé au
pavillon de Breteuil à Sèvres.*

La copie n° 8 de ce prototype international, déposée aux
Archives nationales, est l'**étalon légal** pour la France.

La longueur du mètre est, comme nous l'avons vu, très
voisine de la longueur de la dix-millionième partie du quart
du méridien terrestre que l'on a prise comme point de départ
pour l'établir. Le méridien terrestre mesure donc à très peu
près quarante millions de mètres.

Les multiples du mètre sont :

Le *décamètre* (*dam*), qui vaut 10 mètres ;
l'*hectomètre* (*hm*), qui vaut 100 mètres ;
le *kilomètre* (*km*), qui vaut 1 000 mètres ;
le *myriamètre* (*Mm*), qui vaut 10 000 mètres.

Les sous-multiples sont :

Le *décimètre* (*dm*), qui vaut un dixième de mètre ;
le *centimètre* (*cm*), qui vaut un centième de mètre ;
et le *millimètre* (*mm*), qui vaut un millième de mètre.

**2. Écriture et lecture des nombres qui mesurent
les longueurs.** — Comme les unités secondaires de longueur se déduisent les unes des autres suivant la loi décimale,
les nombres qui mesurent les longueurs s'écrivent et se
lisent comme des nombres décimaux ordinaires.

Le mètre étant pris comme unité, le décamètre vaut une

dizaine de mètres; l'hectomètre une centaine de mètres; le décimètre, un dixième de mètre, etc.

Si donc on doit écrire, en prenant le mètre comme unité, la mesure d'une longueur qui contient 3 hm, 6 dam, 2 m, 7 dm et 8 mm, la question revient à écrire un nombre formé de 3 centaines, 6 dizaines, 2 unités simples, 7 dixièmes et 8 mil- lièmes, ce qui donne le nombre 362 m. 708.

Ce nombre se lit 362 mètres 708 millimètres.

3. Changement d'unité. — On a souvent besoin, dans les calculs, d'exprimer au moyen d'une certaine unité de lon- gueur la mesure d'une longueur primitivement exprimée à l'aide d'une autre unité. Cette opération se nomme **change- ment d'unité**.

Nous allons voir que le nombre qui exprime la mesure d'une longueur à l'aide d'une unité déterminée donne, par un simple déplacement de la virgule, la mesure de cette même longueur quand on change d'unité.

Soit, par exemple, le nombre 362 m, 708 qui exprime la mesure d'une longueur quand on prend le mètre pour unité. Prenons ensuite pour unité le décamètre. Pour avoir la nou- velle mesure de la longueur, il suffit de diviser le nombre précédent par 10, car le décamètre valant 10 mètres, une lon- gueur quelconque contient 10 fois moins de décamètres que de mètres. On aura donc le nombre cherché en déplaçant dans le nombre donné la virgule d'un rang vers la gauche, ce qui donne 36 dam, 2708.

Si l'on prenait le décimètre pour unité, il suffirait de dé- placer dans le nombre primitif la virgule d'un rang vers la droite, car le décimètre valant un dixième de mètre, une longueur quelconque contient 10 fois plus de décimètres que de mètres. La mesure serait donc 3 627 dm, 08.

Enfin, si de la mesure d'une longueur exprimée en déci- mètres, comme 3 627 dm, 08 on veut passer à la mesure de cette longueur exprimée en hectomètres, il suffit de déplacer la virgule de trois rangs vers la gauche, car l'hectomètre va- lant 100 mètres, vaut aussi 1 000 décimètres, et, par suite, une longueur quelconque contient 1 000 fois moins d'hecto- mètres que de décimètres. Donc

$$3 627 \text{ dm, } 08 = 3 \text{ hm, } 62 708.$$

D'une manière générale : *Pour changer l'unité dans un nombre exprimant une mesure de longueur, on transporte la virgule à droite du chiffre qui représente la nouvelle unité.*

4. Mesures réelles de longueur.

— Les mesures réelles de longueur sont au nombre de huit, et vont du double décamètre au décimètre inclusivement. Ce sont :

Le **double décamètre,** qui vaut 2 dam. ou 20 m. ;
le **décamètre,** qui vaut 10 m. ;
le **demi-décamètre,** qui vaut 5 m. ;
le **double mètre,** qui vaut 2 m. ;
le **mètre ;**
le **demi-mètre,** qui vaut 5 dm. ;
le **double décimètre,** qui vaut 2 dm. ;
le **décimètre,** qui vaut un dixième de m.

Leur forme varie suivant l'usage auquel on les destine.

Le *double décamètre,* le *décamètre* et le *demi-décamètre* se nomment *chaînes d'arpenteur.* Ces chaînes sont le plus sou-

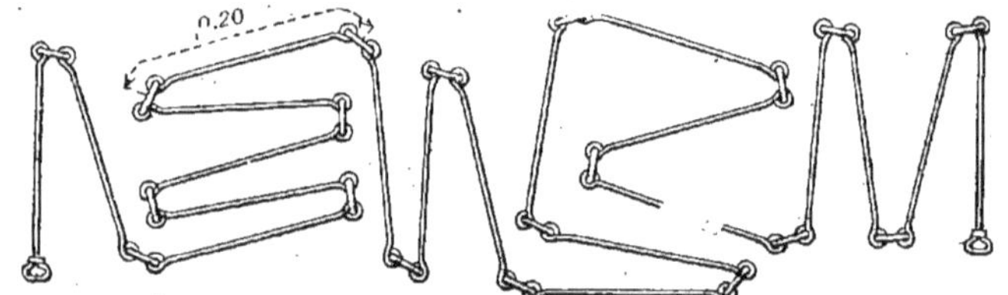

Cette figure représente une chaîne d'arpenteur dont on a interrompu les chaînon (*réduction*).

vent formées de chaînons en fer de **2** décimètres de long, reliés les uns aux autres par des anneaux de fer. De cinq en cinq chaînons, pour marquer l'extrémité d'un mètre, l'anneau en fer est remplacé par un anneau en cuivre. Dans le décamètre, le milieu de la chaîne est marqué par une petite tige de cuivre.

Ces mesures, que l'on construit aussi sous forme de rubans d'acier flexibles, servent à évaluer les longueurs sur les terrains.

Le *double mètre* est ordinairement formé de deux règles plates en bois, réunies entre elles par une charnière qui permet de les replier l'une sur l'autre. Chaque règle, qui se trouve avoir ainsi un mètre de long, est subdivisée en centimètres.

Le *mètre* et le *demi-mètre* sont des règles en bois à section carrée, munies de garnitures métalliques à leurs deux extrémités. Elles sont divisées en décimètres par des traits qui traversent toute la largeur de la règle et en centimètres par d'autres traits qui ne vont qu'au milieu de sa largeur. Le plus souvent même le premier décimètre est divisé en millimètres.

Le *double décimètre* et le *décimètre* ont la forme de règles plates en bois ou en ivoire, parfois taillées en biseau sur les

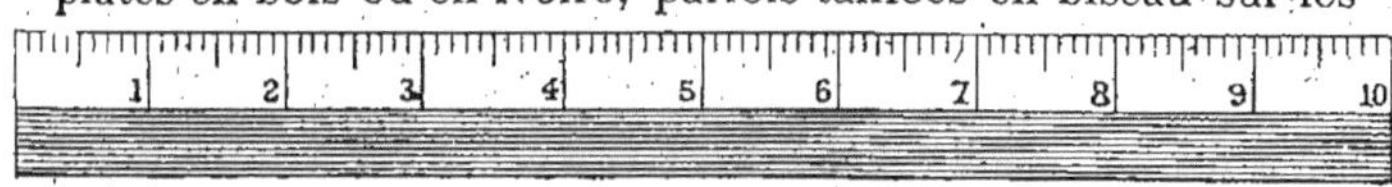

Un décimètre (*grandeur naturelle*).

deux bords. Elles sont divisées en centimètres et en millimètres, ou même en demi-millimètres. Souvent elles portent en leur milieu un bouton qui en rend le maniement plus commode.

Fréquemment on remplace ces mesures par d'autres, qui conduisent à une détermination moins exacte de la valeur de la longueur à mesurer, mais que l'on préfère à cause de la commodité que présente leur emploi.

Ainsi les ouvriers se servent du *mètre brisé* ou

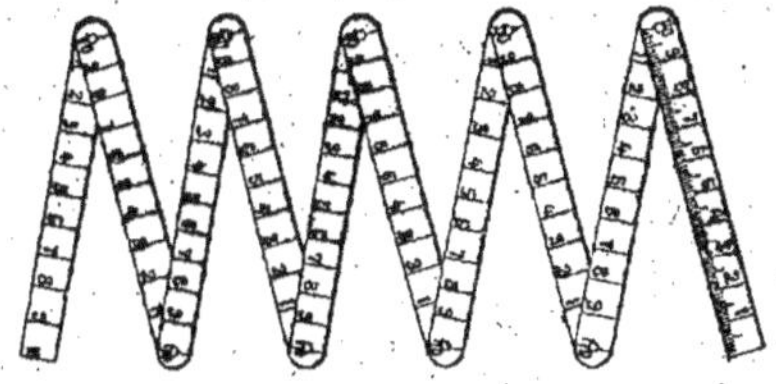

Un mètre pliant (*réduction*).

mètre pliant formé de lames en bois, en baleine ou en cuivre réunies par des rivets, ce qui permet de les replier les unes sur les autres. Le mètre pliant a l'avantage d'occuper très peu de place quand il est fermé.

Le *décamètre*, le *demi-décamètre*, le *double mètre* et le *mètre* ont souvent la forme de rubans enroulés

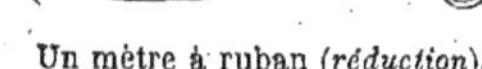

Un mètre à ruban (*réduction*).

autour d'une tige à l'intérieur d'une boîte cylindrique plate. Ces *roulettes* ont l'inconvénient de s'allonger par l'humidité ou sous l'action d'une traction un peu forte. Mais leur usage est si commode qu'on les emploie presque exclusivement pour le levé des bâtiments, le mesurage du bois, etc.

5. Choix de l'unité. — Quelle que soit la grandeur qu'il s'agisse d'évaluer, il faut se servir, pour en faire la mesure, d'une unité qui ne soit ni trop grande, ni trop petite par rapport à cette grandeur, de façon à n'employer, dans l'expression de la mesure, ni un nombre qui ait beaucoup de chiffres décimaux, ni un nombre trop considérable dont on se fait difficilement une idée exacte.

Ainsi, l'épaisseur d'une règle mince, celle d'une lame de verre, s'évaluent en millimètres ; la longueur d'une salle, les dimensions d'un mur s'expriment en mètres ; la longueur d'une route, d'un canal, en kilomètres.

6. Classification des mesures de longueur. — On subdivise ordinairement les mesures de longueur en deux catégories :

1° Les mesures de longueur proprement dites, qui servent à évaluer les petites longueurs et pour lesquelles l'unité principale est le **mètre** ;

2° Les mesures itinéraires, qui servent à évaluer les grandes longueurs, en particulier la longueur des routes, et pour lesquelles l'unité principale est le **kilomètre**.

Sur les routes, les *kilomètres* sont indiqués par des bornes dites *bornes kilométriques* ; entre deux bornes kilométriques consécutives s'en trouvent neuf plus petites ou *bornes hectométriques*. Enfin,

Borne kilométrique

Borne hectométrique.

sur les grandes routes (routes nationales et départementales), on trouve en outre des *bornes myriamétriques* qui indiquent la distance du point où se trouve la borne à la ville qui sert de point de départ à la route.

On compte parfois encore les distances en lieues de poste.

La lieue de poste valait autrefois 2000 toises ou 3898 m, 073; on a fixé sa valeur métrique à 4 kilomètres.

On mesure aussi parfois les distances en lieues terrestres ou lieues de 25 au degré et lieues marines ou lieues géographiques ou lieues de 20 au degré.

La *lieue terrestre* est contenue 25 fois dans un degré du méridien. On peut calculer facilement sa longueur en admettant que le méridien est un cercle. Dans ce cas, 360° valant 40 000 000 de mètres ou 40 000 kilomètres, un degré vaut $\dfrac{40\,000\ km}{360}$, et une lieue terrestre vaut $\dfrac{40\,000\ km}{360 \times 25} = 4\,km, 444$.

On voit de même que la lieue géographique, contenue 20 fois dans un degré du méridien, mesure

$$\frac{40\,000\ km}{360 \times 20} = 5\,km, 555.$$

Le mille marin vaut le tiers de la lieue marine ou 1852 m. environ, et le nœud marin $\dfrac{1}{120}$ du mille marin ou 15 m, 43.

CHAPITRE III

Mesures de surface.

1. Unité principale. — Unités secondaires. — Les unités employées pour l'évaluation des aires des surfaces sont les aires des carrés qui ont pour côtés les unités de longueur.

L'unité principale est le *mètre carré* ou *aire du carré de un mètre de côté.*

Les multiples du mètre carré sont :

Le *décamètre carré* (dam^2), aire du carré de 1 dam de côté;
l'*hectomètre carré* (hm^2), aire du carré de 1 hm de côté ;
le *kilomètre carré* (km^2), aire du carré de 1 km de côté ;
le *myriamètre carré* (Mm^2), aire du carré de 1 Mm de côté;

Les sous-multiples sont :

Le *décimètre carré* (dm^2), aire du carré de 1 dm de côté ;
le *centimètre carré* (cm^2), aire du carré de 1 cm de côté ;
le *millimètre carré* (mm^2), aire du carré de 1 mm de côté.

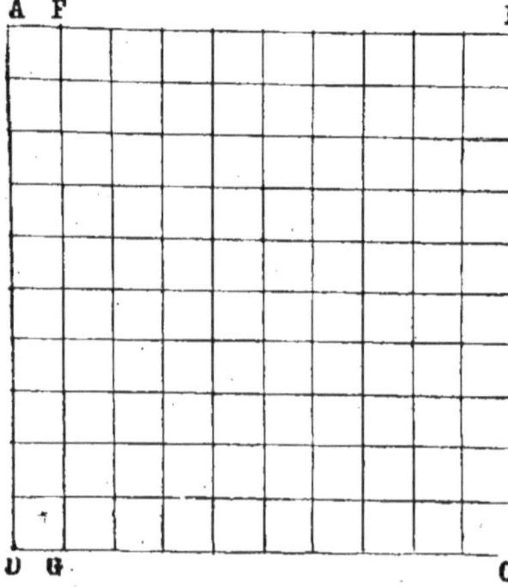

2. Loi de dérivation des unités secondaires de surface. — Les unités de surface se déduisent les unes des autres, d'après la loi suivante :

Une unité de surface d'un ordre quelconque en vaut 100 de l'ordre immédiatement inférieur.

Par exemple, un mètre carré vaut 100 décimètres carrés.

Considérons un carré ABCD et supposons que ce carré ait un mètre de côté, c'est-à-dire soit un mètre carré.

Partageons l'un des côtés **AB** en dix parties égales ; chacune de ces parties mesure un décimètre. Par chacun des points de division, menons la parallèle à **AD**. Le carré se trouve ainsi partagé en dix bandes rectangulaires telle que **AFGD** dont chacune a un mètre de long et un décimètre de large.

Partageons maintenant le côté **AD** en dix parties égales ; chacune d'elles mesure aussi un décimètre. Par chacun des points de division de **AD**, menons la parallèle à **AB**. Le rectangle **AFGD** est ainsi partagé en dix parties dont chacune a un décimètre de long et un décimètre de large, et qui par suite est un décimètre carré.

Chacune des dix bandes rectangulaires primitivement formées se trouvant de même partagée en dix parties dont chacune est un décimètre carré, le carré total **ABCD** contient bien :

$$10 \times 10 \text{ ou } 100 \text{ décimètres carrés.}$$

La démonstration serait tout à fait analogue pour tout autre ordre d'unités.

Donc :   1 mètre carré vaut 100 décimètres carrés ;
1 décimètre carré vaut 100 centimètres carrés ;
1 centimètre carré vaut 100 millimètres carrés.

De même :   1 décamètre carré vaut 100 mètres carrés ;
1 hectomètre carré vaut 100 décamètres carrés ;
1 kilomètre carré vaut 100 hectomètres carrés ;
1 myriamètre carré vaut 100 kilomètres carrés.

Il en résulte que le mètre carré vaut 100×100 ou 10 000 centimètres carrés et $10\,000 \times 100$ ou 1 000 000 de millimètres carrés.

De même, l'hectomètre carré vaut 100×100 ou 10 000 mètres carrés ;

Le kilomètre carré vaut $10\,000 \times 100$ ou 1 000 000 de mètres carrés ;

Le myriamètre carré vaut $1\,000\,000 \times 100$ ou 100 000 000 de mètres carrés.

3. Écriture et lecture des nombres qui mesurent des surfaces. — D'après ce qui précède, si le mètre carré est pris pour unité, les décimètres carrés représentent des centièmes ; les centimètres carrés, des dix-millièmes ; les millimètres carrés, des millionièmes.

D'autre part, les décamètres carrés représentent des centaines ; les hectomètres carrés, des dizaines de mille ; les kilomètres carrés, des unités de million, et les myriamètres carrés, des centaines de million. Les unités des différents ordres doivent donc s'écrire de deux en deux rangs de part et d'autre de la virgule, c'est-à-dire que l'on doit employer une tranche de deux chiffres pour exprimer chaque ordre d'unités.

Soit, par exemple, à écrire, en prenant le mètre carré comme unité, l'expression de l'aire d'une surface qui comprend 12 hm², 5 dam², 13 m², 2 dm² et 18 cm².

Ce nombre, formé de 12 dizaines de mille, 5 centaines, 13 unités, 2 centièmes et 18 dix-millièmes doit s'écrire : 120 513 m², 0218. Il se lit 120 513 mètres carrés 218 centimètres carrés.

De là résultent les règles suivantes :

1°˙ *Pour écrire le nombre qui exprime l'aire d'une surface, on écrit successivement de gauche à droite toutes les unités dont ce nombre se compose en commençant par les plus élevées et en ayant soin que chacune d'elles soit représentée par une tranche de deux chiffres. Si le nombre des unités d'un ordre n'a qu'un chiffre, on fait précéder ce chiffre d'un zéro, et tout ordre manquant est remplacé par deux zéros. La virgule se place à droite de la tranche qui représente l'unité adoptée.*

2° *Pour lire un nombre qui exprime l'aire d'une surface, on écrit, s'il y a lieu, un zéro à droite de la partie décimale pour rendre pair le nombre de ses chiffres décimaux. Ensuite, on énonce la partie entière comme si elle était seule, en la faisant suivre du nom de l'unité adoptée, puis la partie décimale en la faisant suivre du nom de l'ordre des unités que représente alors son dernier chiffre à droite.*

4. Changement d'unité. — Le changement d'unité se fait d'après une méthode analogue à celle que l'on suit pour la même opération relativement aux mesures de longueur.

Soit par exemple une mesure de surface exprimée par le nombre 56 437 m², 739, le mètre carré étant pris pour unité.

Si l'on prend le décamètre carré comme unité, on doit transporter la virgule de deux rangs vers la gauche, car, le décamètre carré valant 100 mètres carrés, une surface quelconque contient 100 fois moins de décamètres carrés que de mètres carrés. On a donc :

$$56\,347 \text{ m}^2,739 = 563 \text{ dam}^2,47739.$$

Si l'on voulait prendre le centimètre carré pour unité, on déplacerait la virgule de quatre rangs vers la droite dans le nombre primitif (en écrivant au préalable un zéro à droite du nombre), car, le mètre carré valant 10000 centimètres carrés, une surface quelconque contient 10 000 fois plus de centimètres carrés que de mètres carrés. Donc :

$$56\,347 \text{ m}^2, 739 = 563\,477\,390 \text{ cm}^2.$$

Enfin, si l'on veut passer de la mesure d'une surface exprimée en centimètres carrés, comme 563 477 390 cm², à la mesure de cette même surface exprimée en hectomètres carrés, il suffit de déplacer la virgule de 8 rangs vers la gauche, car, un hectomètre carré valant 10 000 mètres carrés, vaut $10\,000 \times 10\,000$ ou 100 000 000 de centimètres carrés, de sorte qu'une surface quelconque contient 100 000 000 de fois moins d'hectomètres carrés que de centimètres carrés. Donc :

$$563\,477\,390 \text{ cm}^2 = 5 \text{ hm}^2, 6347739.$$

Ici encore, on voit que, *pour changer l'unité dans un nombre exprimant une mesure de surface, il suffit de transporter la virgule à droite du chiffre qui représente la nouvelle unité.*

5. Manière d'évaluer l'aire d'une surface. — Il n'existe pas de mesures réelles pour évaluer l'étendue des surfaces. Quand on veut trouver l'aire d'une surface, on mesure, au moyen des unités de longueur, certaines de ses dimensions linéaires convenablement choisies, et, en combinant les nombres obtenus, suivant des règles que la géométrie indique, on trouve l'aire de la surface considérée.

Ainsi, on démontre en géométrie que :

1° *L'aire d'un rectangle a pour expression le produit des nombres qui mesurent sa base et sa hauteur ;*

2° *L'aire d'un triangle a pour expression le demi-produit des nombres qui mesurent sa base et sa hauteur ;*

3° *L'aire d'un trapèze a pour mesure le produit de la demi-somme des nombres qui mesurent ses bases par le nombre qui mesure sa hauteur;*

4° *L'aire d'un cercle a pour expression le produit par le nombre 3,1416 du carré du nombre qui mesure la longueur de son rayon, etc.*

6. Mesures agraires. — Les mesures de surface employées dans l'évaluation de l'étendue des propriétés foncières (champs, prés, vignes, bois, etc.) portent le nom de **mesures agraires.**

L'unité principale de ces mesures est l'**are** (a), *qui équivaut au décamètre carré.*

L'are n'a qu'un seul multiple, l'*hectare*, qui vaut 100 ares ou un hectomètre carré, et un seul sous-multiple, le *centiare*, qui vaut la centième partie de l'are ou un mètre carré.

Les unités agraires : hectare, are et centiare, n'étant autre chose que l'hectomètre carré, le décamètre carré et le mètre carré auxquels on attribue un autre nom, la lecture, l'écriture et le changement d'unité se font pour ces mesures suivant les règles indiquées précédemment pour les mesures de surface.

7. Classification des mesures de surface. — Les mesures de surface se subdivisent en trois catégories :

1° Les **mesures de surface proprement dites,** qui servent à évaluer l'étendue des petites surfaces et pour lesquelles l'unité principale est le **mètre carré** ;

2° Les **mesures topographiques,** qui servent à évaluer l'étendue des grandes surfaces, comme celles d'un département, d'un État. On prend alors comme unité principale le **kilomètre carré,** ou même le **myriamètre carré.** Ainsi, on dit que l'étendue de la France est $528\,000$ km² ; celle de la Terre est $509\,950\,000$ Mm² ;

3° Les **mesures agraires,** qui servent, comme nous l'avons vu, à évaluer l'étendue des propriétés foncières, et pour lesquelles l'unité principale est l'are.

CHAPITRE IV

Mesures de volume.

1. Unité principale.— Unités secondaires. — Les unités employées pour l'évaluation des volumes sont les volumes des cubes qui ont pour arêtes les unités de longueur.

L'unité principale est le mètre cube, *volume du cube qui a un mètre d'arête.*

Il n'y a comme unités secondaires que des sous-multiples du mètre cube, savoir :

Le *décimètre cube* (dm^3), volume du cube de 1 dm d'arête ;
Le *centimètre cube* (cm^3), volume du cube de 1 cm d'arête ;
Le *millimètre cube* (mm^3), volume du cube de 1 mm d'arête.

2. Loi de dérivation des unités secondaires de volume. — Les unités de volume se déduisent les unes des autres d'après la loi suivante :

Une unité de volume d'un ordre quelconque en vaut 1 000 de l'ordre immédiatement inférieur.

Par exemple, un mètre cube vaut 1 000 décimètres cubes.

Considérons un cube creux **ABCDEFGH**, et supposons que ce cube ait un mètre d'arête, c'est-à-dire soit un mètre cube. La face inférieure du cube ABCD, qui est un mètre carré,

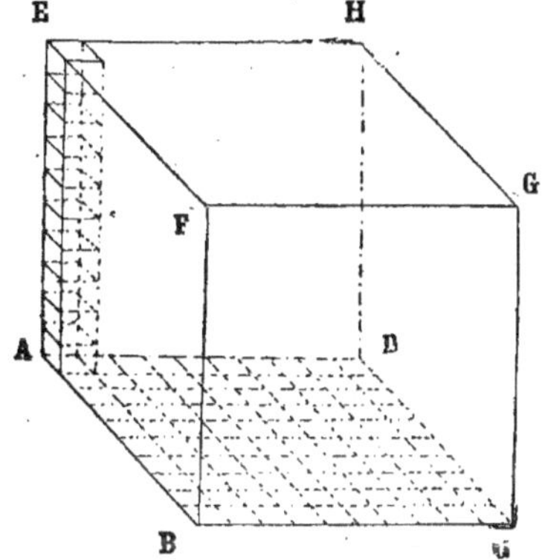

peut, comme nous l'avons démontré, se décomposer en 100 décimètres carrés. Sur chacun de ces décimètres carrés, nous pouvons placer un décimètre cube. Nous aurons ainsi, sur la base **ABCD**, une couche de 100 décimètres cubes dont la hauteur sera 1 décimètre.

La hauteur **AE** valant un mètre ou 10 décimètres, il faudra superposer à la première 9 couches identiques pour remplir totalement la cavité du mètre cube. On aura ainsi en tout 10 couches contenant chacune 100 décimètres cubes, de sorte que le mètre cube contient bien au total :

$$100 \times 10 \text{ ou } 1\,000 \text{ décimètres cubes.}$$

La démonstration serait tout à fait analogue pour les autres ordres d'unités.

Donc :

> 1 mètre cube vaut 1 000 décimètres cubes ;
> 1 décimètre cube vaut 1 000 centimètres cubes ;
> 1 centimètre cube vaut 1 000 millimètres cubes.

Par suite un mètre cube vaut $1\,000 \times 1\,000$ ou $1\,000\,000$ de centimètres cubes.

Il vaut $1\,000\,000 \times 1\,000$ ou $1\,000\,000\,000$ de millimètres cubes.

3. Écriture et lecture des nombres qui mesurent des volumes. — D'après ce qui précède, si le mètre cube est pris pour unité, les décimètres cubes représentent des millièmes ; les centimètres cubes représentent des millionièmes ; les millimètres cubes, des billionièmes. Les unités des différents ordres doivent donc s'écrire de trois en trois rangs à droite de la virgule, c'est-à-dire que l'on doit employer une tranche de trois chiffres pour représenter chaque ordre d'unités.

Soit, par exemple, à écrire, en prenant le mètre cube pour unité, la mesure d'un volume qui comprend 23 m³, 32 dm³, 527 cm³ et 8 mm³. La question revient à écrire un nombre formé de 23 unités, 32 millièmes, 527 millionièmes et 8 billionièmes. Ce nombre s'écrit 23 m³, 032 527 008 et se lit 23 mètres cubes 32 527 008 millimètres cubes.

De là résultent les règles suivantes :

1° Pour écrire le nombre qui exprime la mesure d'un volume, on écrit successivement de gauche à droite toutes les unités dont il se compose, en commençant par les plus élevées, et en ayant soin que chacune des unités secondaires : décimètres cubes, centimètres cubes, millimètres cubes, soit représentée par une tranche de trois chiffres. Si le nombre des unités d'un de ces ordres n'a qu'un ou deux chiffres, on place deux ou un zéro à gauche de ce nombre, et tout ordre manquant est remplacé par trois zéros. La virgule se place à droite de la tranche qui correspond à l'unité adoptée.

2° Pour lire le nombre qui exprime la mesure d'un volume, on écrit s'il y a lieu un ou deux zéros à droite de sa partie décimale, pour rendre multiple de 3 le nombre de ses chiffres décimaux. Ensuite, on énonce la partie entière comme si elle était seule, en la faisant suivre du nom de l'unité adoptée, puis la partie décimale en la faisant suivre du nom de l'ordre que représente alors son dernier chiffre à droite.

4. Changement d'unité. — Le changement d'unité est analogue à la même opération pour les mesures de surface.

On prouve facilement que 32 m³, 65 382 = 32 653 dm³, 82 et que 7 286 427 mm³ = 7 dm³,286 427.

5. Manière d'évaluer un volume. — Il n'existe pas de mesures réelles pour les volumes, sauf celles qui servent parfois à évaluer le volume du bois de chauffage. Dans tous les autres cas, pour trouver l'expression d'un volume, on mesure, au moyen des unités de longueur, certaines de ses dimensions linéaires convenablement choisies, et, en combinant suivant des règles que la géométrie indique les nombres obtenus, on trouve la valeur du volume.

Ainsi, on démontre en géométrie que :

1° *Le volume d'un parallélipipède rectangle a pour expression le produit des nombres qui mesurent ses trois dimensions ;*

2° *Le volume d'un cube a pour expression le cube du nombre qui exprime le longueur de son arête ;*

3° *Le volume d'un cylindre droit à base circulaire a pour expression le produit des nombres qui mesurent l'aire du cercle de base et la hauteur,* etc.

6. Mesures de volume pour le bois de chauffage. — Dans le cas où il s'agit d'évaluer le volume d'une quantité donnée de bois de chauffage, on prend encore comme unité principale le mètre cube auquel on donne dans ce cas le nom de stère (*s*).

Le stère n'a qu'un seul multiple : le *décastère* (*das*), qui vaut 10 stères, et qu'un seul sous-multiple : le *décistère* (*ds*), qui vaut un dixième de stère, ou un dixième de mètre cube, ou 100 décimètres cubes.

7. Écriture, lecture, changement d'unité pour les nombres qui mesurent le volume du bois de chauffage. — Si l'on prend le stère pour unité, les décastères expriment des dizaines ; les décistères, des dixièmes.

Si donc on doit écrire en prenant le stère pour unité, le volume d'un tas de bois qui contient 3 das, 7 s et 8 ds, la question revient à écrire un nombre formé de 3 dizaines, 7 unités et 8 dixièmes. Ce nombre s'écrit 37 s 8 et se lit 37 stères 8 décistères.

Pour le changement d'unité, *on place*, comme dans les cas précédents, *la virgule à droite du chiffre qui représente la nouvelle unité*.

On passe très facilement aussi des mesures de volume proprement dites aux mesures pour le bois de chauffage et inversement. Il suffit de se rappeler que le stère valant 1 mètre cube, le décastère vaut 10 mètres cubes et le décistère un dixième de mètre cube.

Ainsi 25 s, 37 valent 25 m³, 370 ; 8 ds valent 800 dm³. Inversement 8 m³, 06 valent 8 s, 06 ; 32 dm³ valent 0 ds, 32, etc.

8. Mesures réelles pour le bois de chauffage. —
Il existe trois mesures réelles pour le bois de chauffage :

Le demi-décastère, qui vaut 5 stères ;

Le double stère, qui vaut 2 stères ;

Et le stère.

Chacune d'elles est formée d'une pièce horizontale appelée **sole**, portant deux **montants** verticaux, soutenus par deux **contre-fiches** placées obliquement. Il y a de plus deux soustraits placés parallèlement à la sole.

L'écartement des montants est de 1 mètre pour le stère, 2 mètres pour le double stère, 3 mètres pour le demi-décastère. Il résulte de là que, si les bûches empilées dans la mesure ont un mètre de long, elles doivent s'élever à une hauteur de 1 mètre dans le stère et le double stère et de

$$\frac{1 \text{ m} \times 5}{3} = 1 \text{ m, } 66 \text{ dans le demi-décastère.}$$

Si les bûches ont plus de 1 mètre de long, il faut les empiler à une hauteur moindre, tandis que si elles ont moins de 1 mètre de long, la hauteur doit être plus considérable.

Si l désigne la longueur des bûches, h la hauteur à laquelle on doit les empiler dans la mesure, il faut avoir :

Pour le stère, $\qquad 1 \times l \times h = 1 \quad$ ou $\quad h = \dfrac{1}{l};$

Pour le double stère, $\quad 2 \times l \times h = 2 \quad$ ou $\quad h = \dfrac{1}{l};$

Pour le demi-décastère, $3 \times l \times h = 5 \quad$ ou $\quad h = \dfrac{5}{3 \times l}.$

L'usage des mesures pour le bois de chauffage tend d'ailleurs à disparaître, la vente au poids se substituant de plus en plus à la vente au volume.

CHAPITRE V

Mesures de masse ou de poids.

1. Notion de masse et de poids. — *La* masse *d'un corps est la grandeur qui correspond à la quantité de matière que ce corps renferme. Le* poids *d'un corps est la force qui sollicite le corps à tomber,* c'est-à-dire à se rapprocher du sol quand il est abandonné à lui-même après avoir été porté à une certaine hauteur. Dans ce langage courant, on emploie ordinairement le mots *poids* dans le sens de *masse,* bien que le poids et la masse d'un corps soient des grandeurs de natures différentes.

2. Unité principale. — Unités secondaires. — L'unité principale pour la mesure des masses est le **kilogramme**, dont la définition exacte est la suivante :

Le kilogramme est la masse du prototype international en platine iridié qui a été sanctionné par la Conférence générale des poids et mesures tenue à Paris en 1889, et qui est déposé au pavillon de Breteuil à Sèvres.

La copie n° 35 de ce prototype international, *déposée* aux Archives nationales, est l'étalon légal pour la France.

La masse du kilogramme est très approximativement celle de 1 décimètre cube d'eau pure à son maximum de densité qui a été prise comme point de départ pour l'établir.

Les multiples du kilogramme sont :

Le *quintal métrique* (*q*), qui vaut 100 kilogrammes ;
la *tonne métrique* (*t*) qui vaut 1 000 kilogrammes.
Le mot *myriagramme* n'est pas usité ; on dit 10 kilogrammes.

Les sous-multiples du kilogramme sont :

L'*hectogramme* (*hg*), qui vaut un dixième de kilogramme ;
le *décagramme* (*dag*), qui vaut un centième de kilogramme :
le **gramme** (*g*), qui vaut un millième de kilogramme ;
le *décigramme* (*dg*), qui vaut un dixième de gramme ;
le *centigramme* (*cg*), qui vaut un centième de gramme ;
le *milligramme* (*mg*), qui vaut un millième de gramme.

3. Écriture et lecture des nombres qui mesurent les masses. — Changement d'unité. — La loi de dérivation des divers ordres d'unités étant la même pour les mesures de masses que pour celles de longueur, il en résulte que l'écriture et la lecture des nombres qui expriment les mesures de masses et le changement d'unité se font suivant les mêmes règles que pour les nombres qui expriment les mesures de longueur.

4. Mesures réelles de poids. — Ces mesures sont au nombre de vingt-quatre. On les nomme simplement **poids**.

Elles vont du poids de 50 kilogrammes au poids de 1 milligramme inclusivement. Elles sont indiquées dans le tableau suivant :

50 kilogrammes;	20 kilogrammes;	10 kilogrammes;
5 kilogrammes;	2 kilogrammes;	1 kilogramme;
5 hectogrammes;	2 hectogrammes;	1 hectogramme;
5 décagrammes;	2 décagrammes;	1 décagramme;
5 grammes;	2 grammes;	1 gramme;
5 décigrammes;	2 décigrammes;	1 décigramme;
5 centigrammes;	2 centigrammes;	1 centigramme;
5 milligrammes;	2 milligrammes;	1 milligramme.

Ces mesures sont réparties en *trois classes :*

1° **Dix poids en fonte**, qui ont la forme de pyramides tronquées dont la base est un hexagone régulier, sauf pour les

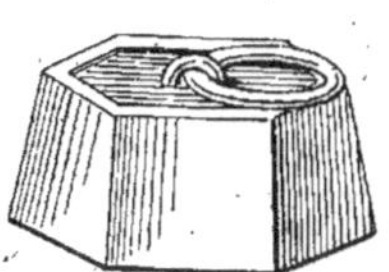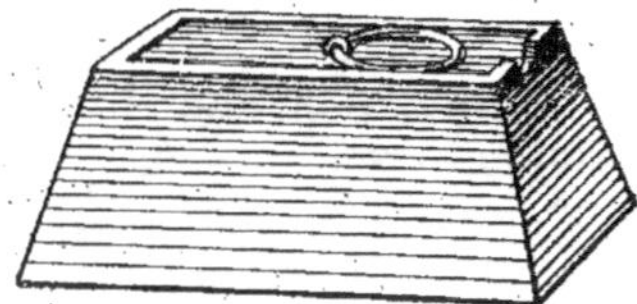

deux plus gros dont la base est un rectangle. Ils vont de 50 kilogrammes à 5 décagrammes inclusivement, et sont munis d'un anneau dans lequel on passe la main ou le doigt pour les soulever.

2° **Quatorze poids en cuivre jaune** qui ont la forme d'un cylindre surmonté d'un bouton. La hauteur du cylindre est égale à son diamètre, et celle du bouton en est la moitié. Il

y a exception pour les deux plus petits poids de la série, dont la hauteur est bien plus faible que le diamètre, ce qui permet d'inscrire, comme pour les autres, la valeur du poids sur la partie supérieure du cylindre. Ils vont de 20 kilogrammes à 1 gramme inclusivement.

5° **Neuf poids en cuivre, en argent ou en platine** en forme de petites lames carrées dont un angle est rabattu à la partie supérieure. Ce sont les neuf poids inférieurs au gramme. Ils servent dans les pesées de précision (orfèvrerie, pharmacie, chimie).

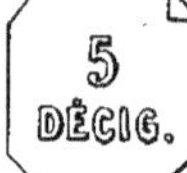

On emploie en outre parfois des **poids à godets**. Ces poids ont la forme de troncs de cône creux et s'emboîtent les uns

dans les autres de manière à former des séries de **1 kilogramme**, **500** grammes, **200** grammes, etc.

Pour qu'une *série de poids soit complète, il faut qu'elle possède en double exemplaire les poids doubles de l'unité principale et des unités secondaires*, c'est-à-dire les poids de **20 kg, 2 kg, 2 hg, 2 dag, 2 g, 2 dg, 2 cg** et **2 mg**. Il doit en être ainsi pour que l'on puisse effectuer les pesées qui correspondent à 4 ou 9 unités d'un ordre quelconque sans mettre des poids à côté du corps que l'on pèse.

Ainsi, pour peser 934 grammes, on mettra, dans le plateau de la balance qui ne contient pas le corps, le poids de **5 hg**, puis les deux poids de **2 hg**, un poids de **2 dag**, le poids de **1 dag** et les deux poids de **2 g**.

La série de poids dite de **1 kilogramme**, d'un usage très courant, qui contient les poids en cuivre de **1 gramme** à **1 kilogramme** inclusivement, possède en double exemplaire les poids de **2 grammes, 10 grammes** et **100 grammes**.

Le série complète pèse **2 kilogrammes**, et l'on peut, avec cette série, effectuer la pesée de tous les objets dont la masse est comprise entre 1 gramme et 2 kilogrammes.

Dans ce cas, pour peser 934 grammes, on mettrait dans le plateau de la balance où ne se trouve pas le corps à peser le poids de 5 hg, celui de 2 hg, les deux poids de 1 hg, le poids de 2 dag, un poids de 1 dag et les deux poids de 2 g.

5. Choix de l'unité. — Dans les pesées ordinaires, on prend pour unité le kilogramme ; dans les pesées de précision, le gramme ou même le milligramme. Dans le commerce en gros, la tonne ou le quintal. En particulier, les chargements des navires sont toujours exprimés en tonnes ou **tonneaux de mer.**

6. Relation entre la masse et le volume d'une même quantité d'eau. — Si l'on fait correspondre les unités de volume :

centimètre cube, décimètre cube, mètre cube ;

aux unités de masse :

gramme, kilogramme, tonne.

On voit que le volume et la masse d'une quantité quelconque d'eau pure, prise à son maximum de densité, sont exprimés par le même nombre.

En effet, puisque 1 décimètre cube d'eau pure pèse sensiblement, dans ces conditions, 1 kilogramme,

1 centimètre cube pèse un millième de kilogramme, ou 1 gramme,

et 1 mètre cube pèse 1 000 kilogrammes ou une tonne.

Ainsi 15 dm³ 72 d'eau pure à 4° pèsent 15 kg 72 ;

132 m³ pèsent 132 tonnes, etc.

7. Densité relative d'un corps. — Masse d'un corps solide ou liquide. — On nomme densité relative d'un corps ou simplement **densité** de ce corps, *le quotient obtenu en divisant la masse d'un certain volume de ce corps par la masse d'un égal volume d'eau pure à son maximum de densité.*

Par exemple, en pesant 4 dm³ de plomb, on trouve que leur masse est 45 kg,4 ; on sait d'ailleurs que 4 dm³ d'eau pure à 4° pèsent 4 kg. Alors la densité relative du plomb est égale à :

$$45,4 : 4 = 11,35.$$

Autrement dit, à volume égal, le plomb pèse 11 fois 35 centièmes plus que l'eau.

Le *nombre qui représente la densité relative d'un corps* est aussi celui qui *exprime la masse de l'unité de volume de ce corps* si l'on a soin de faire correspondre, comme il a été indiqué précédemment, les unités de masse et de volume.

Ainsi un corps de densité 11,35 pesant à volume égal 11 fois et 35 centièmes de fois plus que l'eau.

1 dm³ de ce corps pèse 11 kg,35 ;
1 cm³ pèse 11 g,35 ;
1 m³ pèse 11 t,35.

La masse d'un corps est alors égale au produit des nombres qui expriment sa densité relative et son volume.

Ainsi la densité d'un corps étant 11,35, la masse de 12 dm³,5 de ce corps est égale à :

11 kg,35 × 12,5 = 141 kg,875.
12 cm³,5 de ce même corps pèsent 141 g,875.
12 m³,5 de ce même corps pèsent 141 t,875.

CHAPITRE VI

Mesures de capacité.

1. Unité principale. — Unités secondaires. —
L'unité principale pour les mesures de capacité est le litre,
*volume occupé par un kilogramme d'eau pure à son maximum
de densité, sous la pression atmosphérique normale.*

Le volume du litre est très approximativement égal à un
décimètre cube.

Les mesures de capacité servent à évaluer le volume des
corps liquides tels que l'eau, le vin, l'huile, etc., ou des matières sèches, comme les céréales, le charbon, etc.

Les multiples du litre sont :

Le *décalitre* (*dal*), qui vaut 10 litres ;
l'*hectolitre* (*hl*) qui vaut 100 litres.
(les mots *kilolitre* et *myrialitre* sont peu usités.)

Les sous-multiples du litre sont :

Le *décilitre* (*dl*), qui vaut un dixième de litre ;
le *centilitre* (*cl*), qui vaut un centième de litre ;
le *millilitre* (*ml*), qui vaut un millième de litre.

**2. Écriture et lecture des nombres qui mesurent
les capacités. — Changement d'unité. —** L'écriture
et la lecture des nombres qui expriment des mesures de capacité et le changement d'unité se font suivant les mêmes
règles que pour les nombres qui expriment des mesures de
longueur, puisque la loi de dérivation des divers ordres d'unités est la même que pour les mesures de longueur.

3. Mesures réelles de capacité. — Ces mesures sont
au nombre de treize et vont de l'hectolitre au centilitre inclusivement. Ce sont :

L'hectolitre, qui vaut 100 litres ;
Le demi-hectolitre, qui vaut 5 dal ou 50 litres ;
Le double décalitre, qui vaut 2 dal ou 20 litres ;
Le décalitre, qui vaut 10 litres ;

Le demi-décalitre, qui vaut 5 litres ;

Le double litre, qui vaut 2 litres ;

Le litre ;

Le demi-litre, qui vaut 5 décilitres ;

Le double décilitre, qui vaut 2 décilitres ;

Le décilitre, qui vaut un dixième de litre ;

Le demi-décilitre, qui vaut 5 centilitres ;

Le double centilitre, qui vaut 2 centilitres ;

Le centilitre, qui vaut un centième de litre.

Ces mesures ont toutes la forme de cylindres creux, ce qui les rend plus commodes à manier, plus faciles à nettoyer et moins sujettes à se déformer que toute autre forme.

Elles se répartissent en *quatre classes :*

1° **Cinq mesures en fonte, en cuivre ou en tôle** dites grandes mesures, qui servent pour le commerce des liquides en gros. Elles vont de l'hectolitre au demi-décalitre inclusivement. Leur profondeur est égale à leur diamètre intérieur.

2° **Onze mesures en bois ou en tôle,** qui servent pour le commerce des matières sèches en gros et en détail.

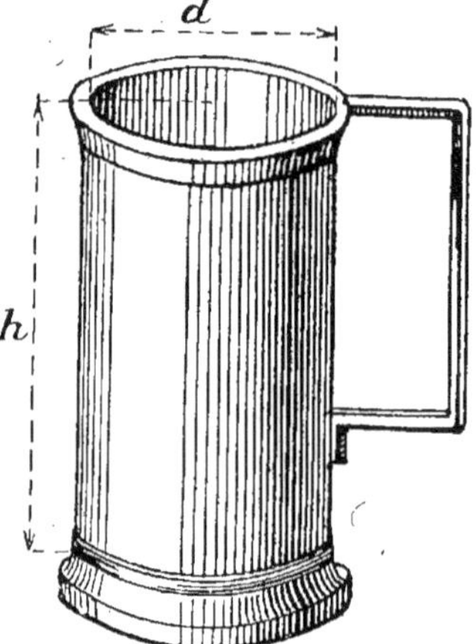

Elles vont de l'hectolitre au de-mi-décilitre inclusivement. Leur profondeur est égale à leur dia-mètre intérieur. Celles qui sont en bois sont bor-dées de tôle à leur partie supé-rieure et deux tiges en forme de T placées à l'intérieur en rendent le ma-niement plus commode.

3° **Huit me-**sures en étain, qui servent pour la vente au détail des liquides autres que le lait et l'huile. Elles vont du double litre au centilitre inclusivement. Leur profondeur est double de leur diamètre intérieur ; elles sont munies d'une anse qui facilite leur emploi.

4° Huit mesures en fer-blanc, servant pour la vente au détail du lait et de l'huile. Elles vont aussi du double litre au centilitre; mais leur profondeur est égale à leur diamètre intérieur. Elles sont munies d'une anse ou d'un crochet.

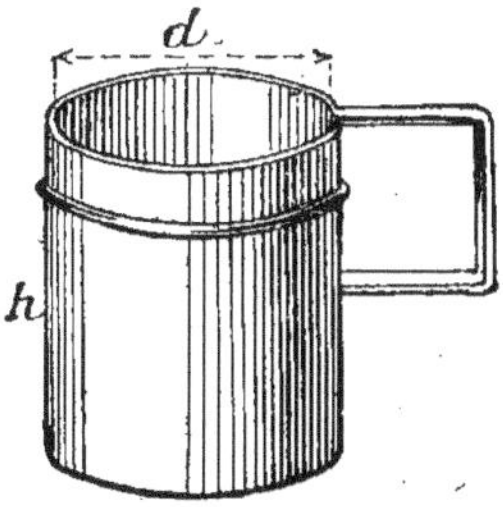

4. Remarque. — Si l'on compare les mesures de capacité aux mesures de volume proprement dites, on voit que, le litre étant sensiblement égal au décimètre cube, le millilitre correspond au centimètre cube, et le kilolitre au mètre cube. Il est donc facile de convertir un nombre qui exprime la mesure d'un volume donné en mètres cubes ou fraction du mètre cube en un autre qui exprime ce volume en litres ou en multiples ou sous-multiples du litre, et inversement.

De plus, à l'aide du tableau suivant qui établit la concordance entre les mesures de volume et de capacité, et les masses des quantités d'eau pure à 4° qui présentent le volume correspondant, on peut trouver la masse d'un certain volume ou d'une certaine capacité d'eau pure à 4°, et, inversement, trouver le volume et la capacité de l'eau pure à 4° qui a une masse déterminée.

MESURES DE VOLUME	MESURES DE CAPACITÉ	MASSE
Mètre cube.	Kilolitre.	Tonne.
100 décimètres cubes.	Hectolitre.	Quintal.
10 décimètres cubes.	Décalitre.	10 kilogrammes.
Décimètre cube.	Litre.	Kilogramme.
100 centimètres cubes.	Décilitre.	Hectogramme.
10 centimètres cubes.	Centilitre.	Décagramme.
Centimètre cube.	Millilitre.	Gramme.
100 millimètres cubes.	$\frac{1}{10}$ de millilitre.	Décigramme.
10 millimètres cubes.	$\frac{1}{100}$ de millilitre.	Centigramme.
Millimètre cube.	$\frac{1}{1000}$ de millilitre.	Milligramme.

CHAPITRE VII

Monnaies.

1. Unité principale. — Unités secondaires. — L'unité principale pour les monnaies est le franc. *C'est une pièce qui pèse 5 grammes et qui est faite d'un alliage d'argent et de cuivre renfermant les 835 millièmes de son poids d'argent pur et 165 millièmes de cuivre* (¹).

Les multiples du franc n'ont pas reçu de noms spéciaux, on dit 10 f, 100 f, 1 000 f.

Mais il y a trois sous-multiples du franc :

Le *décime* (d), qui vaut un dixième de franc ;
Le *centime* (c), qui vaut un centième de franc ;
Le *millime*, qui vaut un millième de franc.

2. Écriture et lecture des nombres qui représentent des valeurs. — Changement d'unité. — Les unités de monnaie suivant la loi décimale, les règles pour la lecture et l'écriture des nombres qui représentent les valeurs et le changement d'unité sont les mêmes que pour les nombres qui mesurent des longueurs. Le changement d'unité se fait d'ailleurs rarement et porte surtout sur la conversion de francs en centimes et la conversion inverse.

3. Nature des monnaies. — Les monnaies sont faites en or, en argent, en nickel ou en bronze.

L'or et l'argent qui servent à la fabrication des monnaies sont toujours alliés au cuivre, car l'or et l'argent purs étant très mous, des pièces formées exclusivement de l'un ou l'autre de ces métaux s'useraient très vite par le frottement.

Un (alliage¹) qui contient **835** millièmes de métal fin et **165** millièmes de cuivre est dit *au titre* **0,835.**

Il y a cinq pièces d'or. Ce sont les pièces de 100 f, 50 f, 20 f, 40 f et 5 f.

Cinq pièces en argent. Ce sont celles de 5 f, 2 f, 1 f, 0 f, 50 et 0 f, 20.

Trois en nickel : Les pièces de 25 centimes, 10 centimes et 5 centimes.

Quatre en bronze : les pièces de 10 centimes, 5 centimes, 2 centimes et 1 centime.

Sauf la pièce de 0 f, 25, ces monnaies suivent la loi des mesures réelles ; chaque multiple ou sous-multiple décimal du franc ne devant avoir que son double et sa moitié.

Les monnaies d'or et les pièces de 5 f en argent sont au titre 0,9 ; elles renferment donc les 9 dixièmes de leur poids de métal fin et 1 dixième de cuivre.

Les monnaies d'argent, autres que les pièces de 5 f, dites *monnaies divisionnaires*, sont au titre 0,835.

Les pièces de nickel sont en nickel pur.

Enfin le bronze qui sert à faire les pièces de 10, 5, 2 et 1 centime est un alliage qui contient pour 100 parties : 95 parties de cuivre, 4 d'étain et 1 de zinc.

4. Poids des pièces de monnaie. — La loi a fixé le poids des pièces de monnaie de la façon suivante :

1° *Un franc en argent pèse* 5 *grammes ;*

2° *A valeur égale, les monnaies d'or pèsent* 15 *fois et demie moins que les monnaies d'argent ;*

3° *Un centime en bronze pèse* 1 *gramme.*

Les poids indiqués par la loi sont les *poids légaux* ou *poids droits*. Pour chaque pièce, il y a une tolérance en plus ou en moins sur le poids, et, quand il s'agit des monnaies d'or et d'argent, sur le titre. La tolérance varie suivant la valeur des pièces de 1 à 15 millièmes pour le poids et de 1 à 3 millièmes pour le titre.

Toutes les pièces de monnaie, sauf certaines pièces de 25 centimes en nickel, ont la forme de cylindres de faible épaisseur ; leurs dimensions et les empreintes qu'elles portent sont fixées par des lois spéciales.

Les premières pièces de 25 centimes en nickel, assez semblables en apparence aux autres pièces de monnaie, ont en réalité la forme d'un prisme droit dont la base est un polygone de vingt-deux côtés.

Les nouvelles pièces de 25 centimes ainsi que les pièces de 10 centimes et 5 centimes ont la forme de cylindres de faible épaisseur qui présentent à leur partie centrale un trou de forme circulaire.

Les indications utiles relativement aux monnaies qui ont cours en France sont réunies dans le tableau suivant :

NATURE DES PIÈCES		POIDS		TITRES		DIAMÈTRES
		POIDS DROITS	TOLÉRANCE	TITRES DROITS	TOLÉRANCE	
Or......	100 f. »	32 g, 25806	0,001		0,001	35um
	50 »	16 g, 12903				28
	20 »	6 g, 45161	0,002	0,900		21
	10 »	3 g, 22580				19
	5 »	1 g, 61290				17
Argent..	5 »	25 g. »	0,003		0,002	37
	2 »	10 g. »				27
	1 »	5 g. »	0,005	0,835	0,003	23
	0 50	2 g, 5	0,007			18
	0 20	1 g. »				16
Nickel ..	0 25	5 g. »	0,01	Nickel pur.		24
	0 10	4 g. »				20
	0 05	3 ou 2 g.				18 ou 16
Bronze..	0 10	10 g. »			Cuivre, 0,01	30
	0 05	5 g. »			Étain et zinc, 0,005	25
	0 02	2 g. »	0,015			20
	0 01	1 g. »				15

Les pièces d'or de **20** *f sont à la taille de* **155** *au kilogramme,* c'est-à-dire que avec **1** kilogramme d'or au titre de **0,9**, on fait **155** pièces de 20 f.

Le kilogramme d'or monnayé vaut par suite :

$$20 \text{ f} \times 155 = 3\,100 \text{ francs.}$$

Un kilogramme d'argent monnayé vaut :

$$\frac{1 \text{ f} \times 1\,000}{5} = 200 \text{ francs.}$$

Un kilogramme (ou **1 000** grammes) de bronze monnayé vaut **1 000** centimes ou **10** f.

Enfin, un kilogramme de monnaie de nickel vaut :

$$\frac{0 \text{ f. } 25 \times 1\,000}{7} = 35 \text{ f, } 70.$$

Ce qui précède permet d'évaluer les sommes d'or, d'argent

ou de bronze en les pesant au lieu de les compter, ce qui se pratique couramment dans les maisons de banque.

Si la somme est en or, on multiplie 3 100 f par son poids en kilogrammes, ou 3 f, 10 par son poids en grammes.

Si elle est en argent, on multiplie 200 f par son poids en kilogrammes, ou 0 f, 20 par son poids en grammes.

Enfin, si elle est en billon, elle vaut autant de centimes qu'elle pèse de grammes.

5. Fabrication de la monnaie. — Jusqu'au 1er janvier 1880, la fabrication des monnaies était confiée à des directeurs et se faisait sous le contrôle de l'État dans des locaux nommés **Hôtels des monnaies**.

Une loi du 1er août 1879 a substitué la régie de l'État à l'entreprise des particuliers, et, actuellement, la fabrication des monnaies se fait exclusivement à l'*Hôtel des Monnaies de Paris*.

Les entrepreneurs, chargés par l'État de fabriquer la monnaie, reçoivent une indemnité de 6 f, 70 par kilogramme d'or monnayé au titre 0,900, et 1 f, 50 par kilogramme d'argent monnayé au même titre.

Les vendeurs de métaux précieux portent les lingots d'or et d'argent à l'Hôtel des Monnaies, et paient eux-mêmes les frais de transformation de ces lingots en monnaie.

Lorsque les lingots sont à un titre inférieur à 0,900, il faut leur faire subir, pour les amener à ce titre, une opération dite *affinage*. Dans ce cas, le vendeur paie un nouveau droit.

6. Valeurs des matières d'or et d'argent au change des monnaies. — Un kilogramme d'or au titre 0,900 non monnayé vaut :

$$3100 \text{ f} - 6 \text{ f}, 70 = 3093 \text{ f}, 30$$

à cause des frais de fabrication.

Il renferme seulement 900 grammes d'or pur. La valeur du cuivre étant considérée comme négligeable, 900 grammes d'or pur valent donc 3 093 f,30.

Par suite 1 kg d'or pur vaut :

$$\frac{3093 \text{ f}, 30 \times 1000}{900} = 3437 \text{ francs.}$$

Si alors on a un lingot de 3 kg d'or, au titre 0,92 ce lingot renferme :

$$3 \text{ kg} \times 0,92 = 2 \text{ kg}, 76 \text{ d'or pur.}$$

Sa valeur au change des monnaies est donc égale à :

$$3\,437 \text{ f} \times 2,76 = 9\,486 \text{ f}, 12.$$

On voit de même que **1** kg d'argent pur vaut, au change des monnaies :

$$\frac{(200 \text{ f} - 1 \text{ f}, 5) \times 1\,000}{900} = 220 \text{ f}, 555.$$

Si donc on a un lingot d'argent de 4 kg au titre 0,95, comme il contient :

$$4 \text{ kg} \times 0,95 = 3 \text{ kg}, 8 \text{ d'argent pur,}$$

sa valeur au change des monnaies est :

$$220 \text{ f}, 555 \times 3,8 = 838 \text{ f}, 10.$$

7. Papier-monnaie. — Pour faciliter les échanges monétaires, on a créé le papier-monnaie. Le plus connu est le billet de banque.

On nomme billet de banque *un billet payable au porteur émis par l'État ou par une Société dont l'État garantit les opérations, et en échange duquel le porteur peut se faire rembourser dans les banques de l'État, en monnaie métallique, le montant de la somme portée sur le billet ou* valeur nominale de ce billet.

Les billets de banque usités en France sont ceux de 5 f, 10 f, 20 f, 50 f, 100 f, 500 f et 1 000 f.

LIVRE CINQUIÈME

NOMBRES COMPLEXES

1. Définition. — On nomme **nombre complexe** *l'expression de la mesure d'une grandeur que l'on évalue au moyen d'une unité principale et de subdivisions non décimales de cette unité.*

L'évaluation des grandeurs au moyen des mesures usitées en France avant l'établissement du système métrique, conduisait à des nombres complexes. Actuellement, ces nombres ne se rencontrent plus que dans la mesure du temps et dans celle de la circonférence.

2. Mesure du temps. — L'unité principale pour la mesure du temps est le **jour solaire moyen,** *intervalle de temps compris entre deux midis consécutifs moyens,* c'est-à-dire *entre deux passages consécutifs au même méridien d'un soleil fictif nommé* **soleil moyen.**

Le **jour solaire moyen** diffère très peu du **jour solaire vrai,** *intervalle de temps compris entre deux passages consécutifs du soleil au même méridien;* mais il a une durée invariable, tandis que celle du jour solaire vrai n'est pas constante.

Le jour se divise en 24 heures; l'heure, en 60 minutes; la minute, en 60 secondes. Les fractions de seconde s'évaluent en dixièmes, centièmes, millièmes, etc.

Jour s'abrège par j; heure, par h; minute, par m; seconde, par s.

Quand le jour devient une unité trop petite, on prend comme unité de temps l'année, *qui est le temps mis par la Terre pour faire une révolution complète autour du Soleil.* L'année ainsi définie ou **année tropique** ne contient pas un nombre entier de jours; sa durée est de 365 jours 2422 ou environ 365 jours $\frac{1}{4}$.

Or il est indispensable pour la vie civile que l'année soit composée d'un nombre exact de jours. C'est pourquoi on compte ordinairement l'année de 365 jours; mais, pour compenser l'erreur commise en négligeant près de $\frac{1}{4}$ de jour par an, on compte chaque 4 ans une année de 366 jours, dite **année bissextile**. Les années bissextiles sont celles dont le millésime est divisible par 4. comme 1892, 1896, 1916, 1924, 1928...

Or, si l'on comptait une année bissextile chaque 4 ans, la durée moyenne de l'année civile serait un peu trop longue, puisqu'elle vaudrait 365 j $\frac{1}{4}$ au lieu de 365 j, 2422.

L'erreur commise serait d'environ 3 jours pour 400 ans. Pour l'éviter, on supprime, chaque 400 ans, trois années bissextiles, en ne gardant comme bissextiles, parmi les années qui terminent les siècles, que celles pour lesquelles les deux premiers chiffres du millésime forment un nombre divisible par 4. Ainsi, l'année 1600 a été bissextile, 1700, 1800 et 1900 ne l'ont pas été, tandis que l'an 2 000 le sera.

L'année se divise en 12 mois qui ont 30 ou 31 jours, sauf février qui en a ordinairement 28 et qui en compte 29 les années bissextiles.

On évalue aussi parfois le temps en **semaines** ou *périodes de 7 jours*. L'année commune compte 52 semaines et 1 jour ; une année bissextile a 52 semaines et 2 jours.

Enfin, on nomme siècle une *période de 100 ans*.

3. Mesure de la circonférence. — On partage la circonférence en 360 parties égales dont chacune se nomme **degré**.

Chaque degré se divise en 60 parties égales nommées **minutes** ; chaque minute, en 60 parties égales nommées **secondes**. Les fractions de secondes s'expriment en dixièmes, centièmes, millièmes, etc.

Degré s'abrège par ° ; minute et seconde, subdivisions de la circonférence, s'abrègent par ′ et ″.

Le quart de la circonférence, que l'on nomme **quadrant**, vaut 360 : 4 = 90°. On appelle **grade** la centième partie du quadrant. La circonférence entière vaut 400 grades.

Cette nouvelle unité, qui tend de plus en plus à se substituer à l'ancienne, a l'avantage de conduire à des calculs de nombres décimaux. Le grade se divise en 100 parties égales nommées **minutes** de grade ; la minute de grade en 100 parties égales nommées **secondes** de grade viennent ; ensuite les dixièmes, centièmes, millièmes, etc., de la seconde de grade.

4. Conversion d'un nombre complexe en unités de l'ordre le plus faible et conversion inverse. —

On a souvent besoin, pour effectuer les calculs relatifs aux nombres complexes, de résoudre les deux problèmes suivants :

1° *Conversion d'un nombre complexe en unités de l'ordre le plus faible.*

Soit à trouver combien il y a de secondes dans 4 j. 16 h. 25 m. 32 s.

Raisonnement. — 1 jour vaut 24 heures ; 4 jours valent 4 fois plus, ou :

$$24 \text{ h} \times 4 = 96 \text{ heures.}$$

Donc 4 jours et 16 heures valent :

$$96 \text{ h} + 16 \text{ h} = 112 \text{ heures.}$$

De même, une heure valant 60 m, 112 heures valent :

$$60 \text{ m} \times 112 = 6\,720 \text{ minutes,}$$

et 4 jours 16 heures 25 minutes valent :

$$6\,720 \text{ m} + 25 \text{ m} = 6\,745 \text{ minutes.}$$

De même, 6 745 minutes valent :

$$60 \text{ s} \times 6\,745 = 404\,700 \text{ secondes.}$$

Donc 4 jours 16 heures 25 minutes 32 secondes valent :

$$404\,700 \text{ s} + 32 \text{ s} = 404\,732 \text{ secondes.}$$

RÉPONSE. — *4 j 16 h 25 m 32 s valent 404 732 secondes.*

2° *Ramener à la forme complexe un nombre exprimé en unités de l'ordre le plus faible.*

Soit à ramener à la forme complexe le nombre 28 934″, c'est-à-dire évaluer ce nombre en degrés, minutes et secondes.

Raisonnement. — 60″ valant une minute, 28 934″ valent :

$$28\,934 : 60 = 482', \text{ et il reste } 14''.$$

De même 482′ valent :

$$482 : 60 = 8° \text{ et il reste } 2'.$$

Donc :

$$28\,934'' \text{ valent } 8° \; 2' \; 14''.$$

RÉPONSE. — *28 934″ valent 8° 2′ 14″.*

On peut donner au calcul la disposition suivante :

```
28 934″ │ 60
   493  │ ────────
   134  │ 482′ │ 60
    14″ │   2′ │ ────
       │      │  8°
```

5. Addition des nombres complexes. — L'addition des nombres complexes se fait d'une manière analogue à celle des nombres entiers ou décimaux. *On écrit les nombres les uns sous les autres de manière que les unités de même ordre soient dans une même colonne. Puis on fait, en commençant par la droite, la somme des nombres contenus dans une même colonne, et, dans chaque somme partielle, on extrait les unités de l'ordre supérieur pour les ajouter à la colonne suivante.*

Exemple :

```
Retenues        1    1    2
           28 j 17 h 35 m  43 s
        +   6 j 12 h  7 m  28 s
        +  15 j  8 h 32 m    »
        +   8 j    »  24 m  58 s
```

Résultat brut :   58 j 38 h 100 m 129 s
Résultat définitif :   58 j 14 h 40 m 9 s

6. Soustraction des nombres complexes. — La soustraction des nombres complexes se fait d'une manière analogue à celle des nombres entiers ou décimaux. *On écrit le plus petit nombre sous le plus grand de manière que les unités de même ordre se correspondent. Puis, en commençant par la droite, on retranche successivement les unités de chaque ordre du plus petit nombre des unités de même ordre du plus grand. Quand une soustraction est impossible, on ajoute au nombre trop faible une unité de l'ordre immédiatement supérieur convertie en unités de son ordre, et, pour ne pas changer la différence, on augmente d'une unité le nombre des unités de l'ordre suivant du nombre à soustraire.*

Exemple I :

```
        27 j 14 h 52 m 37 s
     —   8 j  6 h 10 m 13 s
     ─────────────────────────
Résultat :  19 j  8 h 42 m 24 s
```

Exemple II :

```
        35 j  6 h 45 m 26 s
     — 11 j 19 h 11 m 54 s
     ─────────────────────────
Résultat :  23 j 11 h  3 m 32 s
```

Exemple III :

```
        17 j
     —   8 j 17 h 42 m 28 s
```

L'opération peut être remplacée par la suivante :

```
        16 j 23 h 59 m 60 s
     —   8 j 17 h 42 m 28 s
     ─────────────────────────
Résultat :   8 j  6 h 17 m 32 s
```

7. Multiplication des nombres complexes. —
1° *Le multiplicande seul est un nombre complexe.*

Exemple. — *Pour faire un mètre de dentelle, une ouvrière emploie 4 h 27 m 30 s. Combien lui faut-il de temps pour faire 5 mètres de la même dentelle?*

Solution. — Si pour faire un mètre de dentelle l'ouvrière emploie 4 h 27 m 30 s, pour en faire 5 mètres, elle met 5 fois plus de temps, ou 5 fois 4 h 27 m 30 s, c'est-à-dire :

5 fois 4 h + 5 fois 27 m + 5 fois 30 s.

```
Or 5 fois 4 h. valent........   4 h × 5 = 20 h
5 fois 27 m valent 27 m × 5 = 135 m ou  2 h 15 m
et 5 fois 30 s valent 30 s × 5 = 150 s ou       2 m 30 s
                                     ─────────────────────
L'ouvrière met donc en tout..........  22 h 17 m 30 s
```

RÉPONSE. — *Pour faire 5 mètres de dentelle, l'ouvrière met 22 h 17 m 30 s.*

Remarque I. — *Quand le multiplicateur est un nombre assez considérable, on effectue séparément chaque multiplication, on ramène chaque produit partiel à la forme complexe et on fait la somme de tous ces produits.*

Exemple :

$$2 \text{ j } 17 \text{ h } 25 \text{ m } 42 \text{ s} \times 23.$$
$$2 \text{ j} \times 23 = 46 \text{ j}.$$

17 h
23
—
51
34
—
391 h | 24
151 | —
07 h | 16 j

$$17 \text{ h} \times 23 = 391 \text{ h} = 16 \text{ j } 7 \text{ h}.$$

25 m
23
—
75
50
—
575 m | 60
35 m | —
     | 9 h

$$25 \text{ m} \times 23 = 575 \text{ m} = 9 \text{ h } 35 \text{ m}.$$

42 s
23
—
126
84
—
966 s | 60
366 s | —
  6 s | 16 m

$$42 \text{ s} \times 23 = 966 \text{ s} = 16 \text{ m } 6 \text{ s}.$$

Le produit cherché vaut 46 j
\+   16 j 7 h
\+   9 h 35 m
\+   16 m 6 s
—————————
ou   62 j 16 h 51 m 6 s

Remarque II. — *Si le multiplicateur est un nombre décimal, on convertit le multiplicande en unités de l'ordre le plus*

*faible ; on effectue la multiplication, et on ramène le résultat à
la forme complexe.*

Exemple :

$$25° \, 17' \, 42'' \times 3,6.$$
$$25° = 60' \times 25 = 1\,500'.$$

Donc :

$$25° \, 17' = 1\,500' + 17' = 1\,517',$$
$$1\,517' = 60'' \times 1\,517 = 91\,020''.$$

Donc :

$$25° \, 17' \, 42'' = 91\,020'' + 42'' = 91\,062''.$$

```
        91062"
            3, 6
       ─────────
        54637 2
       273186
       ─────────
       327823",2 │ 60
         278      ├──────
         382      5463' │ 60
         223       063  ├────
          43",2     3'  │ 91°
```

Le produit est égal à 91° 3' 43″, 2.

2° *Le multiplicateur seul est un nombre d'origine complexe.*

Exemple. — *La longueur d'un arc de 1° d'une circonférence
étant égale à 48 mètres, quelle est la longueur d'un arc de
8° 40′ 54″ ?*

Solution. — La longueur d'un arc de 8° 40′ 54″ est évidemment la somme des longueurs des arcs de 8°, de 40′ et de 54″.
Or si 1° mesure 48 m, 8° mesurent 48 m $\times$ 8 = 384 m

Si 1° ou 60′ mesure 48 m, 40′ mesurent $\dfrac{48\,\text{m} \times 40}{60}$ = 32 m

et si 1° ou 3 600″ mesure 48 m, 54″ mesurent $\dfrac{48\,\text{m} \times 54}{3\,600}$ = 0 m, 72

Donc, l'arc de 8° 40′ 54″ a une longueur de $\overline{416\,\text{m},72}$

Réponse. — *La longueur d'un arc de 8° 40′ 54″ est 416 m, 72.*

8. Division des nombres complexes. — 1° *Le dividende seul est un nombre complexe.*

Exemple. — *Pour creuser 8 mètres d'un fossé, un ouvrier a* *mis* 52 *h* 46 *m. Combien mettrait-il de temps pour creuser un mètre de ce fossé?*

Solution. — Si, pour creuser 8 mètres, l'ouvrier met 52 h 46 m, pour creuser **1** mètre, il met 8 fois moins de temps, ou :

$$52 \text{ h } 46 \text{ m} : 8.$$

Pour avoir le résultat, on divise d'abord 52 h par 8 ; le quotient est 6 et il reste 4 h ou 240 m.

Ces 240 m ajoutées aux 46 m du dividende donnent 286 m. On divise alors 286 par 8 ; le quotient est 35 m et il reste 6 m ou 360 s. On divise 360 par 8 ; le quotient est 45 s.

Donc : $\qquad$ 52 h 46 m : 8 = 6 h 35 m 45 s

RÉPONSE. — *Pour creuser un mètre de fossé, l'ouvrier met 6 h 35 m 45 s.*

On peut donner au calcul la disposition ci-dessous :

```
52 h       46 m              | 8
 4 h  ou  240 m              |————————————————
          ————               | 6 h 35 m 45 s
          286 m
           46
           6 m  ou  360 s
                      40
                       0
```

La règle est alors la suivante : *Pour diviser un nombre complexe par un nombre entier, on divise successivement par le diviseur les nombres qui expriment les différents ordres d'unités du dividende, en commençant par l'ordre le plus élevé. On convertit chaque reste en unités de l'ordre immédiatement inférieur que l'on ajoute aux unités de même ordre du dividende avant de continuer l'opération.*

Remarque. — *Si le diviseur est un nombre décimal, on convertit le dividende en unités de l'ordre le plus faible, on effectue la division, et on ramène le résultat à la forme complexe.*

Exemple :

$$217° \; 28' \; 12'' : 7,4.$$
$$217° = 60' \times 217 = 13\,020',$$

donc :
$$217° \ 28' = 13\,020' + 28' = 13\,048',$$
$$13\,048' = 60'' \times 13\,048 = 782\,880''$$

et
$$217° \ 28' \ 32'' = 782\,880'' + 12'' = 782\,892''.$$

<pre>
7828920 | 7,4
   428 | 105796'',216 | 60
   589 | 457 | 1763' | 60
   712 | 379 | 563 | 29°
   460 | 196 | 23'
   160 | 16'',216
   120
   460
    16
</pre>

Le quotient est égal à 29°23' 16'',216.

2° *Le diviseur seul est un nombre d'origine complexe.*

Exemple. — *Un arc de 25° 8' 32'' d'une circonférence mesurant 2 642 m, 372, quelle est la longueur d'un arc de 1°?*

Solution :
$$25° \ 8' \text{ valent } 60' \times 25 + 8' = 1\,508'$$

et
$$25° \ 8' \ 32'' \text{ valent } 60'' \times 1\,508 + 32'' = 90\,512''.$$

Alors, si un arc de 90 512'' mesure 2 642 m, 372, un arc d'une seconde mesure 90 512 fois moins, et un arc de 1° ou 3 600'' mesure 3 600 fois plus, ou :

$$\frac{2\,642 \text{ m, } 372 \times 3\,600}{90\,512} = 105 \text{ m, } 094.$$

RÉPONSE. — *La longueur d'un arc de 1° est 105 m, 094.*

9. Multiplication et division d'un nombre complexe par un nombre d'origine complexe. — Il peut arriver que, dans une multiplication, le multiplicande et le multiplicateur soient des nombres d'origine complexe, et que, dans une division, le dividende et le diviseur soient des nombres d'origine complexe.

Exemple I. — *Un mobile qui décrit une circonférence met 6 h 20 m pour décrire un arc de 1°. Quel temps lui faut-il pour décrire un arc de 8° 25′ 30″?*

Solution :

$$8° \, 25′ = 60′ \times 8 + 25′ = 505′.$$

Donc :

$$8° \, 25′ \, 30″ = 60″ \times 505 + 30″ = 30\,330″.$$

Alors, si, pour parcourir 1° ou 3 600″, le mobile met 6 h 20 m, pour parcourir 30 330″, il met :

$$\frac{6 \text{ h } 20 \text{ m} \times 30\,330}{3\,600} = 53 \text{ h } 20 \text{ m ou } 2 \text{ j } 5 \text{ h } 20 \text{ m.}$$

RÉPONSE. — *Pour parcourir un arc de 8° 25′ 30″, il faut au mobile 2 j 5 h 20 m.*

Exemple II. — *Pour parcourir un arc de 13° 22′ 15″ d'une circonférence, un mobile a mis 72 h 45 m. Combien de temps met-il pour parcourir un arc de 1°?*

Solution :

$$13° \, 22′ = 60′ \times 13 + 22′ = 802′$$

Donc :

$$13° \, 22′ \, 15″ = 60″ \times 802 + 15″ = 48\,135″.$$

Alors, si pour décrire un arc de 48 135″, le mobile met 72 h 45 m, pour parcourir un arc de 1° ou 3 600″, il met :

$$\frac{72 \text{ h } 45 \text{ m} \times 3\,600}{48\,135} = 5 \text{ h } 26 \text{ m } 27 \text{ s, } 4.$$

RÉPONSE. — *Le mobile parcourt un arc de 1° en 5 h 26 m 27 s. 4.*

DEUXIÈME PARTIE

ÉLÉMENTS DE GÉOMÉTRIE

CHAPITRE I

Notions préliminaires.

1. Volume d'un corps. — Considérons un corps quelconque, un morceau de savon par exemple (*fig.* 1) ; il occupe dans l'espace une certaine place. La partie de l'espace qu'il occupe est le **volume** du morceau de savon.

Donc le *volume d'un corps est la partie de l'espace que ce corps occupe.*

2. Surface d'un corps. — Le morceau de savon est séparé du reste de l'espace par chacune de ses faces; l'ensemble constitué par toutes les faces du morceau de savon forme la **surface** de celui-ci.

On peut dire alors que la *surface d'un corps est ce qui sépare ce corps de l'espace environnant.*

Les surfaces sont plus ou moins grandes, et l'étendue d'une surface se nomme **aire de cette surface.**

3. Ligne. — Certains corps, une bille, un œuf, par exemple, sont limités par une seule et même surface ; mais la plupart des corps sont limités par des portions de surfaces distinctes. Dans ce cas, ces portions de surfaces se rencontrent deux à deux et la partie commune aux deux portions se nomme **ligne.** Ainsi, la face supérieure et la face antérieure du morceau de savon se coupent suivant une ligne. On nomme également ligne la limite d'une portion quelconque de surface. Le bord d'une feuille de papier par exemple est une ligne.

Nous pouvons donc dire qu'une *ligne est l'intersection de deux portions de surfaces ou la limite d'une portion quelconque de surface.*

Les lignes sont plus ou moins longues, et l'étendue d'une ligne est ce que l'on nomme **longueur de cette ligne.**

4. Point. — Certaines surfaces, celle d'un disque en métal par exemple, sont limitées par une seule et même ligne; mais, le plus souvent, les surfaces sont limitées par plusieurs lignes distinctes. Dans ce cas, les lignes se rencontrent deux à deux et leur limite commune porte le nom de point. Ainsi, deux des bords d'une feuille de papier se coupent en un point. On nomme aussi point l'extrémité d'une portion de ligne. Telles sont les deux extrémités d'un fil de fer assez mince pour pouvoir être assimilé à une ligne.

Donc, *un point est l'intersection de deux lignes ou encore l'extrémité d'une ligne.*

5. Figures. — On peut représenter les volumes, les surfaces, les lignes et les points, et la représentation qu'on en fait porte le nom de **figure.**

Donc, *une* **figure** *est la représentation de volumes, de surfaces, de lignes ou de points.*

La **géométrie** *est la partie des mathématiques qui a pour objet l'étude des propriétés des figures.*

CHAPITRE II

Différentes sortes de lignes et de surfaces
Tracé des lignes droites et des
circonférences

1. On distingue trois sortes de lignes : la **ligne droite**, la **ligne courbe** et la **ligne brisée**.

2. Ligne droite. — *La* ligne droite *est celle dont un fil mince et bien tendu offre l'image.* Elle a les deux propriétés caractéristiques suivantes :

1° *Elle est le plus court chemin d'un point à un autre ;*

2° *D'un point* **A** *à un autre point* **B**, *on peut toujours faire passer une ligne droite et on ne peut en faire passer qu'une.*

Ainsi, entre les deux points **A** et **B** (*fig.* 2), on peut imaginer un très grand nombre de chemins ; un seul, la ligne droite qui va du point **A** au

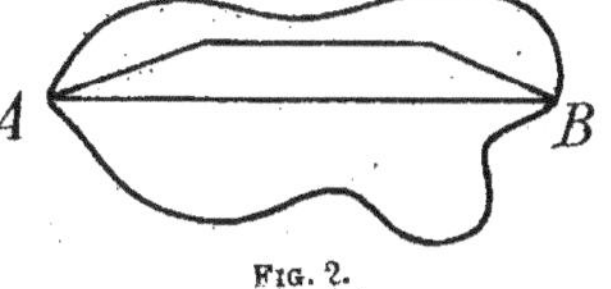

Fɪɢ. 2.

point **B**, est plus court que tout autre. On désigne ce chemin sous le nom de **ligne droite AB** ou tout simplement **droite AB**.

Une droite étant figurée, on doit la considérer comme étant illimitée dans les deux sens. La droite **AB**, par exemple, *fig.* 3), se continue indéfiniment à gauche du point **A** et à

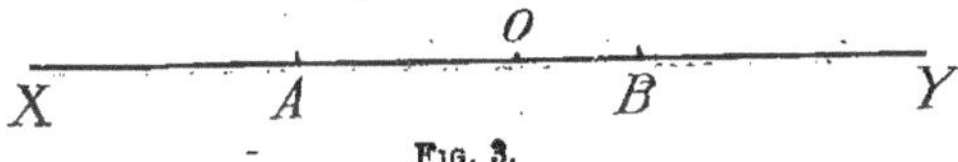

Fɪɢ. 3.

droite du point **B**. Si sur cette droite on marque un point **O**, on peut y considérer deux parties, l'une limitée au point **O** et illimitée dans le sens **OX**, l'autre limitée au point **O** et illimitée dans le sens **OY**. Chacune de ces parties s'appelle alors demi-droite. Enfin, la partie d'une droite comprise entre deux points se nomme **segment** ou **portion de droite**. *La longueur d'un segment de droite est la distance des deux points qui limitent ce segment.*

3. Ligne brisée. — *Une* ligne brisée *est une ligne composée de segments de lignes droites.* Ces segments de lignes droites sont les **côtés** de la ligne brisée. Ainsi la ligne **ABCDEF** (*fig.* 4)

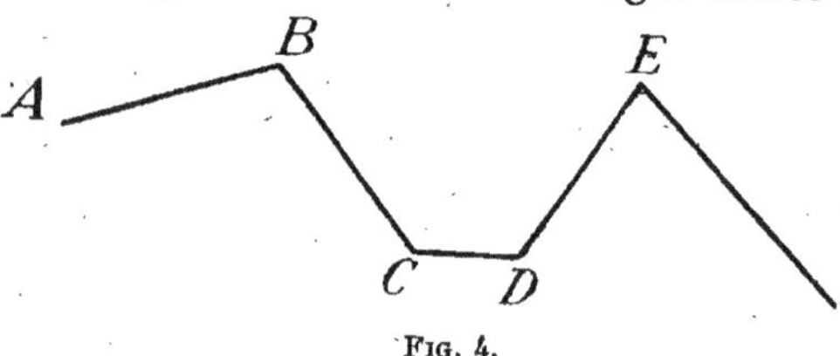

Fig. 4.

est une ligne brisée qui a pour côtés les segments de droite **AC, BC, CD, DE** et **EF**.

Le profil des dents d'une scie donne un exemple de ligne brisée.

Une ligne brisée s'obtient en joignant deux à deux par des droites une série de points **A, B, C, D, E, F**. Ces points sont les **sommets** de la ligne brisée.

Un **polygone** *est la figure limitée par une ligne brisée fermée,* c'est-à-dire telle que la pointe d'un crayon peut la parcourir tout entière, sans la quitter et revenir au point de départ. Telle est la figure **ABCDE** (*fig.* 5) qui a pour côtés les segments de droite **AB, BC, CD, DE** et **EA**, et pour sommets les points **A, B, C, D** et **E**.

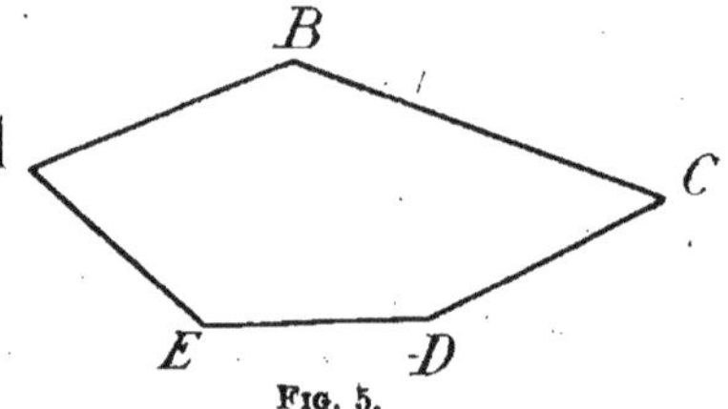

Fig. 5.

4. Ligne courbe. — On nomme ligne courbe *une ligne telle que* **AB** (*fig.* 6) *qui n'est ni droite ni formée de segments de lignes droites.*

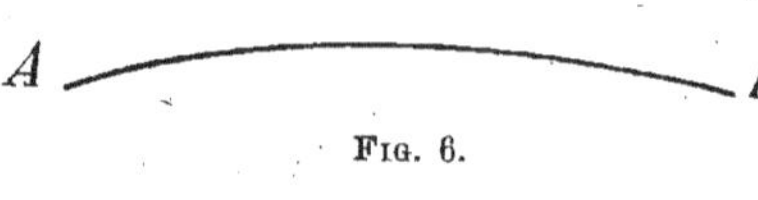

Fig. 6.

Parmi les lignes courbes, il en est une très simple, qui se rencontre très fréquemment, et dont nous ferons une étude

spéciale. C'est la circonférence (*fig.* 7). La ligne qui limite les
deux faces d'une pièce de monnaie, le contour
d'un disque, d'une cible, sont des exemples
de circonférences.

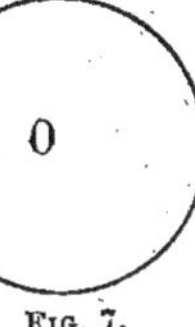

Fig. 7.

5. Tracé d'une ligne droite. — Pour

tracer une ligne droite sur le papier, on fait
usage de la *règle*. C'est une planchette en
bois, longue et mince, dont les bords doivent
être parfaitement rectilignes (*fig.* 8).

Fig. 8.

Si l'on veut à l'aide d'une règle tracer la ligne droite qui passe par deux
points A et B, on place la règle sur
le papier de manière que l'un de ses
bords passe par ces deux points. Puis, avec la pointe d'un
crayon bien taillé, ou avec un tire-ligne, on trace un trait sur
le papier en suivant exactement le bord de la règle.

Avant d'employer une règle, on doit la vérifier, c'est-à-dire
s'assurer que ses bords sont bien rectilignes. Pour cela, on
trace avec la règle une ligne sur le papier en appuyant la
pointe d'un crayon bien taillé contre un des bords de la règle
et sur cette ligne on marque deux points A et B. Puis on fait
mouvoir la règle de façon que l'extrémité voisine du point A
vienne se placer près du point B et inversement, sans changer
la face de la règle appliquée contre le papier, et on s'arrange
de manière que le même bord de la règle passe encore par les
points A et B. Alors on trace une nouvelle ligne suivant ce
bord. Si la règle est bonne, la seconde ligne se confond avec

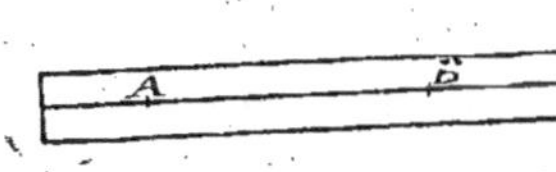

Fig. 9.

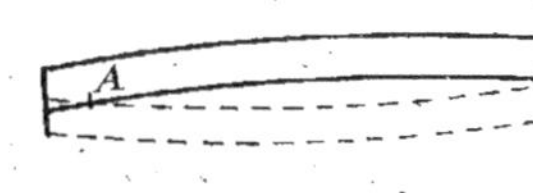

Fig. 10.

la première (*fig.* 9); dans le cas contraire, les deux lignes sont
différentes (*fig.* 10).

6. On distingue deux espèces principales de surfaces : la
surface plane et la surface courbe.

7. Surface plane. — On nomme surface plane ou plan

une surface telle que toute droite qui y a deux de ses points y est contenue toute entière.

La surface d'une eau tranquille, celle d'un miroir bien poli, sont des exemples de surfaces planes.

Si l'on appuie le bord d'une règle bien droite sur la surface d'une glace polie, on voit que le bord de la règle s'y applique très exactement, et cela quelle que soit la position de la règle. Donc la surface de la glace est bien plane.

Si l'on répète la même expérience sur la surface d'une table ou celle d'un tableau noir, on constate en plaçant la règle entre l'œil et la lumière, que, en plusieurs points, la lumière passe entre la surface de la table ou du tableau et le bord de la règle, ce qui montre que cette surface n'est pas rigoureusement plane.

8. Surface courbe. — *Une* surface courbe *est une surface qui n'est ni plane, ni composée de surfaces planes.*

La surface d'une bille, celle d'un pot à fleurs, d'un abat-jour, d'un tuyau de poêle, sont des surfaces courbes.

9. Circonférence. — *Une* circonférence *est une ligne courbe plane, fermée, dont tous les points sont également distants d'un point intérieur nommé* **centre** *de la circonférence.*

La partie d'un plan comprise à l'intérieur d'une circonférence est un cercle.

On désigne une circonférence ou un cercle par la lettre placée au centre. On dira, par exemple, la circonférence ou le cercle O (*fig.* 11).

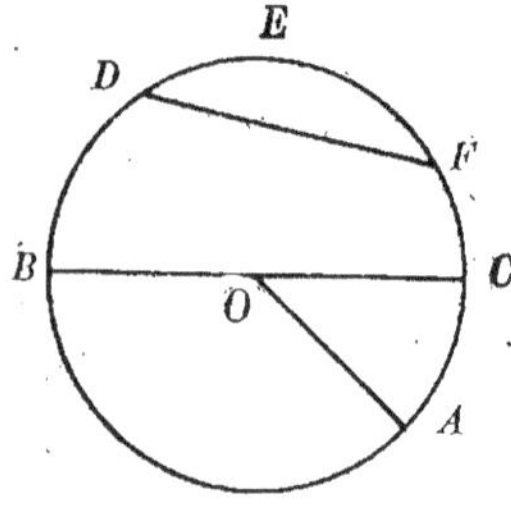

Fig. 11.

Toute droite telle que OA *qui va du centre à un point quelconque de* la circonférence est un **rayon** de la circonférence. Tous les rayons d'une même circonférence sont égaux.

Une droite qui passe par le centre et qui est limitée à ses intersections avec la circonférence est un **diamètre**.

Telle est la droite BOC. Tous les diamètres d'une même circonférence sont égaux et chacun d'eux vaut le double d'un rayon.

On nomme **arc** *une portion quelconque d'une circonférence* et **corde** *la droite qui joint les extrémités d'un arc.*

Dans la circonférence O (*fig. 11*), la partie **DEF** est un arc et la droite **DF** une corde. On dit que la corde sous-tend l'arc et que l'arc est sous-tendu par la corde.

10. Tracé d'une circonférence. — Pour tracer une circonférence sur le papier, on se sert d'un compas (*fig. 12*).

Un compas se compose de deux branches métalliques terminées en pointe et réunies par un axe autour duquel elles peuvent tourner, et que l'on nomme *tête du com-*

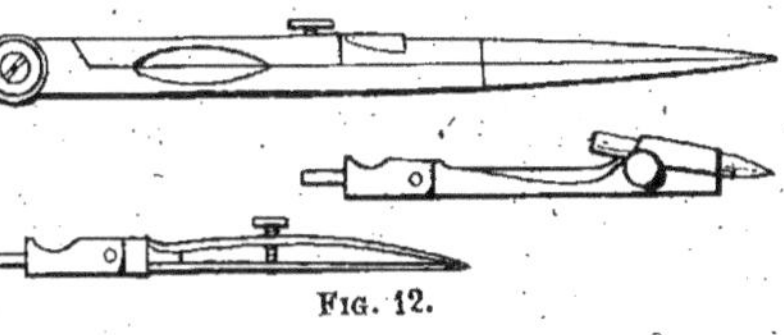

Fig. 12.

pas. L'une des pointes peut s'enlever et être remplacée par un crayon ou un tire-ligne. On nomme *pointe sèche* la pointe qui n'est munie ni d'un crayon ni d'un tire-ligne.

Pour décrire d'un point O comme centre une circonférence de rayon égal à une longueur donnée, on donne aux deux pointes du compas un écart égal au rayon; puis, tenant le compas par la tête, on fixe sa pointe sèche au point O, et, maintenant constant l'écart des deux pointes, on déplace sur le papier l'autre pointe munie du crayon ou du tire-ligne; celui-ci décrit la circonférence demandée.

CHAPITRE III

Les angles.

1. Définition. — On appelle **angle** *la figure formée par deux demi-droites* **AX** *et* **AY** *qui partent d'un même point* **A** *dans deux directions différentes (fig.* **13**).

Le point commun **A** d'où partent les demi-droites et le **sommet** de l'angle et les demi-droites **AX** et **AY** sont les **côtés** de l'angle.

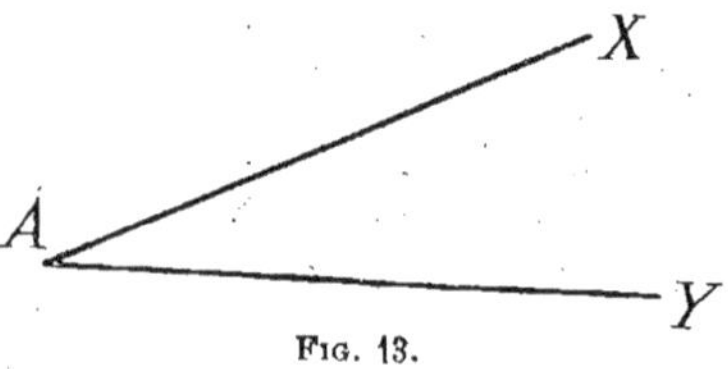

Fig. 13.

Les deux branches d'une paire de ciseaux ou celles d'un compas, écartées l'une de l'autre, forment un angle; on obtient aussi un angle en pliant un fil de fer en un de ses points.

Pour désigner un angle, on énonce la lettre placée à son sommet, ou encore trois lettres placées l'une au sommet de l'angle, les deux autres sur ses deux côtés, en nommant toujours la lettre du sommet entre les deux autres. Cette dernière dénomination est indispensable lorsque plusieurs angles ont le même sommet.

L'angle de la figure 13 se nomme donc angle **A** ou angle **XAY**.

2. Grandeur d'un angle. — Les côtés d'un angle doivent être considérés comme étant indéfinis, et leur longueur n'influe pas sur la grandeur de l'angle. Cette grandeur dépend uniquement *de l'écartement des côtés, l'angle étant d'autant plus grand que ses côtés sont plus écartés.*

Considérons, par exemple, un compas fermé; faisons tourner l'une des branches autour de la tête du compas en l'écartant progressivement de l'autre branche. Dans ce mouvement, la branche mobile fera avec la branche fixe un angle de plus en plus grand jusqu'au moment où elle se placera dans le prolongement de la deuxième branche et où l'angle cessera d'exister. Si l'on continue alors à faire tourner la branche mobile dans le même sens, elle formera avec l'autre branche, dans cette deuxième partie de son mouvement, un angle de plus en plus petit.

3. Angles adjacents.

— On dit *que deux angles sont* adjacents *quand ils ont un sommet commun, un côté commun et qu'ils sont situés de part et d'autre du côté commun.*

Tels sont les angles **BAC** et **CAD** qui ont en commun le sommet **A** et le côté **AC** et qui sont situés l'un à gauche, l'autre à droite du côté **AC** (*fig.* 14).

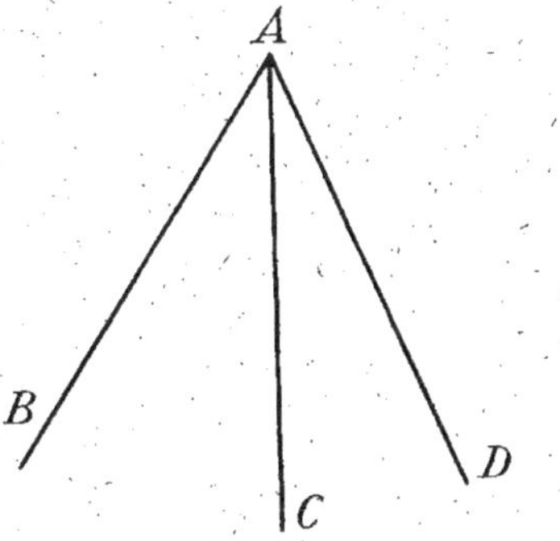

Fig. 14.

4. Angles égaux.

— En géométrie, on dit que *deux figures sont égales lorsqu'elles sont superposables.* En particulier, *deux angles sont égaux lorsqu'on peut les amener à coïncider.*

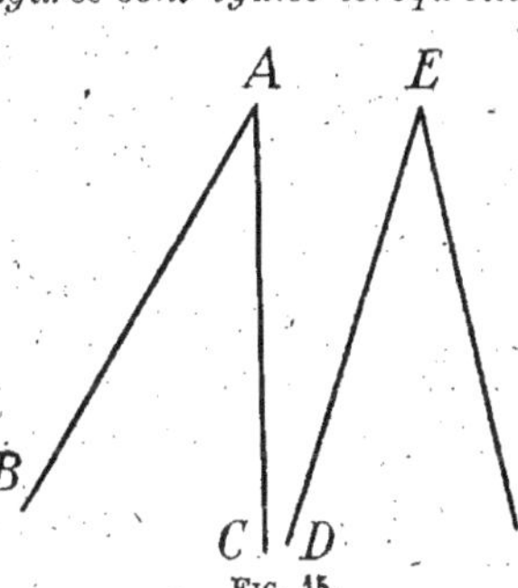

Fig. 15.

Découpons dans une feuille de papier deux angles **BAC** et **DEF**, ces angles seront égaux si, en transportant l'angle **DEF** sur l'angle **BAC**, plaçant le point **E** en **A** et la demi-droite **ED** sur la demi-droite **AB**, la demi-droite **EF** s'applique en même temps sur **AC** (*fig.* 15).

Dans le cas contraire, les angles sont inégaux et l'angle **DEF** est inférieur ou supérieur à l'angle **BAC** suivant que la demi-droite **EF** se place à l'intérieur ou à l'extérieur de l'angle **BAC**.

5. Demi-droite perpendiculaire ou oblique à une droite.

— Considérons un point **O** sur une droite **AB** et imaginons qu'une demi-droite **CD** mobile autour du point **C**, d'abord appliquée sur **CB**, tourne dans le sens indiqué par la flèche

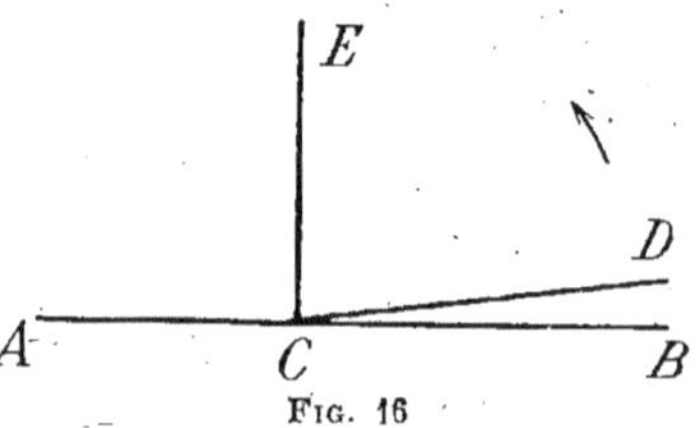

FIG. 16

jusqu'à se rabattre sur **CA** (*fig.* 16). Dans ce mouvement, l'angle **DCB**, d'abord nul, croît d'une manière continue jusqu'à devenir très grand, tandis que l'angle **DCA**, d'abord très grand, diminue d'une manière continue jusqu'à devenir nul.

Il est évident qu'à un certain moment ces deux angles sont égaux. Si la demi-droite mobile occupe alors la position **CE**, on dit qu'elle est **perpendiculaire à AB**.

On voit ainsi qu'*une demi-droite* **CE** *est perpendiculaire à une droite* **AB** *lorsqu'elle forme avec celle-ci deux angles adjacents égaux.*

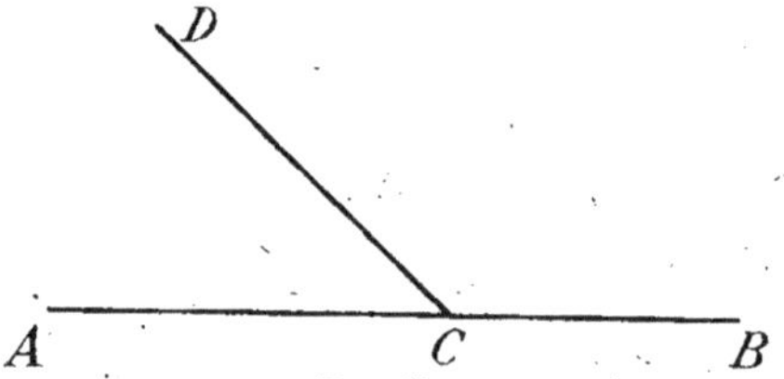

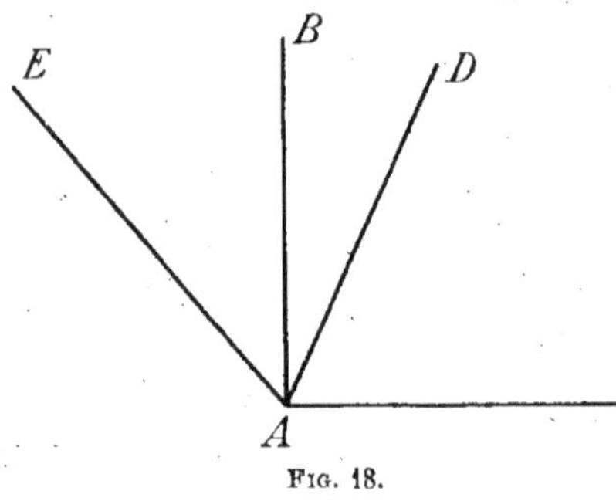

FIG. 17.

Si au contraire une demi-droite **CD** *forme avec* **AB** *deux angles adjacents inégaux* (*fig.* 17), *on dit qu'elle est* oblique *à* **AB**.

6. Angle droit. — Angle aigu. — Angle obtus. —

On nomme angle droit *un angle* **BAC** *dont les côtés sont perpendiculaires l'un à l'autre* (*fig.* 18).

On démontre, en géométrie, que tous les angles droits sont égaux.

Un angle tel que **DAC** *plus petit qu'un angle droit est un* angle aigu

FIG. 18.

et *un angle* tel que **EAC** *plus grand qu'un angle droit est un* angle obtus.

7. Angles opposés par le sommet. — Lorsque deux droites **AB** et **CD** se coupent en un point **O**, elles déterminent quatre angles (*fig. 19*). On nomme angles opposés par le sommet les angles **AOC** et **DOB**, ou encore les angles **AOD** et **BOC**, *tels que les côtés de l'un sont les prolongements des côtés de l'autre.*

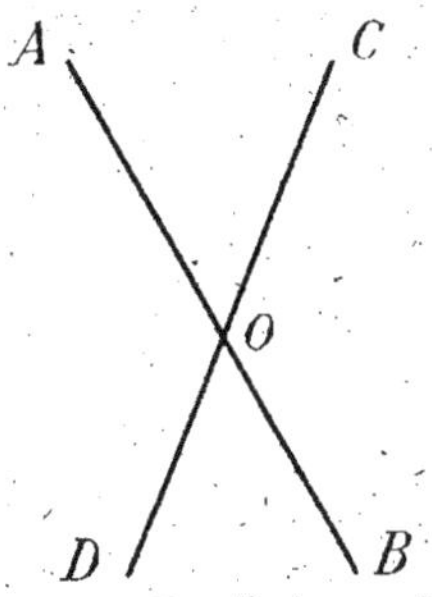

Fig. 19.

8. Angles supplémentaires. — Angles complémentaires. — Considérons une droite **AB** et, par un point **C** pris sur cette droite, menons d'un même côté de **AB** les deux demi-droites **CD** et **CE**, l'une perpendiculaire, l'autre oblique à **AB** (*fig. 20*). On voit que la somme des angles **ACE** et **ECB** est égale à la somme des deux angles droits **ACD** et **DCB**, puisque l'un contient l'angle **DCE** de plus que l'angle droit **ACD**, et l'autre l'angle **DCE** en moins que l'angle droit **ECB**; *les angles ACE et ECB dont la somme vaut deux angles droits sont dits* angles supplémentaires; on dit aussi que chacun d'eux est le supplément de l'autre.

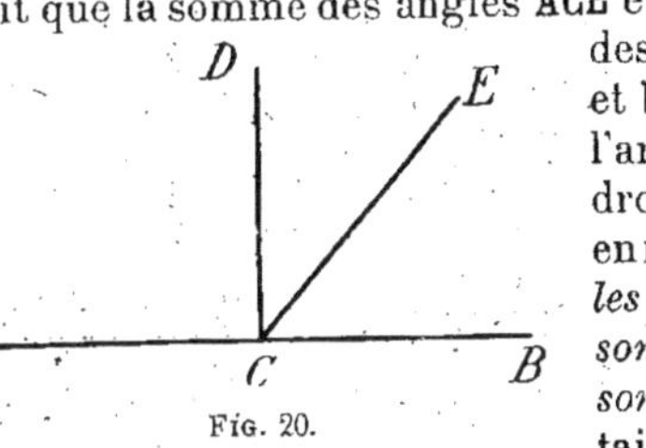

Fig. 20.

On démontre en géométrie que, *pour que deux angles adjacents soient supplémentaires, il faut et il suffit que leurs côtés non communs soient en ligne droite.*

Deux angles dont la somme vaut un angle droit sont dits angles complémentaires; tels sont les angles **BAD** et **DAC** (*fig. 18*). On dit aussi que chacun d'eux est le complément de l'autre.

9. Mesure des angles. — Considérons deux droites **AB** et **CD** perpendiculaires l'une à l'autre et qui se coupent au point **O**. Décrivons du point **O** comme centre une circonférence de rayon quelconque qui coupe ces droites aux points **A**, **B**, **C** et **D** (*fig. 21*).

Les arcs **AC**, **AD**, **DB** et **CB** sont égaux, car si on replie la figure autour de **AB**, l'angle droit **AOC** étant égal à l'angle droit **AOD**, la demi-droite **OC** prend la direction de **OD**, et, comme tous les rayons d'un même cercle sont égaux, le point C vient en D.

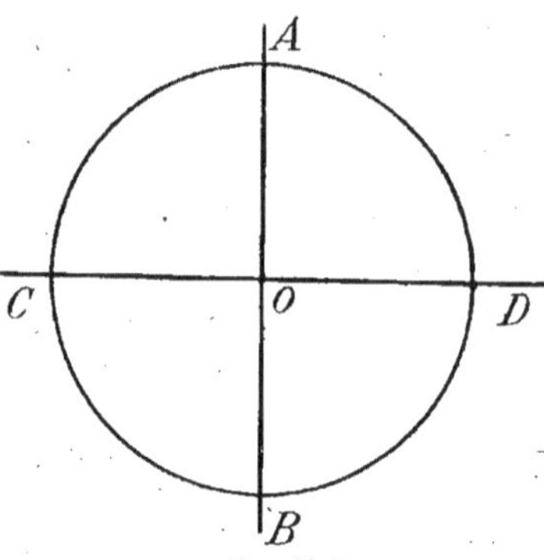

FIG. 21.

Les arcs AC et AD se recouvrent et par suite sont égaux.

Il en est de même des arcs CB et BD.

En repliant la figure autour de CD, on voit de même que les arcs AC et CB sont superposables. Donc, les quatre arcs AC, AD, DB et CB sont bien égaux. Il en résulte que chacun d'eux est le quart de la circonférence et vaut $\frac{360°}{4}$ ou 90°.

On peut dire alors qu'*un angle droit est un angle de* 90°, *qu'un angle obtus vaut plus de* 90° *et qu'un angle aigu vaut moins de* 90°.

Etant donné un angle quelconque XOY, si de son sommet comme centre, avec un rayon arbitraire, on décrit une circonférence (*fig.* 22), l'angle comprend entre ses côtés un arc AB d'autant plus grand que lui-même est plus grand. On pourra donc avoir une idée de la grandeur

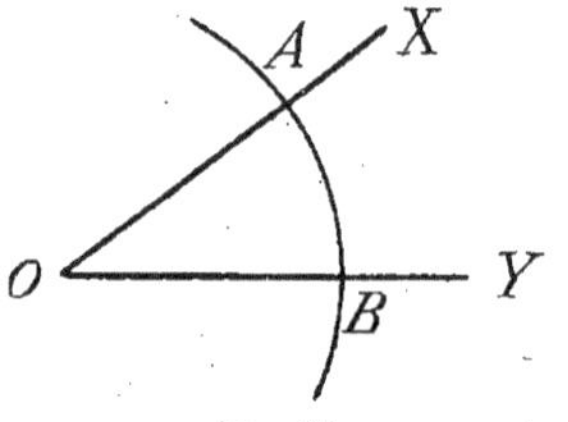

FIG. 22.

de l'angle en mesurant l'arc compris entre ses côtés. Si par exemple cet arc mesure 42°, on dira que l'angle XOY est un angle de 42°.

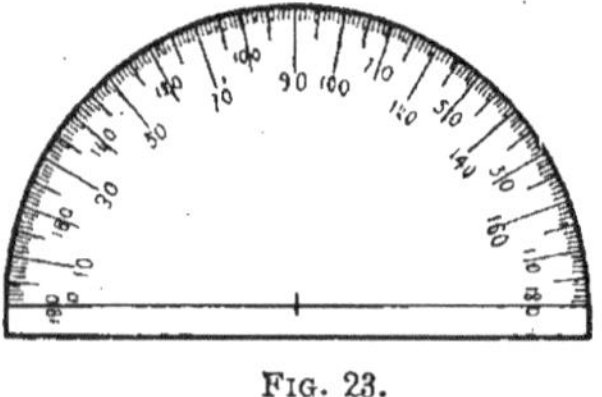

FIG. 23.

10. Usage du rapporteur. — Pour connaître le nombre de degrés compris dans un angle, on se sert d'un **rapporteur**.

Le rapporteur (*fig.* 23) est un demi-cercle, ordinairement en cuivre ou en corne, dont la demi-circonférence est divisée en **180** parties égales qui sont des degrés; les divisions sont numérotées de **10** en **10** dans les deux sens, et le centre est marqué d'un petit trou.

Pour mesurer avec un rapporteur un angle **AOB** (*fig.* 24), on place le centre du rapporteur au sommet 0 de l'angle, on dirige le diamètre 0-180 suivant le côté **OA** et on lit sur la cir-conférence le nombre de de-grés et, s'il y a lieu, la frac-tion de degré que comprend l'arc **CD** du rapporteur compris entre les côtés de l'angle.

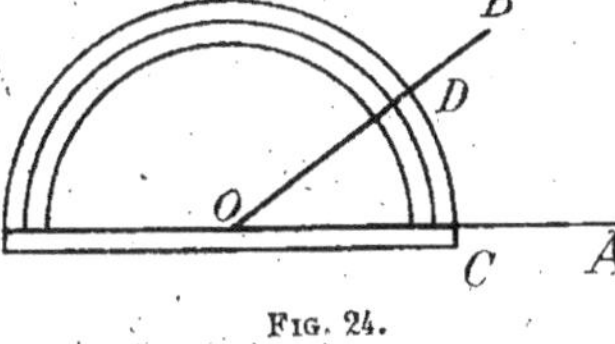

Fig. 24.

On peut aussi se servir du rapporteur pour résoudre les deux problèmes suivants :

1° *Construire une droite* **OB** *faisant avec une droite donnée* **OA** *un angle de valeur donnée.*

Soit à construire la droite **OB** de telle sorte que l'angle **AOB** vaille 72°.

On place le rapporteur de manière que son centre soit au point 0 et que son diamètre soit dirigé suivant **OA** (*fig.* 25). En regard de la division 72, on marque un point au crayon; puis, ayant retiré l'instru-ment, on trace une droite **OB** passant par le point 0 et par le point marqué. La droite **OB** est la droite demandée.

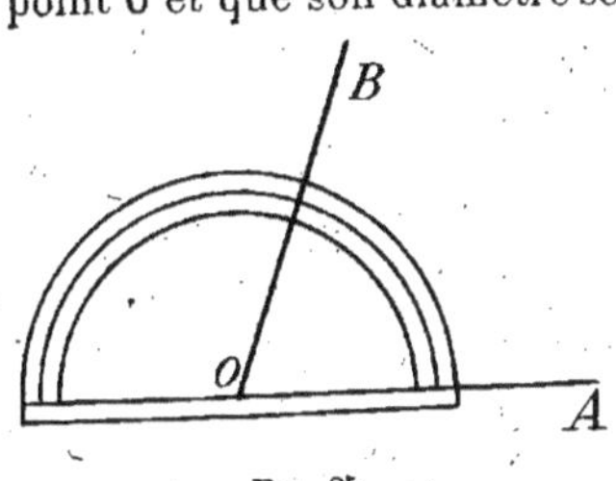

Fig. 25.

2° *Construire un angle égal à un angle donné,*

Pour résoudre cette der-nière question, on mesure d'abord à l'aide du rapporteur l'angle donné; puis, en appliquant la construction précédente, on fera avec une droite donnée **AB**, en un point 0 de cette droite, un angle égal à l'angle qui vient d'être mesuré.

11. Remarque. — Le problème précédent: *faire avec une droite donnée* **AB**, *en un point* 0 *de cette droite, un angle égal à un angle donné* **DCE**, peut aussi se résoudre à l'aide de la règle et du compas.

Pour cela, du point **C** comme centre, avec un rayon arbi-traire, on décrit une circonférence qui coupe en **D** et **E** les côtés de l'angle donné (*fig.* 26). Puis, de 0 comme centre, avec la même ouverture de compas, on décrit une autre circonférence qui coupe en **B** la demi-droite **OB**. On relève au compas la distance **DE**, et de **B** comme centre, avec une ouver-

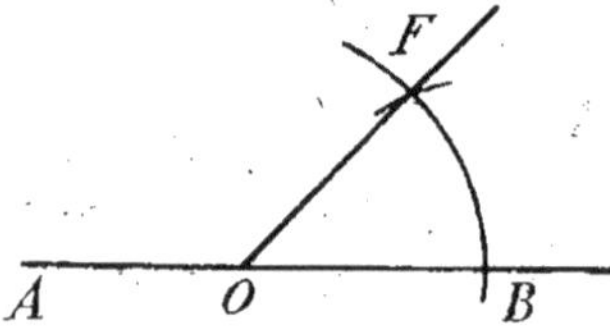
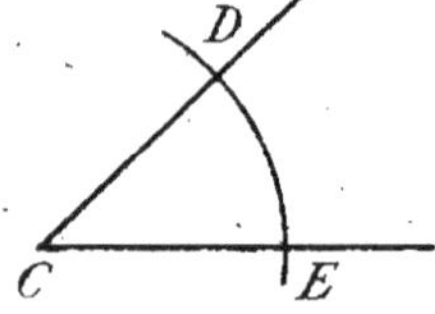

Fig. 26.

ture de compas égale à **ED**, on décrit un arc qui coupe en **F** la circonférence tracée en dernier lieu. On mène avec la règle la droite **OF** et l'angle **FOB** est égal à l'angle donné.

CHAPITRE IV

Tracé des perpendiculaires.

1. Pour le tracé des figures, on emploie souvent, outre les trois instruments que nous connaissons déjà : règle, compas et rapporteur, ce que l'on nomme une *équerre*.

C'est une petite planchette (*fig.* 27) en bois mince formant un polygone à trois côtés, c'est-à-dire un triangle, dont les bords sont en ligne droite et dont deux côtés forment un angle droit.

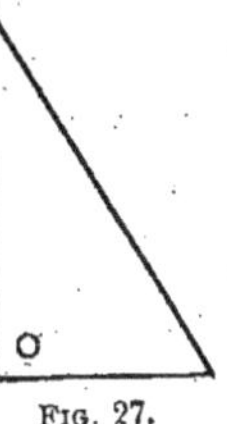

Fig. 27.

Avant de se servir d'une équerre, on doit la vérifier, c'est-à-dire s'assurer que ses bords sont bien rectilignes et que son angle est bien droit.

On vérifie que les bords sont bien rectilignes comme on l'a fait pour une règle.

Pour s'assurer que l'angle de l'équerre est bien droit, on peut procéder de la façon suivante : On trace sur le papier une demi-circonférence de centre O et de diamètre AB. On place l'équerre de façon que le sommet de l'angle C, qui doit être droit, soit sur la demi-circonférence et que l'un des côtés de cet angle passe par l'une des extrémités A du diamètre.

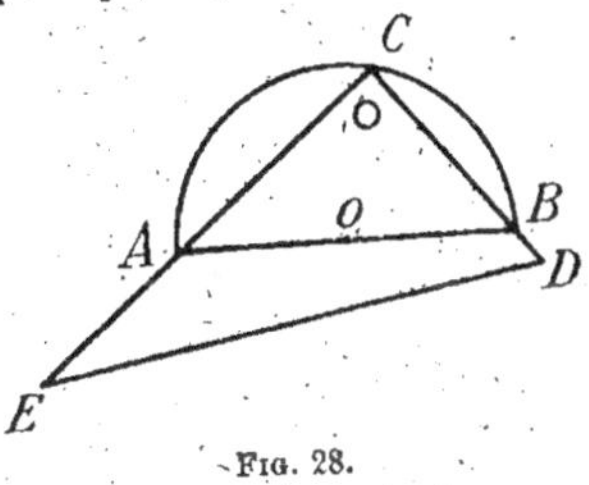

Si l'équerre est juste (*fig.* 28), l'autre côté de l'angle C doit passer par le point B. Sinon l'équerre est fausse et l'on ne doit pas s'en servir.

Fig. 28.

2. Problème I. — *Mener en un point C d'une droite AB la perpendiculaire à cette droite.*

Première solution. — *Emploi du rapporteur.* — La question n'est qu'un cas particulier d'un problème déjà résolu puisqu'il s'agit de faire avec **AB** au point **C** un angle de 90° (*fig.* 29).

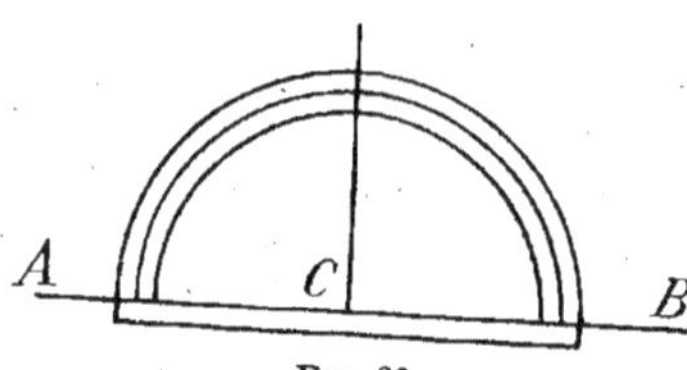

FIG. 29.

Deuxième solution. — *Emploi de l'équerre.* — Disposons l'un des bords d'une règle suivant la droite **AB** (*fig.* 30), et plaçons le long de ce bord l'un des côtés de l'angle droit de l'équerre ; puis, en maintenant la règle sur le papier, faisons glisser l'équerre le long de la règle jusqu'à ce que le sommet de son angle droit soit au point **C** ; retirons alors la règle et traçons une ligne droite le long du côté **CD** de l'équerre (*fig.* 30). Nous avons ainsi fait au point **C** avec la droite **CB** un angle égal à l'angle de l'équerre et par suite un angle droit.

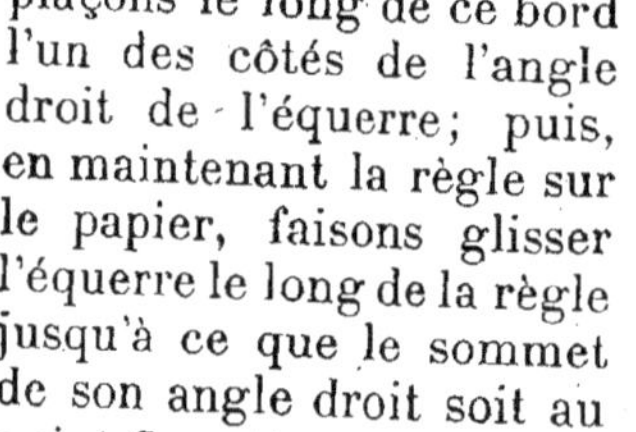

FIG. 30.

Troisième solution. — *Emploi de la règle et du compas.* — Portons sur **AB** de part et d'autre du point **C**, à l'aide du compas, deux longueurs égales **CD** et **CE** (*fig.* 31). Des points **D** et **E** comme centres, avec une ouverture de compas supérieure à la longueur **CD**, décrivons deux arcs de cercle qui se coupent au point **F**. Traçons avec la règle la droite **CF** ; c'est la droite demandée.

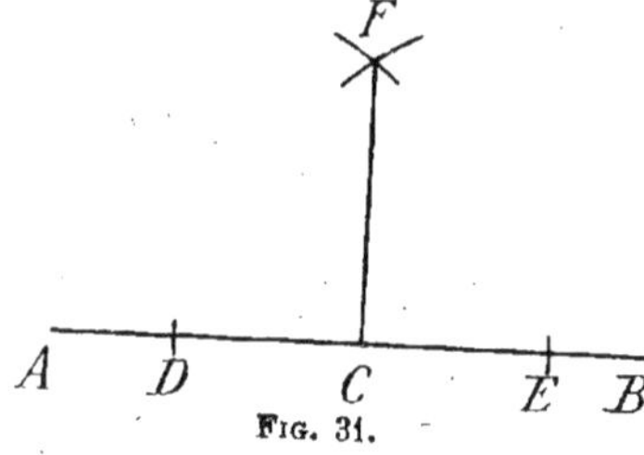

FIG. 31.

3. Problème II. — *D'un point* **C** *pris hors d'une droite* **AB**, *mener la perpendiculaire à* **AB**.

Première solution. — *Emploi de l'équerre.* — La solution est la même que dans le cas précédent. On dispose l'un des bords de la règle suivant la droite **AB** et l'on place le long de ce bord l'un des côtés **DF** de l'angle droit de l'équerre (*fig.* 32). Puis, en maintenant la règle sur le papier, on fait glisser l'équerre le long de la règle jusqu'à ce que l'autre côté **DE** de l'angle droit passe par le point **C**. On trace alors une droite suivant ce côté. C'est la droite cherchée.

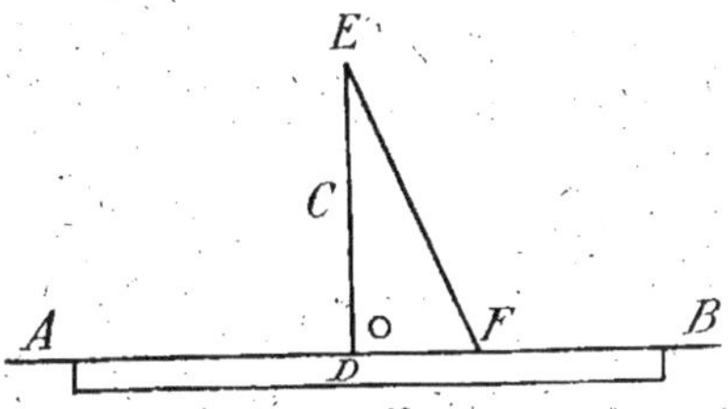

FIG. 32.

Deuxième solution. — *Emploi de la règle et du compas.* — Du point **C** comme centre, avec un rayon arbitraire, mais suffisamment grand, décrivons un arc de cercle qui coupe la droite **AB** en deux points **D** et **E** (*fig.* 33). De ces points comme centres, avec la même ouverture de compas, décrivons du côté de la droite **AB** où ne se trouve pas le point **C**, deux arcs de cercle qui se coupent au point **F**. Traçons la droite **CF**; elle est perpendiculaire à **AB**.

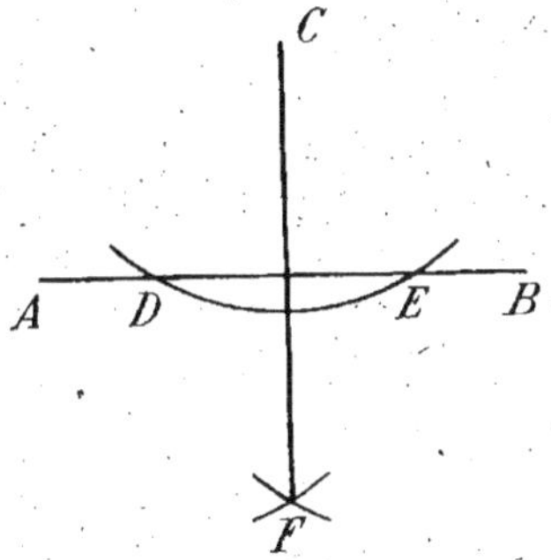

FIG. 33.

4. Définition. — *On nomme* distance d'un point **C** à une droite **AB** *la longueur de la perpendiculaire* **CD** *menée du point* **C** *à la droite* **AB**.

Cette perpendiculaire est plus courte que toutes les droites telles que **CE**, **CF**, **CG**, que l'on peut mener du point **C** à un point de **AB** autre que **D** (*fig.* 34). On peut le constater soit à l'aide d'un décimètre, soit au moyen du compas.

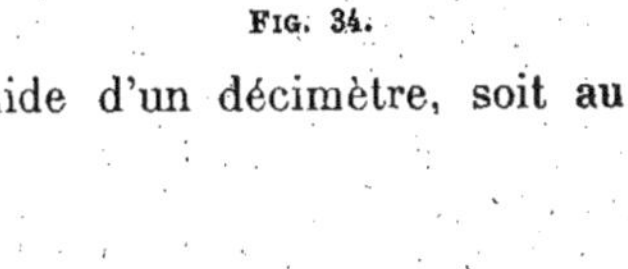

FIG. 34.

La distance du point C à la droite **AB** est donc aussi la plus courte des droites qui joignent le point C aux différents points de **AB**.

5. Problème III. — *Mener la perpendiculaire à une droite* **AB** *en son milieu.*

Des points A et B comme centres, avec une ouverture de compas arbitraire, mais plus grande que la moitié de la longueur **AB**, décrivons de part et d'autre de **AB** deux arcs de cercle. Ces arcs se coupent deux à deux aux points C et D

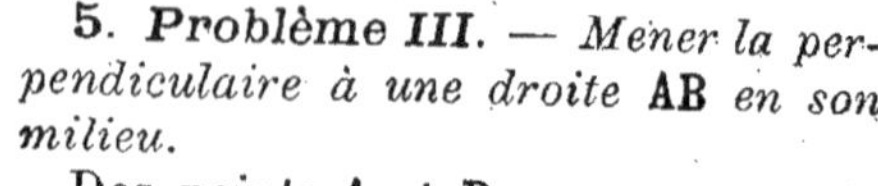

(*fig.* 35). Traçons la droite **CD**, qui coupe **AB** au point **E**, c'est la perpendiculaire demandée.

FIG. 35.

6. Remarque. — Nous avons, par la construction précédente, partagé la droite **AB** en deux parties égales **EA** et **EB**.

Si nous répétons la même construction, pour chacune des parties **EA** et **EB**, nous partageons la droite **AB** en quatre parties égales (*fig.* 36).

En continuant de la même façon, nous partageons successivement la droite **AB**

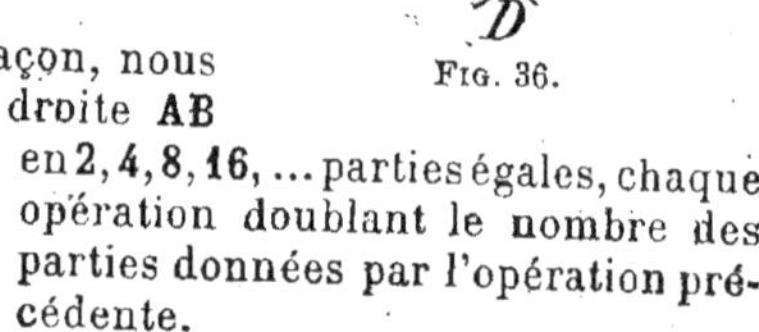

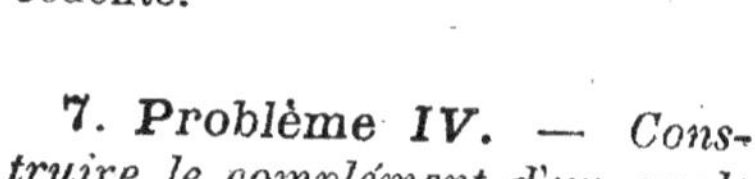

FIG. 36.

en 2, 4, 8, 16, ... parties égales, chaque opération doublant le nombre des parties données par l'opération précédente.

7. Problème IV. — *Construire le complément d'un angle donné* **BAC**.

Il suffit pour cela de mener par l'un des procédés indiqués dans le problème 1 la perpendiculaire au point **A** à l'un des

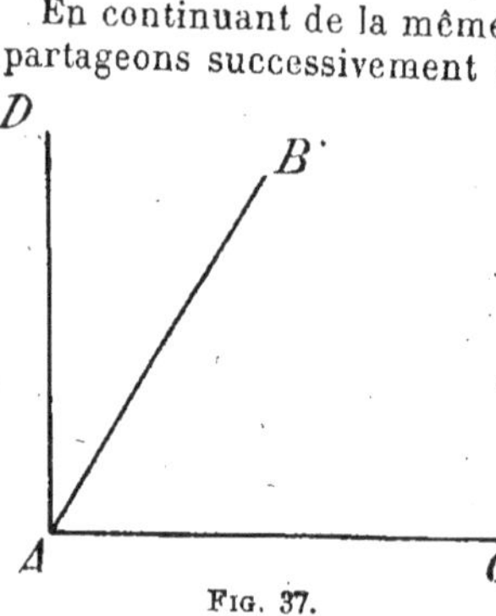

FIG. 37.

côtés de l'angle donné **AC** par exemple (*fig.* 37), du même côté que AB. Si **AD** est la droite ainsi tracée, l'angle **DAB** est l'angle demandé, puisque la somme des angles **BAC** et **DAB** vaut un angle droit.

8. Définition. — *On nomme* bissectrice *d'un angle une droite qui part du sommet de l'angle et qui divise cet angle en deux parties égales.*

Ainsi la droite **AD** est bissectrice de l'angle **BAC**, si les angles **BAD** et **DAC** sont égaux (*fig.* 38).

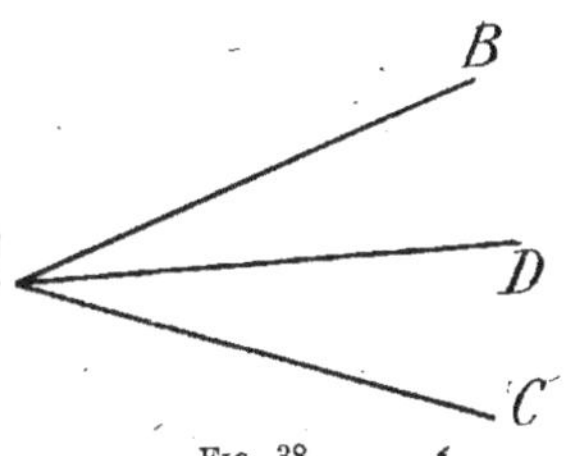

Fig. 38

9. Problème V. — *Tracer la bissectrice d'un angle* **BAC**.

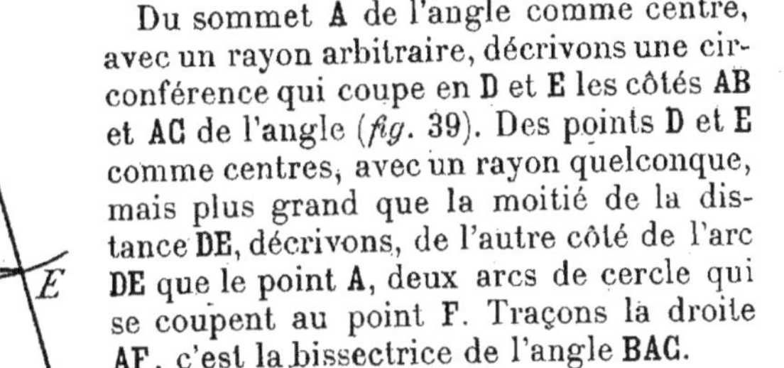

Fig. 39.

Du sommet **A** de l'angle comme centre, avec un rayon arbitraire, décrivons une circonférence qui coupe en **D** et **E** les côtés **AB** et **AC** de l'angle (*fig.* 39). Des points **D** et **E** comme centres, avec un rayon quelconque, mais plus grand que la moitié de la distance **DE**, décrivons, de l'autre côté de l'arc **DE** que le point **A**, deux arcs de cercle qui se coupent au point **F**. Traçons la droite **AF**, c'est la bissectrice de l'angle **BAC**.

Remarquons que la deuxième partie de l'opération revient à mener la perpendiculaire à la corde **DE** en son milieu.

10. Remarque. — Nous avons, par la construction précédente, partagé l'angle **BAC** en deux parties égales **BAF** et **FAC**.

Si nous répétons la même construction pour chacune des deux parties, nous partageons l'angle en quatre parties égales.

En continuant de la même façon, nous partageons successivement l'angle **BAC** en 2, 4, 8, 16, ... parties égales, chaque opération doublant le nombre des parties données par l'opération précédente.

CHAPITRE V

Tracé des parallèles.

1. **Définition.** — On appelle **droites parallèles** *deux droites qui sont situées dans un même plan et qui ne se rencontrent jamais à quelque distance qu'on les prolonge.*

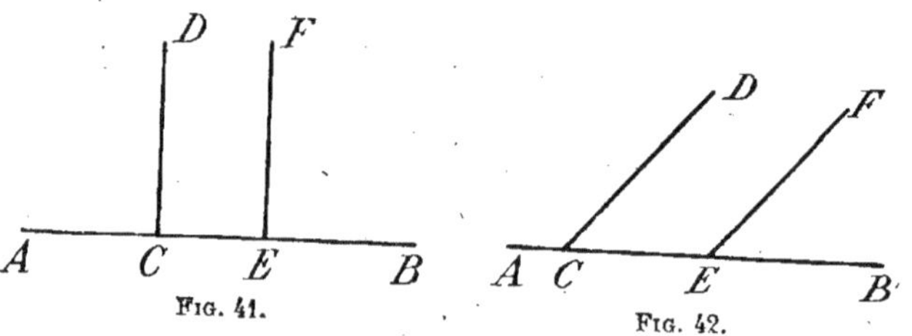

Fig. 40.

Telles sont les droites **AB** et **CD** (*fig.* 40).

Les deux bords opposés d'une règle plate, les lignes d'un cahier, les rails d'un chemin de fer nous donnent l'idée de lignes parallèles.

Deux droites perpendiculaires à la même droite (*fig.* 41) sont parallèles ; il en est de même de deux droites inclinées dans le même sens d'un même angle sur la même droite (*fig.* 42).

Fig. 41.

Fig. 42.

2. Propriétés des droites parallèles. — *1°* *Deux droites parallèles sont partout équidistantes,* c'est-à-dire que, **AB** et **CD** étant deux droites parallèles, si de divers points **M**, **N**, **P**, ... de la première, on mène les perpendiculaires **MQ**, **NR**, **PS**,... (*fig.* 43), sur la deuxième, toutes ces perpendiculaires ont la même longueur.

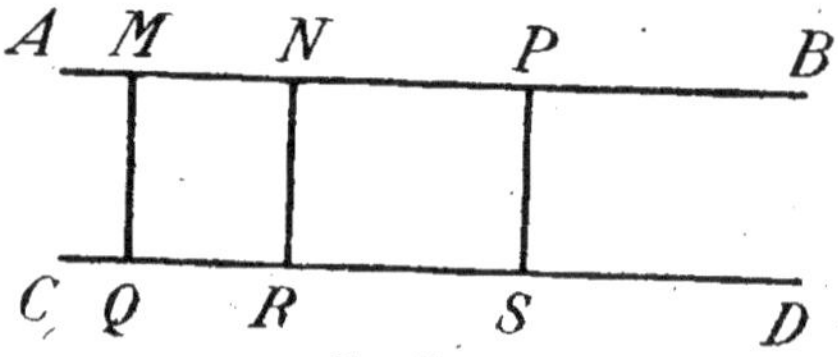

Fig. 43.

2° *Tous les points situés à une distance donnée d'une droite donnée AB se trouvent sur deux parallèles à la droite AB situées de part et d'autre de cette droite.*

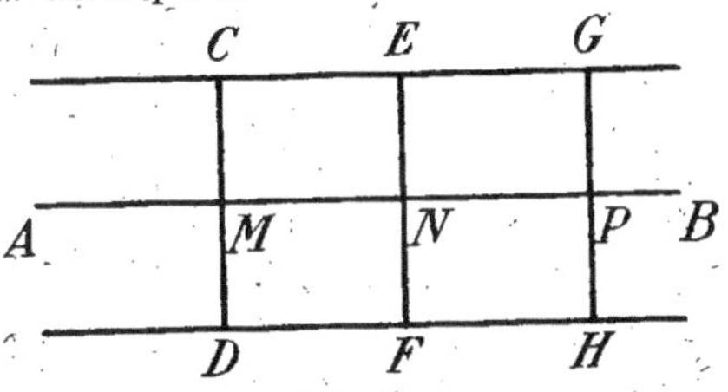

Supposons que la distance donnée soit de 1 centimètre.

Si par divers points M, N, P, ... de AB, nous menons des perpendiculaires à AB et si sur ces perpendiculaires nous portons de part et d'autre de AB les longueurs MC et MD, NE et NF, PG et PH, toutes égales à 1 centimètre (*fig.* 44), les points C, E, G,... sont sur une même droite parallèle à AB, et il en est de même des points D, F, H,...

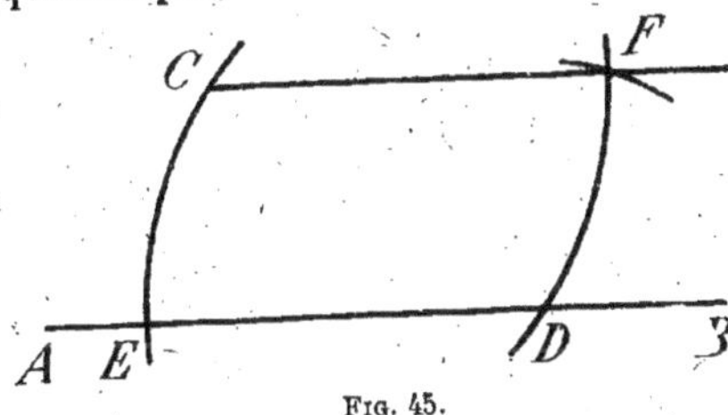

Fig. 44.

3. Problème I. — *Mener par un point donné C la parallèle à une droite donnée AB.*

Première solution. — *Emploi de la règle et du compas.* — Du point C comme centre, avec une ouverture de compas quelconque, mais suffisamment grande, décrivons un arc de cercle qui coupe AB au point D (*fig.* 45).

Du point D comme centre, avec le même rayon, décrivons un deuxième arc de cercle qui passe par C et qui coupe la droite AB au point E. Relevons au compas la distance CE et, du point D comme centre, avec un rayon égal à cette distance, décrivons un nouvel arc de cercle qui coupe le premier au point F. Traçons alors la droite CF, c'est la parallèle demandée.

Fig. 45.

Deuxième solution. — *Emploi de la règle et de l'équerre.* — Plaçons suivant la droite AB le plus grand côté d'une équerre

MNP et appliquons une règle le long du plus petit côté MP de cette équerre (*fig.* 46). Puis, en maintenant la règle sur le

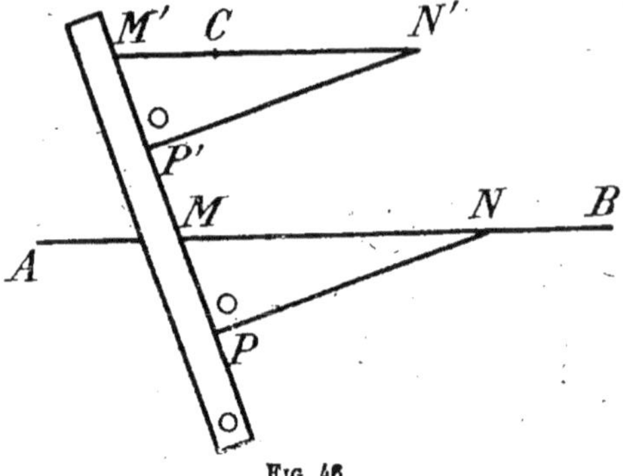

FIG. 46.

papier, faisons glisser l'équerre le long de la règle jusqu'à ce que son plus grand côté passe par le point C. L'équerre occupe alors la position M'N'P' ([1]). On trace une ligne droite suivant M'N'; cette ligne est la parallèle demandée.

Ce second procédé permet de mener rapidement plusieurs parallèles à une même droite AB par différents points donnés.

4. Problème II. — *Mener la parallèle à une droite donnée* AB, *d'un côté donné et à une distance donnée de cette droite.*

Soit à mener la parallèle à AB, au-dessus de cette droite, à une distance de 2 centimètres de AB.

Par deux points C et D de AB, assez éloignés l'un de l'autre, menons à AB, au-dessus de cette droite, les perpendiculaires CE et DH; puis portons sur ces droites

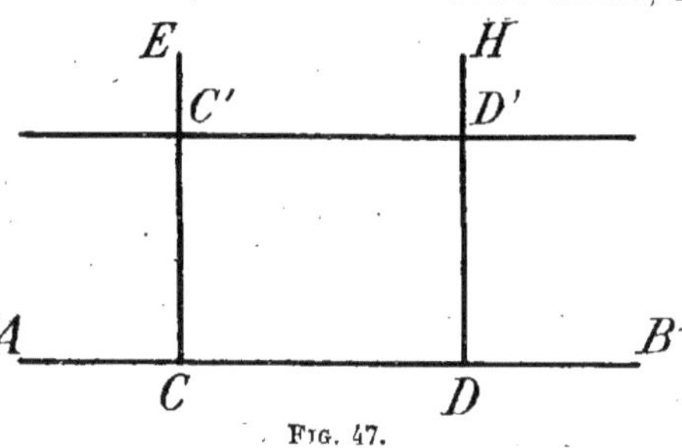

FIG. 47.

les longueurs CC' et DD' égales à 2 centimètres (*fig.* 47). Traçons la droite C'D', c'est la parallèle demandée.

([1]) Une lettre accompagnée d'un accent : **M'**, se lit **M** *prime*; accompagnée de deux accents : **M''**, elle se lit **M** *seconde* ; accompagnée de trois accents : **M'''**, elle se lit **M** *tierce*. On lit donc ici **M** *prime*, **N** *prime*, **P** *prime*.

Nous aurions pu aussi mener une seule perpendiculaire à AB, soit CE, puis prendre sur CE la longueur CC' égale à 2 centimètres, et enfin mener par C' la parallèle à AB.

5. Problème III. — *Partager un segment de droite AB en un nombre quelconque de parties égales.*

Nous avons vu (n° 6, p. 186) la solution de ce problème dans le cas particulier où le nombre des divisions est 2, 4, 8, 16... Nous allons ici résoudre la question pour un *nombre quelconque* de divisions, 7 par exemple.

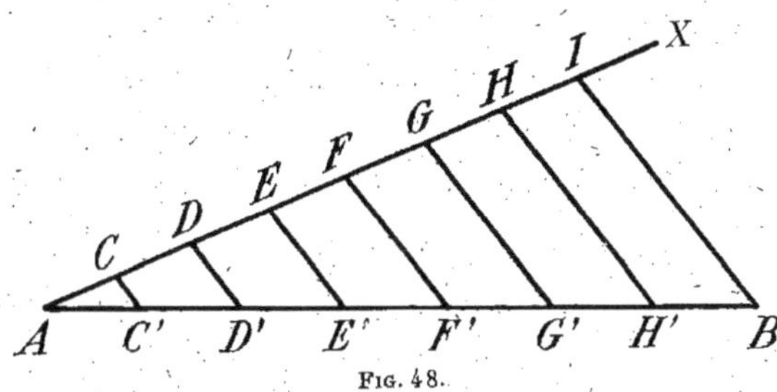

Fig. 48.

Pour cela, par le point A, traçons une ligne droite quelconque AX, et portons sur cette droite, à partir du point A à l'aide du compas, 7 longueurs AC, CD, DE, EF, FG, GH, HI, toutes égales entre elles (*fig.* 48). Traçons la droite IB, et menons par les points C, D, E, F, G et H les parallèles CC', DD', EE', FF', GG' et HH', à IB. Les points où ces droites coupent AB sont les points qui partagent AB en 7 parties égales.

CHAPITRE VI

Des triangles.

1. Définitions. — *On nomme* **triangle** *un polygone qui a trois côtés* (*fig.* 49).

On peut dire aussi qu'*un triangle est la portion de plan comprise entre trois droites qui se coupent deux à deux.*

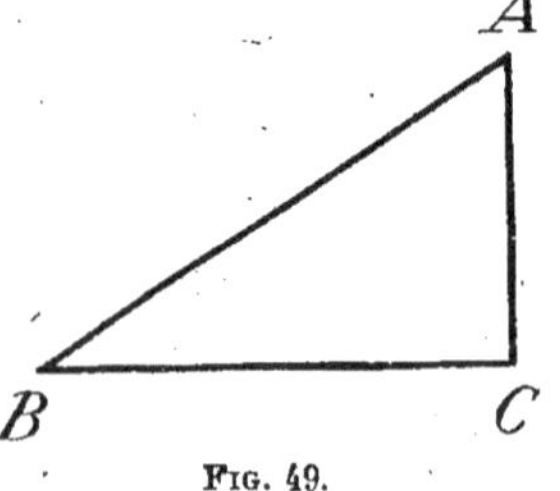

FIG. 49.

Les intersections **A**, **B**, **C** de ces droites sont les **sommets** du triangle; les segments **AB**, **BC**, **CD** qui limitent le triangle sont les **côtés** du triangle; ces côtés forment trois angles **BAC**, **ABC**, **ACB** (ou simplement **A**, **B**, **C**), qui sont les **angles** du triangle.

On dit qu'*un angle d'un triangle est* **opposé** à un côté de triangle *quand le sommet de l'angle ne se trouve pas sur ce côté.* Ainsi l'angle **A** est opposé au côté **BC**; l'angle **B**, au côté **AC**, et l'angle **C**, au côté **AB**.

Si au contraire le sommet de l'angle se trouve sur le côté considéré, on dit que l'angle est **adjacent** à ce côté.

Ainsi les angles **B** et **C** sont adjacents au côté **BC**; les angles **A** et **C**, au côté **AC**; les angles **A** et **B**, au côté **AB**.

2. Différentes sortes de triangles. — Par rapport à la grandeur relative de leurs côtés, on distingue trois sortes de triangles :

1° Le triangle **scalène** (*fig.* 49), *dont les trois côtés sont inégaux;*

2° Le triangle **isocèle** (*fig.* 50), *qui a deux côtés égaux;*

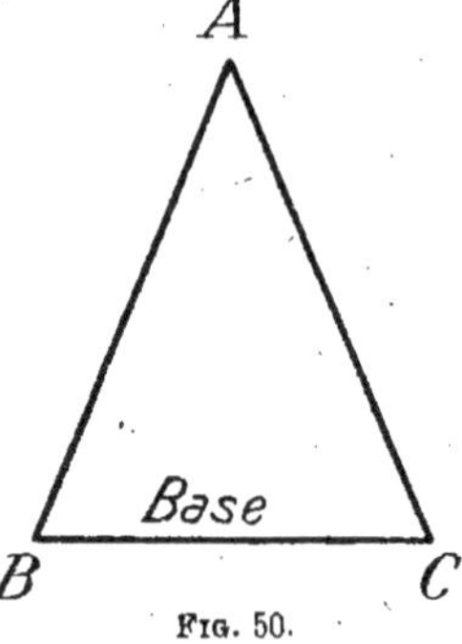

FIG. 50.

3° Le triangle **équilatéral** (*fig.* 51), *dont les trois côtés sont égaux.*

Dans un triangle isocèle, on nomme plus particulièrement sommet l'intersection des deux côtés égaux, et base le côté opposé à ce sommet. Ainsi **AB** et **AC** étant les côtés égaux du triangle isocèle **ABC** (*fig.* 51), *le sommet de ce triangle est le point* **A**, *et sa base le côté* **BC**.

Par rapport à la nature de leurs angles, on distingue aussi trois sortes de triangles :

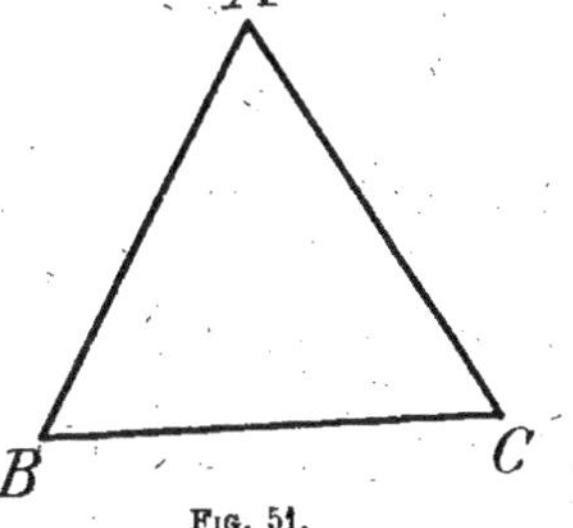

FIG. 51.

1° Le triangle **acutangle** (*fig.* 52), *dont les trois angles sont aigus ;*

2° Le triangle **rectangle** (*fig.* 53), *qui a un angle droit ;*

3° Le triangle **obtusangle** (*fig.* 54), *qui a un angle obtus.*

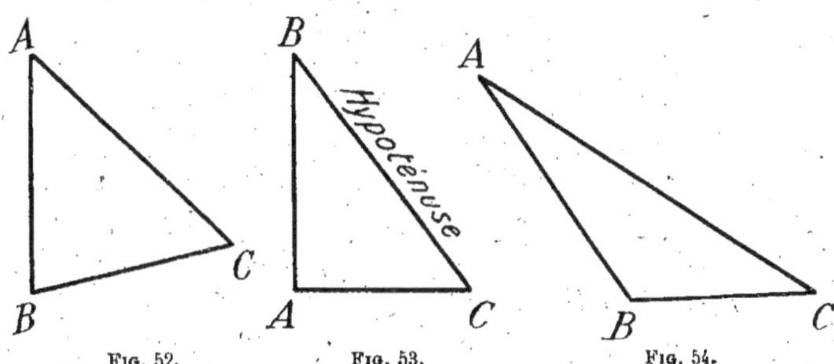

FIG. 52.   FIG. 53.   FIG. 54.

Dans un triangle rectangle, on met ordinairement la lettre **A** au sommet de l'angle droit, et l'on nomme *hypoténuse* le côté **BC** opposé à cet angle. L'hypoténuse est toujours le plus grand côté d'un triangle rectangle.

Une équerre a la forme d'un triangle rectangle.

3. Définitions. — On nomme **médiane** *d'un triangle la droite qui va d'un sommet au milieu du côté opposé.*

Un triangle ayant trois sommets a aussi trois médianes. On démontre en géométrie que *les trois médianes d'un triangle se coupent en un même point* (*fig.* 55). On le constate d'ailleurs en traçant avec soin ces trois droites.

On nomme **hauteur** *d'un triangle la perpendiculaire menée d'un sommet du triangle sur le côté opposé.*

Un triangle a trois hauteurs et l'on démontre en géométrie que *les trois hauteurs d'un triangle se coupent en un même point* (*fig.* 56).

Il est à remarquer que les médianes d'un triangle sont toujours à l'intérieur du triangle, tandis qu'il n'en est pas de même pour ses hauteurs. Si un

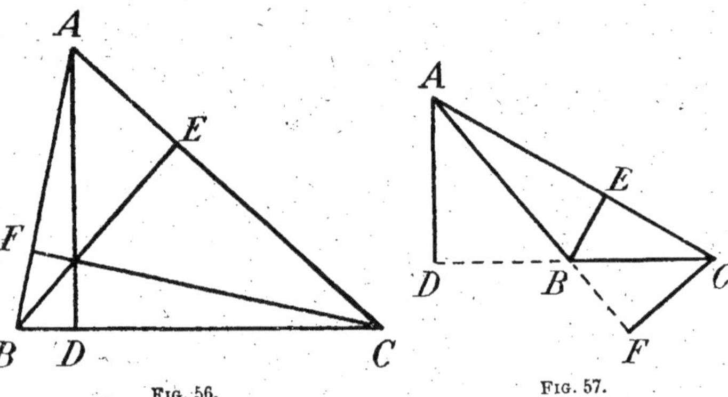

FIG. 55.

FIG. 56.

FIG. 57.

triangle a un angle obtus, la hauteur issue du sommet de cet angle est intérieure au triangle, mais les deux autres hauteurs sont extérieures au triangle (*fig.* 57).

4. Propriétés des triangles. — 1° *Dans un triangle, un côté quelconque est plus petit que la somme des deux autres.*

On sait en effet que la ligne droite **AB** est le plus court chemin du point **A** au point **B** ; elle est donc plus petite que la ligne brisée **ACB**, somme des deux autres côtés du triangle (*fig.* 58).

2° *Dans un triangle, un côté quelconque est plus grand que la différence des deux autres.*

Nous avons vu que le côté **AB** est plus petit que la somme des deux autres **AC** et **BC**. Si nous retranchons la même longueur **BC** à ces quantités inégales, nous obtenons des longueurs inégales (leur différence restant la même).

Donc la différence des côtés **AB** et **BC** est plus petite que **AC**, ou, ce qui revient au même, **AC** est plus grand que la différence des côtés **AB** et **BC**.

3° *La somme des trois angles d'un triangle est égale à 180° ou 2 angles droits.*

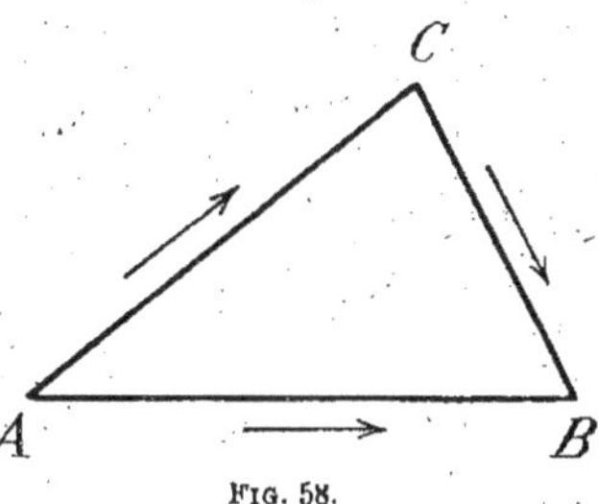

FIG. 58.

On vérifie ce principe en mesurant avec soin, à l'aide du rapporteur, les trois angles d'un triangle ; on constate que, quel que soit le triangle, la somme de ses angles vaut toujours 180°.

De cette dernière propriété, nous pouvons déduire plusieurs conséquences :

1° *Quand un triangle est rectangle, ses deux autres angles valent ensemble un angle droit ; ils sont donc complémentaires.*

2° *Connaissant la valeur de deux des angles d'un triangle, on peut trouver la valeur du troisième.* Il suffit pour cela de retrancher de 180° la somme des valeurs des deux angles connus.

Si, par exemple, dans le triangle **ABC** (*fig.* 58), l'angle **A** vaut 38° et l'angle **B**, 63°, l'angle **C** vaut :

$$180° - (38° + 63°) = 79°.$$

5. Nous allons indiquer la manière de construire les triangles dans quelques cas très simples.

Problème I. — *Construire un triangle connaissant deux côtés et l'angle compris entre ces côtés.*

On donne, par exemple : **AB** = 3 centimètres, **AC** = 5 centimètres et $\widehat{\text{BAC}}$ (¹) = 50°. Pour construire le triangle, on fait un angle **XAZ** de 50° ; on porte sur l'un de ses côtés **AX** une longueur **AB** de 3 centimètres, et sur l'autre une longueur **AC** de 5 centimètres. On trace la droite **BC** et le triangle **ABC** est construit (*fig.* 59).

Si l'angle **BAC** était de 90°, on aurait construit un triangle rectangle ; si les côtés **AB** et **AC** étaient égaux, le triangle serait isocèle.

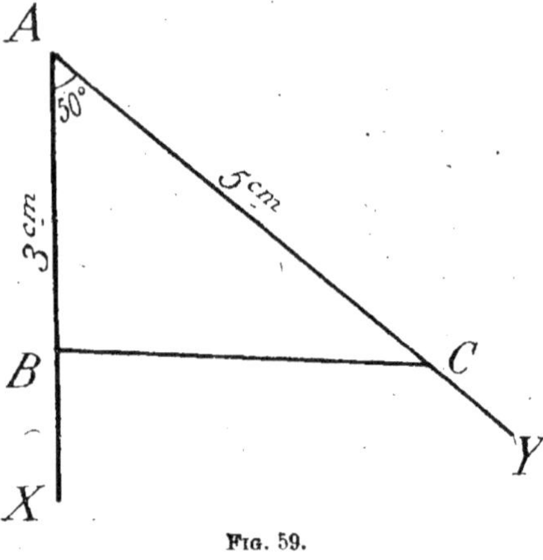

FIG. 59.

6. Problème II. — *Construire un triangle connaissant un côté et les deux angles adjacents à ce côté.*

On donne par exemple : **BC** = 4 centimètres, $\widehat{\text{ABC}}$ = 60°, $\widehat{\text{ACB}}$ = 42°. Pour cela, on trace une droite **BC** de 4 centimètres de long. Du point **B**, on mène la droite **BX** faisant avec **BC** un angle de 60°, et du point **C** la droite **CY** faisant avec **BC**, du même côté que **BX**, un angle de 42°. Les droites **BX** et **CY** se coupent au point **A** et le triangle **BAC** est le triangle demandé (*fi.g* 60).

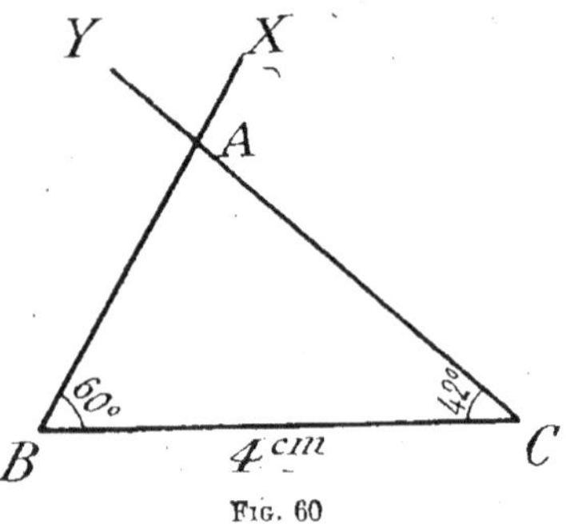

FIG. 60

1, Le signe $\wedge$ placé au-dessus d'un groupe de trois lettres ou d'une seule lettre indique que ce groupe de lettres ou cette lettre désignent un angle.

L'expression $\widehat{\text{BAC}}$ signifie donc *angle* **BAC**.

7. Problème III. — *Construire un triangle connaissant les trois côtés.*

On donne par exemple : **BC** = 4 centimètres, **AB** = 3 centimètres 5, **AC** = 5 centimètres 2. Pour construire le triangle, traçons d'abord une droite **BC** de 4 centimètres de long. Du point **B** comme centre, avec un rayon égal à 3 centimètres 5, décrivons un arc de cercle ; du point **C** comme centre, avec un rayon égal à 5 centimètres 2, décrivons un autre arc de cercle, du même côté de **BC**. Ces deux arcs se rencontrent en un point **A** (*fig.* 61). Traçons les droites **AB** et **AC** et nous obtenons le triangle demandé.

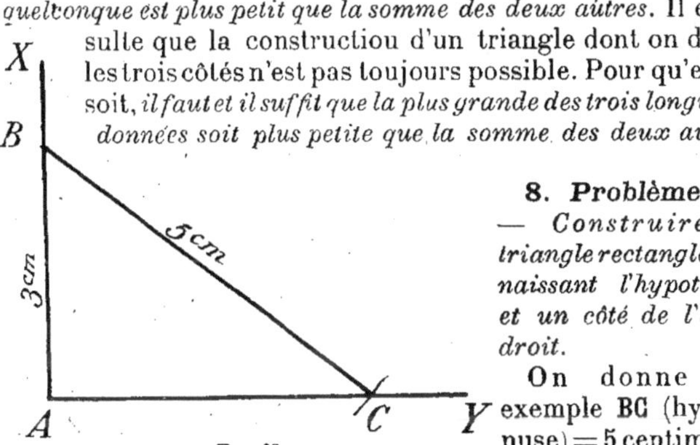

Fig. 61.

Si l'on avait donné **BC** = 4 centimètres, **AB** = **AC** = 3 centimètres 5, le triangle obtenu aurait été isocèle, et si l'on avait donné **BC** = **AB** = **AC** = 4 centimètres, le triangle serait équilatéral.

Nous avons vu d'ailleurs que, *dans tout triangle, un côté quelconque est plus petit que la somme des deux autres.* Il en résulte que la construction d'un triangle dont on donne les trois côtés n'est pas toujours possible. Pour qu'elle le soit, *il faut et il suffit que la plus grande des trois longueurs données soit plus petite que la somme des deux autres.*

8. Problème IV. — *Construire un triangle rectangle connaissant l'hypoténuse et un côté de l'angle droit.*

On donne par exemple **BC** (hypoténuse) = 5 centimètres et **AB** = 3 centimètres.

Fig. 62.

Pour construire le triangle, faisons un angle droit **XAY** (*fig.* 62).

Sur le côté **AX**, à partir du point **A**, portons la longueur **AB** égale à 3 centimètres ; puis, de **B** comme centre, avec un rayon égal à 5 centimètres, décrivons un arc de cercle qui coupe **AY** au point **C**. Traçons la droite **BC** ; le triangle **BAC** est le triangle demandé.

La construction n'est possible que si la longueur donnée pour l'hypoténuse est plus grande que celle du côté de l'angle droit donné.

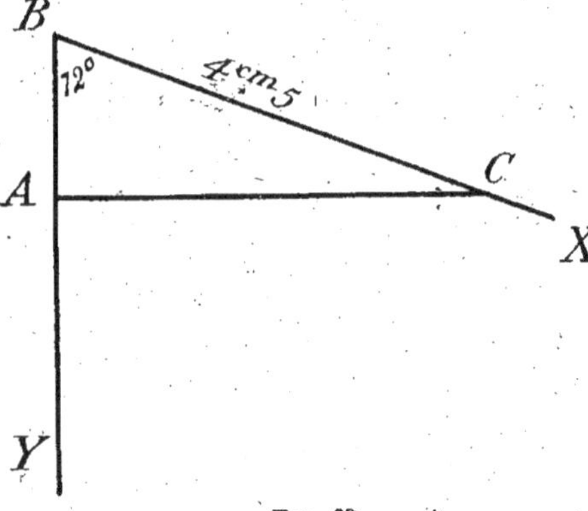

FIG. 63.

9. Problème V. — *Construire un triangle rectangle connaissant l'hypoténuse et un angle aigu.*

On donne :

BC = 4 centimètres 5

et $\widehat{ABC}$ = 72°.

Faisons un angle **XBY** de 72°. Sur l'un des côtés **BX** de cet angle, portons une longueur **BC** égale à 4 centimètres 5 et, du point **C**, menons la droite **CA** perpendiculaire à **BY**. Le triangle **ABC** est le triangle demandé (*fig.* 63).

CHAPITRE VII

Des quadrilatères.

1. Définition. — *Un* quadrilatère *est un polygone qui a quatre côtés.*

La figure ABCD (*fig.* 64) est donc un quadrilatère.

Dans un polygone, on nomme diagonale *toute droite qui joint deux sommets non consécutifs,* c'est-à-dire deux sommets qui ne sont pas les extrémités d'un même côté. Un quadrilatère a donc deux diagonales. Telles sont les droites AC et BD dans le quadrilatère ABCD.

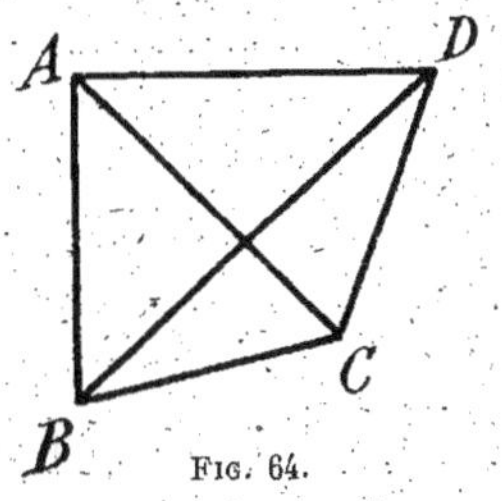

Parmi les quadrilatères, quelques-uns présentent des particularités qui rendent leur emploi très fréquent. Nous allons étudier ces derniers. Ce sont : le parallélogramme, le rectangle, le losange, le carré et le trapèze.

Fig. 64.

2. Parallélogramme. — *Un* parallélogramme *est un quadrilatère dont les côtés opposés sont parallèles deux à deux.*

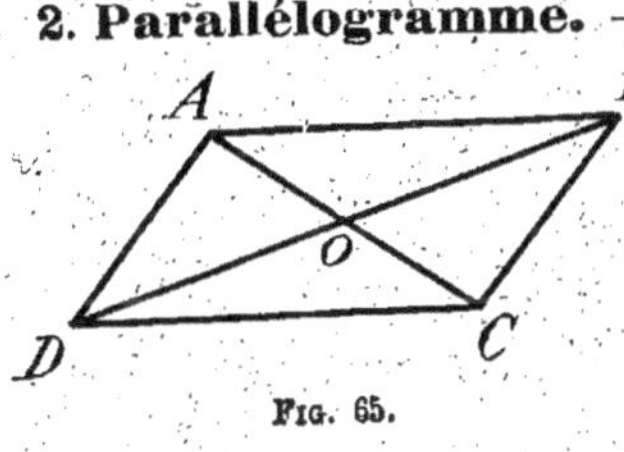

Fig. 65.

Ainsi le quadrilatère ABCD (*fig.* 65) est un parallélogramme, les côtés AB et DC étant parallèles ainsi que les côtés AD et BC. Pour construire un parallélogramme, il suffit de tracer deux droites parallèles, puis deux autres droites parallèles entre elles et rencontrant les précédentes.

3. Propriétés des parallélogrammes. — Si l'on construit avec soin un parallélogramme ABCD, et si l'on mesure ses angles à l'aide du rapporteur, on constate : 1° que les angles **A** et **C** sont égaux, ainsi que les angles **B** et **D** ; 2° que la somme des angles **A** et **B**, ou **B** et **C**, ou **C** et **D**, ou **A** et **D**, vaut 180°.

Donc : *Dans un parallélogramme les angles opposés sont égaux deux à deux, et deux angles consécutifs quelconques sont supplémentaires.*

D'autre part, si l'on mesure avec un décimètre les côtés du parallélogramme, on voit que la longueur des côtés **AB** et **CD** est la même, ainsi que celle des côtés **AD** et **BC**.

Donc : *Dans un parallélogramme, les côtés opposés sont égaux deux à deux.*

Enfin, si l'on trace les diagonales **AC** et **BD** qui se coupent au point **O** et si l'on mesure les longueurs des segments de droite OA, OB, OC, OD, on constate que OA = OC et que OB = OD.

Donc : *Dans un parallélogramme, les diagonales se coupent en parties égales.*

4. Rectangle. — *Un* rectangle *est un parallélogramme qui a un angle droit.*

Ainsi le parallélogramme **ABCD** (*fig.* 66) dont l'angle **A** est droit est un rectangle.

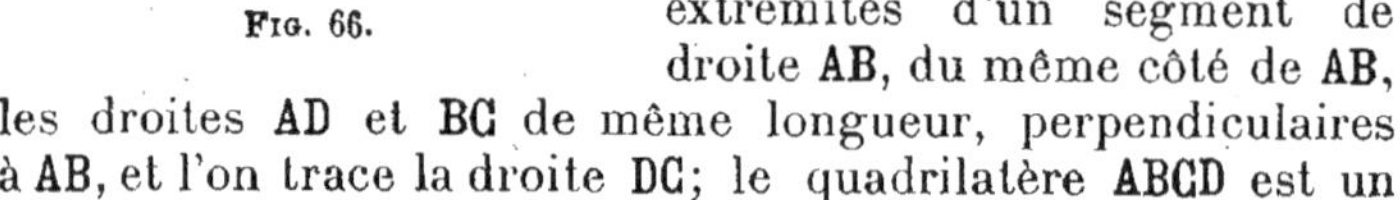

Fig. 66.

Un grand nombre d'objets ont la forme d'un rectangle. Citons par exemple une fenêtre, une feuille de papier, une page d'un livre, une photographie, etc.

Pour construire un rectangle, on mène par les points **A** et **B**, extrémités d'un segment de droite **AB**, du même côté de **AB**, les droites **AD** et **BC** de même longueur, perpendiculaires à **AB**, et l'on trace la droite **DC** ; le quadrilatère **ABCD** est un rectangle.

5. Propriétés des rectangles. — Le rectangle étant un parallélogramme a toutes les propriétés du parallélogramme.

De plus : 1° *tous ses angles sont droits.* En effet, si l'angle **A** est droit, l'angle opposé **C** qui lui est égal est droit ; et les angles **B** et **D**, tous deux supplémentaires de l'angle **A**, sont également droits.

2° Si l'on mesure les diagonales **AC** et **BD** d'un rectangle quelconque, on constate qu'elles ont même longueur,

Donc : *Dans un rectangle, les diagonales sont égales.*

6. Losange. — *Un* losange *est un parallélogramme dont deux côtés consécutifs sont égaux.*

Ainsi le parallélogramme ABCD (*fig.* 67) dont les côtés AB et AD ont même longueur est un losange.

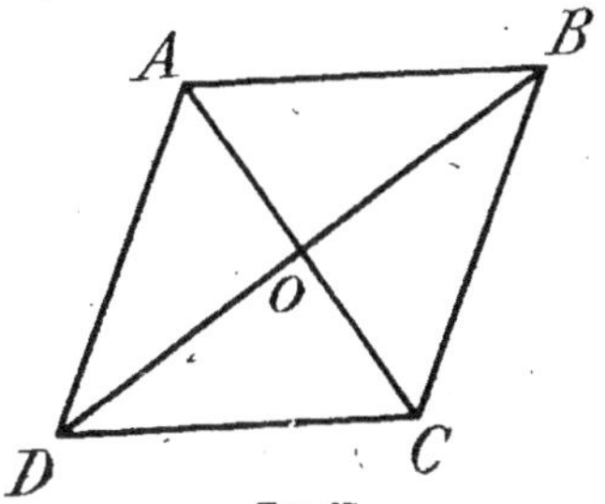

Pour construire un losange, on prend sur les côtés d'un angle A deux longueurs AB et CD égales entre elles; on mène par le point B la parallèle à AD et par le point D la parallèle à AB; ces deux droites se coupant au point **C**, le quadrilatère ABCD est un losange.

FIG. 67.

7. Propriétés des losanges. — Un losange étant un parallélogramme a toutes les propriétés du parallélogramme.

De plus : 1° *tous ses côtés sont égaux.* En effet, les côtés opposés d'un parallélogramme étant égaux, on a **AB = DC** et **AD = BC**; mais comme en outre **AB = AD**, on a bien :

$$AB = BC = CD = AD.$$

2° Si nous traçons les diagonales **AC** et **BD** du losange, elles se coupent au point 0 et si nous mesurons avec le rapporteur les angles **AOB** et **BOC**, nous voyons qu'ils sont droits. Nous pouvons constater de plus que les angles **ABO** et **OBC** sont égaux ainsi que les angles **ADO** et **ODC**, **DAO** et **OAB** et enfin **DCO** et **OCB**.

Donc : *les diagonales d'un losange sont perpendiculaires l'une à l'autre et bissectrices des angles dont elles contiennent les sommets.*

8. Carré. — *Un carré est un parallélogramme qui a un angle droit et deux côtés consécutifs égaux.* Il est donc à la fois un rectangle et un losange.

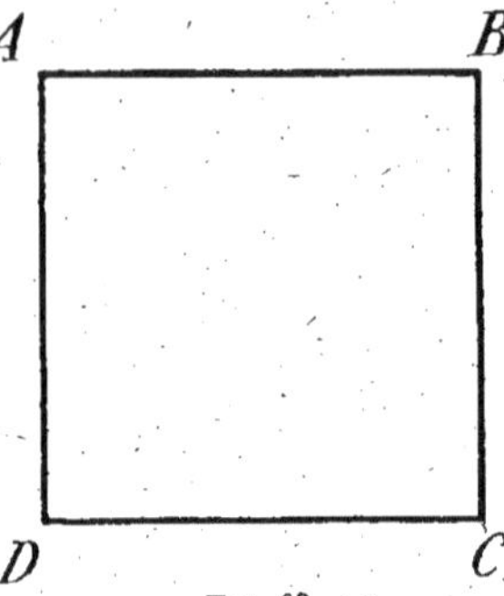

Fig. 68.

Ainsi le parallélogramme ABCD (*fig.* 68), dont l'angle A est droit et dont les côtés **AB** et **AD** sont égaux, est un **carré**.

Pour construire un carré, on répète la construction faite pour obtenir un losange, mais en prenant comme angle A un angle droit et non un angle quelconque.

La forme du carré se trouve dans un grand nombre d'objets; en particulier, les six faces d'un dé à jouer sont des carrés.

9. Propriétés des carrés. — Un carré étant à la fois un rectangle et un losange a *ses quatre angles droits, ses quatre côtés égaux, ses diagonales égales, perpendiculaires l'une sur l'autre et bissectrices des angles dont elles contiennent les sommets.*

10. Trapèze. — *Un trapèze est un quadrilatère dont deux côtés opposés seulement sont parallèles.*

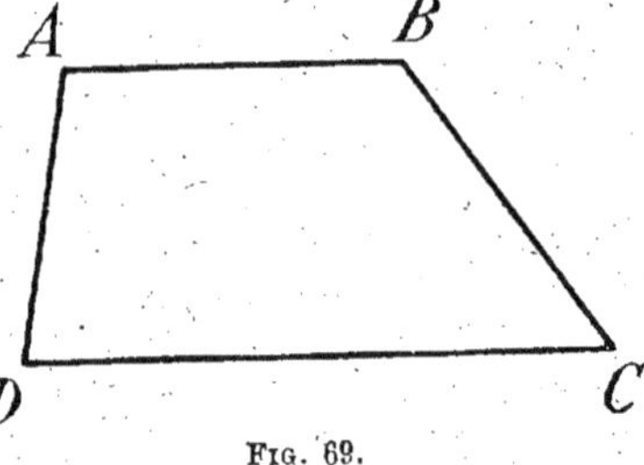

Fig. 69.

Les deux côtés parallèles se nomment bases du trapèze.

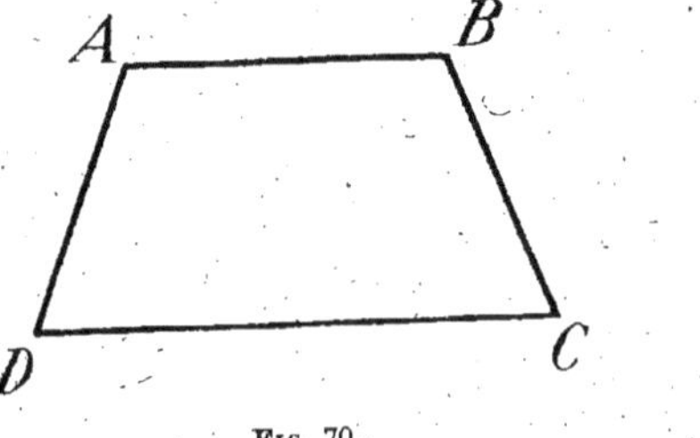

Fig. 70.

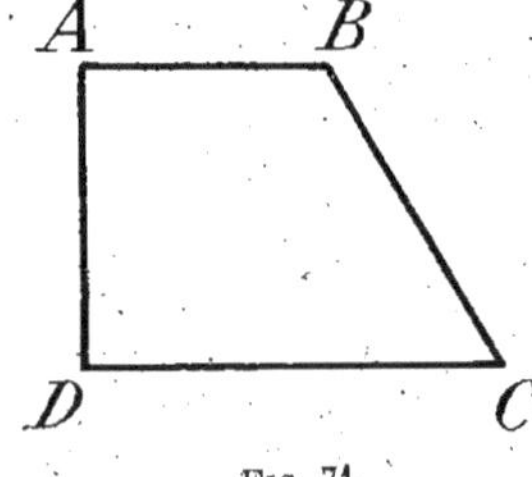

Fig. 71.

Ainsi le quadrilatère **ABCD** (*fig.* 69), dont les côtés **AB** et **DC** sont parallèles, tandis que les côtés **AD** et **BC** ne le sont pas, est un trapèze dont les bases sont **AB** et **DC**.

Si les deux côtés non parallèles d'un trapèze sont égaux (*fig.* 70), le trapèze est *isocèle*; il est *rectangle* lorsque l'un des côtés non parallèles est perpendiculaire aux bases (*fig.* 71).

11. Construction de parallélogrammes. — Problème I. — *Construire un parallélogramme, connaissant deux côtés consécutifs et l'angle compris entre ces côtés.*

On donne par exemple : **AB** = 4 centimètres, **AD** = 3 centimètres, $\widehat{BAD}$ = 60°.

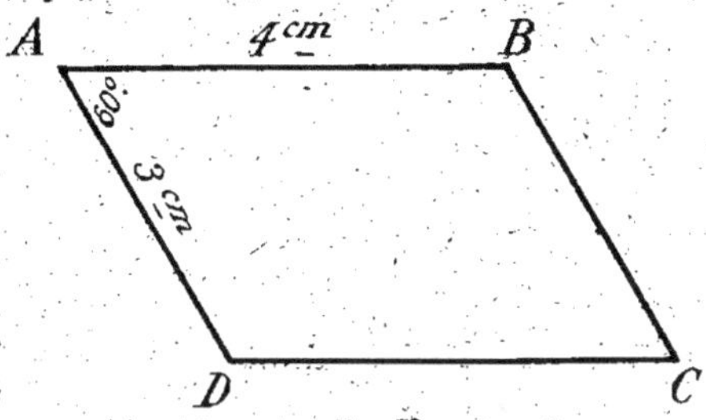

Pour cela, faisons un angle **A** de 60° et portons sur l'un des côtés de cet angle une longueur **AB** égale à 4 centimètres, sur l'autre une longueur **AD** égale à 3 centimètres.

Fig. 72.

Menons par **B** la parallèle à **AD** et par **D** la parallèle à **AB**. Ces droites se coupent au point **C**, et le quadrilatère **ABCD** (*fig.* 72) est le parallélogramme demandé :

Si l'angle donné était droit, le parallélogramme serait un rectangle; si l'on donnait **AD** = **AB** = 4 centimètres, ce serait un losange.

12. Problème II. — *Construire un parallélogramme, connaissant les diagonales et l'un des angles qu'elles forment.*

On donne par exemple : **AC** = 4 centimètres, **BD** = 6 centimètres et $\widehat{AOB}$ = 130°, O désignant l'intersection des diagonales.

Traçons deux droites indéfinies **XOX'**, **YOY'** telles que l'un des angles XOY qu'elles forment soit de 130° (*fig.* 73).

Sur **XOX'**, portons de part et d'autre du point O les longueurs **OA** = **OC** = 2 centimètres ; sur **YOY'**, de part et d'autre du point O, les longueurs **OB** = **OD** = 3 centimètres.

Traçons les droites **AB**, **BC**, **CD**, **DA** ; nous obtenons ainsi le parallélogramme demandé.

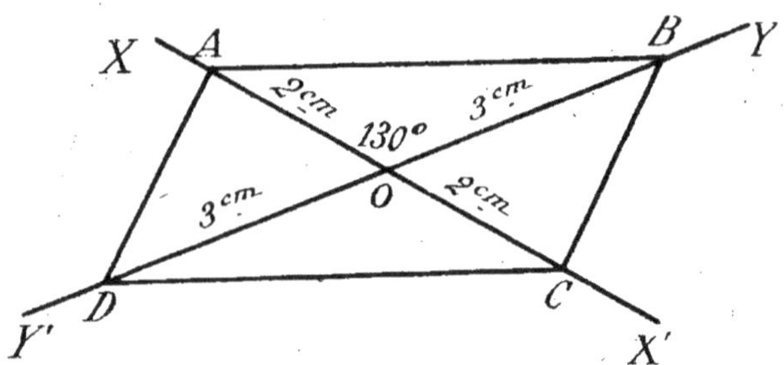

Fig. 73.

Si l'on avait donné **AC = BD = 6** centimètres, le parallélogramme serait un rectangle ; il serait un losange si l'angle donné était droit.

Fig. 74.

13. Problème III. — *Construire un carré connaissant la longueur de la diagonale.*

On donne par exemple **AC = 4** centimètres.

Le problème est un cas particulier du problème précédent. On sait en effet que **BD = AC = 4** centimètres et que l'angle **AOB** est droit. En tenant compte de ces données, on obtient le carré **ABCD** (*fig.* 74).

CHAPITRE VIII

De la circonférence

1. Définitions. — Nous avons dit (n° 9, p. 174) qu'*une circonférence est une courbe plane dont tous les points sont également distants d'un point intérieur appelé centre de la circonférence, et que la portion d'un plan comprise à l'intérieur d'une circonférence se nomme cercle.*

On appelle **secteur circulaire** *la portion d'un cercle limitée par un arc et par les deux rayons qui aboutissent aux extrémités de cet arc.*

Telle est la partie **AOBM** couverte de hachures dans le cercle 0 (*fig.* 75).

Un **segment de cercle** *est la portion d'un cercle comprise entre un arc et sa corde.*

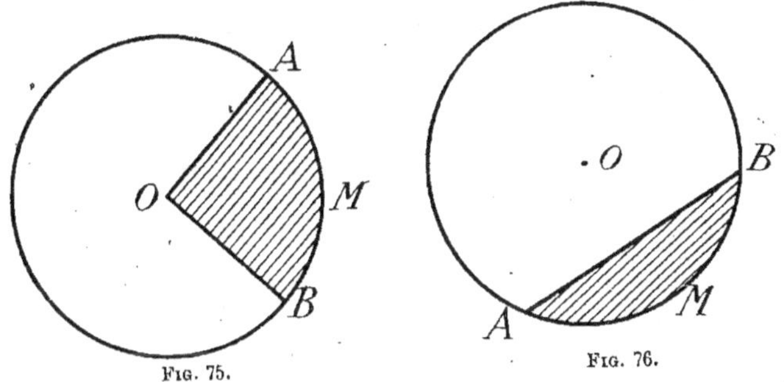

Fig. 75.   Fig. 76.

La partie **AMB** du cercle 0, couverte de hachures (*fig.* 76), est un segment de cercle.

Une ligne droite peut rencontrer une circonférence en deux points, ou n'avoir qu'un point commun avec la circonférence. Dans le premier cas (*fig.* 77), la droite est dite **sécante** à la circonférence ; dans le second, elle est dite **tangente** à la circonférence (*fig.* 78), et l'on nomme **point de contact** le point commun à la tangente et à la circonférence.

On démontre en géométrie que lorsqu'une droite est tangente à une circonférence, *elle est perpendiculaire au rayon*

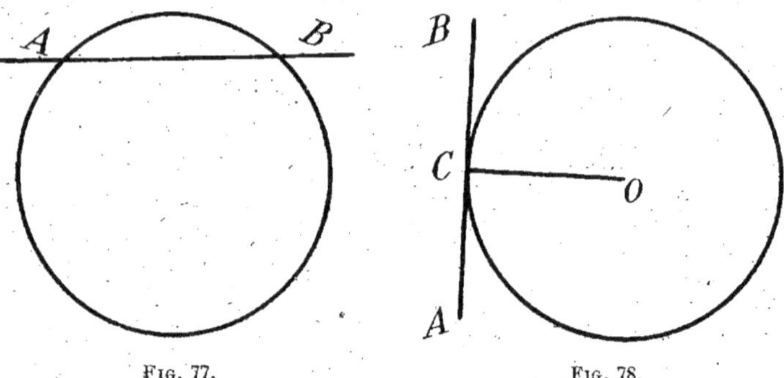

Fig. 77.

Fig. 78.

qui passe par le point de contact. Ainsi la droite **AB** étant tangente à la circonférence **O** au point **C** (*fig.* 78) est perpendiculaire au rayon **OC**.

2. Propriétés de la circonférence. — Considérons une circonférence **O** et un point **P** extérieur à cette circonférence. Traçons la droite **OP** qui coupe la circonférence **O** au point **A** (*fig.* 79). La distance **OP** est évidemment plus grande que **OA**. Donc : 1° *tout point extérieur à une circonférence est à une distance du centre supérieure au rayon de la circonférence.*

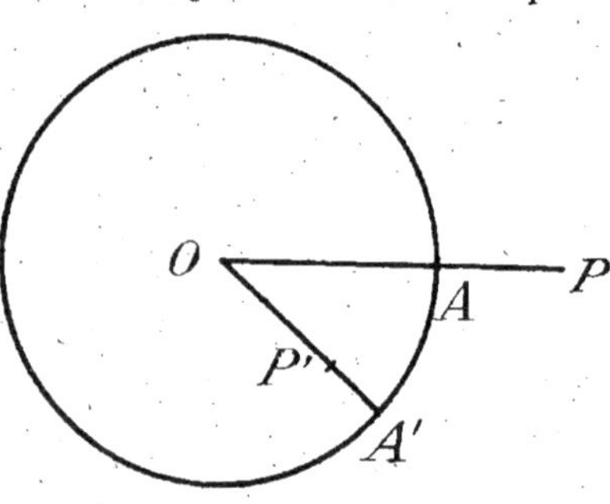

Fig. 79.

Prenons maintenant un point **P'** à l'intérieur de la circonférence ; la droite **OP'** prolongée coupe la circonférence **O** au point **A'** et la distance **OP'** est évidemment plus petite que **OA'**. Donc : 2° *tout point intérieur à une circonférence est à une distance du centre inférieure au rayon de la circonférence.*

Il résulte de là que tous les points situés à une distance

donnée, 2 centimètres par exemple, d'un point donné 0 se trouvent sur la circonférence de centre 0 et de rayon égal à 2 centimètres (*fig.* 80).

Traçons dans un cercle 0 un diamètre **AB** et replions la partie supérieure de la figure sur la partie inférieure autour du diamètre **AB**; nous constatons que l'arc supérieur **APB** recouvre exactement l'arc inférieur **AP'B** et que par suite les deux portions de cercle déterminées par le diamètre **AB** se recouvrent.

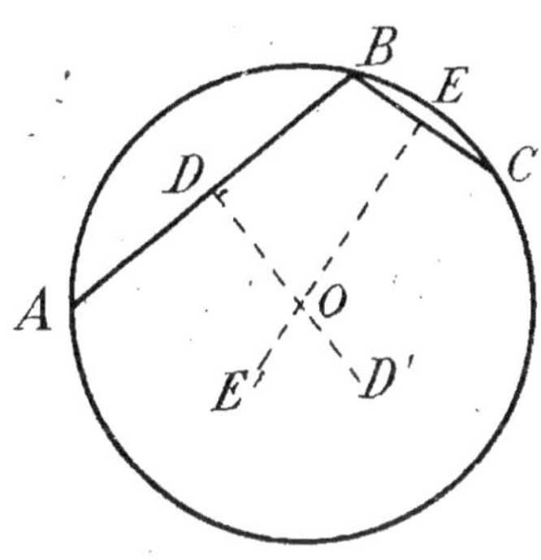

FIG. 80.

Donc : 3° *tout diamètre d'un cercle partage la circonférence et le cercle en deux parties égales.*

3. Tracé de quelques circonférences. — Pro-

blème I. — *Tracer une circonférence passant par trois points donnés* **A**, **B** *et* **C**, *qui ne sont pas en ligne droite.*

Menons la perpendiculaire **DD'** à la droite **AB** en son milieu **D**, et la perpendiculaire **EE'** à la droite **BC** en son milieu **E**. Ces deux droites se coupent en un point 0, centre de la circonférence cherchée. Il reste à décrire la circonférence de centre 0 et de

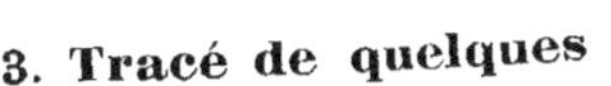

FIG. 81.

rayon **OA**; elle passe par les points **B** et **C** (*fig.* 81).

4. Problème II. — *Décrire une circonférence de rayon donné passant par deux points donnés.*

Soit à faire passer par deux points **A** et **B** une circonférence de 1 centimètre 5 de rayon.

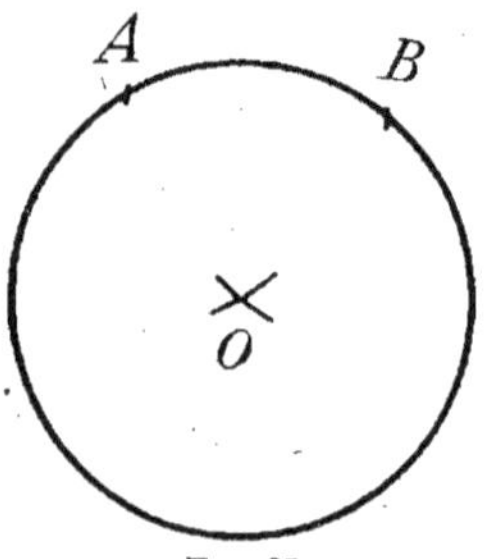

FIG. 82.

De chacun des points **A** et **B** comme centres, avec un rayon égal à 1 centimètre 5, décrivons successivement deux arcs de cercle qui se coupent au point O (*fig.* 82). Ce point est le centre de la circonférence cherchée, et la circonférence de centre O et de rayon OA passe par **B**. C'est la circonférence demandée.

Le problème n'est possible que si le rayon donné est au moins égal à la moitié de la distance des points **A** et **B**.

5. Positions relatives de deux circonférences.

— Traçons deux circonférences O et O′ ayant pour rayons respectifs 2 centimètres et 1 centimètre 5. Nous constatons que :
1° *si la distance de leurs centres* O *et* O′ *est supérieure à la somme*

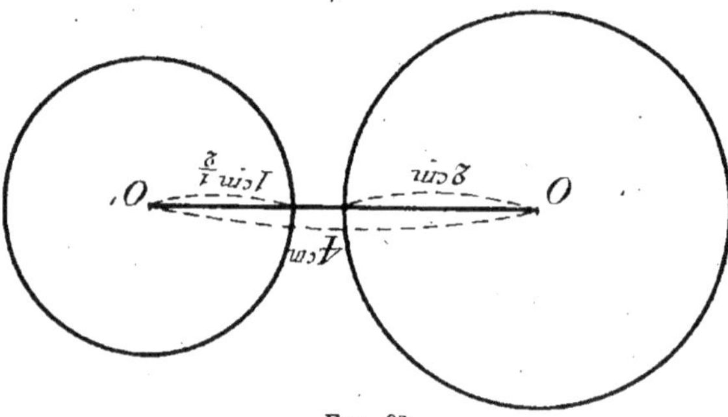

FIG. 83.

de leurs rayons, égale par exemple à 4 centimètres, les deux circonférences sont telles que tous les points de chacune d'elles sont en dehors de l'autre. On dit que les deux circonférences sont **extérieures** l'une à l'autre (*fig.* 83).

2° *Si la distance de leurs centres* O *et* O′ *est égale à la somme de leurs rayons* 3 centimètres 5, les deux circonférences n'ont qu'un point commun (point situé sur la droite OO′), et sont telles que, sauf ce point commun **A**, tous les points de chacune d'elles sont en dehors de l'autre. On dit alors que les deux circonférences sont **tangentes extérieurement** (*fig.* 84).

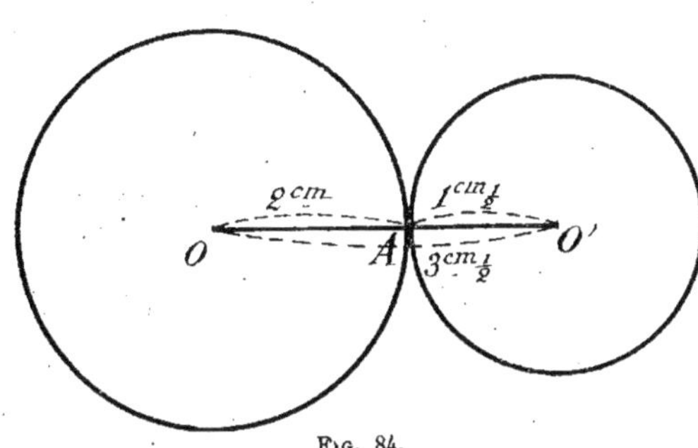

Fɪɢ. 84.

3° *Si la distance de leurs centres* **O** *et* **O′** *est à la fois plus petite que la somme de leurs rayons et plus grande que leur différence,* égale à 3 centimètres par exemple, les deux circonférences se coupent en deux points **A** et **B**. On dit alors que les deux circonférences sont **sécantes** (*fig.* 85). Dans ce cas, si l'on trace

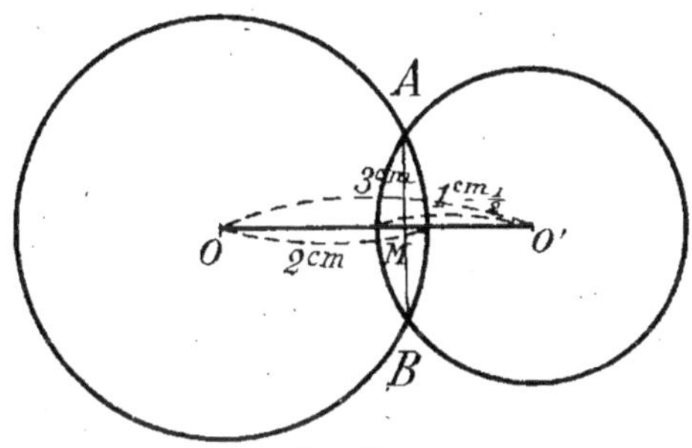

Fɪɢ. 85.

la droite **AB** qui coupe la ligne des centres OO′ en **M**, en mesurant les segments **MA** et **MB**, on voit qu'ils sont égaux; de plus, à l'aide du rapporteur, on voit que l'angle **AMO**, par exemple, est droit. Donc : *lorsque deux circonférences sont* sécantes, la corde commune est perpendiculaire à la ligne des centres et partagée par elle en deux parties égales.

4° Si la distance des centres O et O' des deux circonférences est égale à la différence de leurs rayons, un demi-centimètre, les deux circonférences n'ont qu'un point commun (point situé sur la droite OO'), et sont telles que, sauf ce point commun **A**, tous les points de l'une d'elles sont à l'intérieur de l'autre. On dit alors que les deux circonférences sont **tangentes intérieurement** (*fig.* 86).

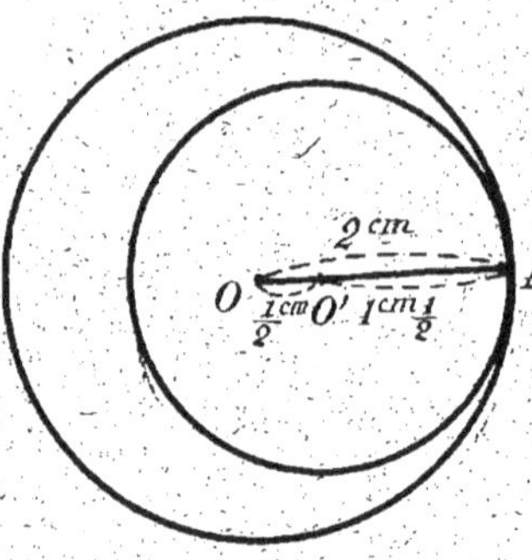

FIG. 86.

5° Si la distance de leurs centres O et O' est plus petite que la différence de leurs rayons, égale à 3 millimètres par exemple, la petite circonférence est tout entière à l'intérieur de la plus grande. On dit dans ce cas que l'une des circonférences est **intérieure à l'autre** (*fig.* 87).

Nous pouvons résumer les conclusions précédentes en disant que, si la distance des centres de deux circonférences est :

1° *Plus grande que la somme des rayons*, les circonférences sont *extérieures l'une à l'autre;*

2° *Egale à la somme des rayons*, les circonférences sont *tangentes extérieurement;*

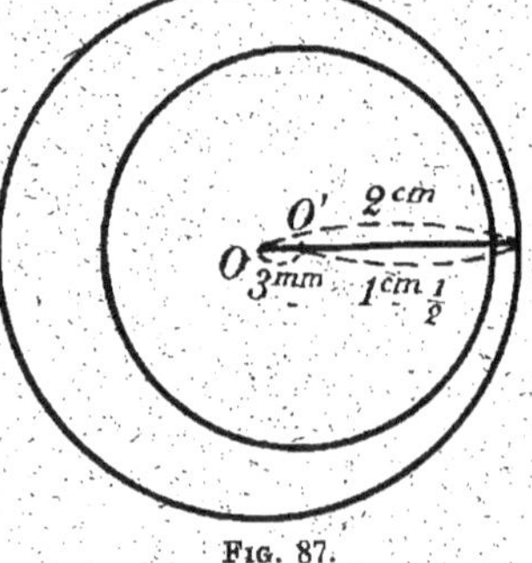

FIG. 87.

3° *Comprise entre la somme et la différence des rayons*, les circonférences sont *sécantes;*

4° *Egale à la différence des rayons*, les circonférences sont *tangentes intérieurement;*

5° *Plus petite que la différence des rayons*, les circonférences sont *l'une intérieure à l'autre.*

6. Réciproques. — Les réciproques sont vraies, c'est-à-dire que lorsque deux circonférences sont :

1° **Extérieures l'une à l'autre**, *la distance de leurs centres est supérieure à la somme de leurs rayons ;*

2° **Tangentes extérieurement**, *la distance de leurs centres est égale à la somme de leurs rayons ;*

3° **Sécantes**, *la distance de leurs centres est comprise entre la somme et la différence de leurs rayons ;*

4° **Tangentes intérieurement**, *la distance de leurs centres est égale à la différence de leurs rayons ;*

5° **L'une intérieure à l'autre**, *la distance de leurs centres est plus petite que la différence de leurs rayons.*

7. Longueur de la circonférence. — On démontre en géométrie que *la longueur d'une circonférence s'obtient en multipliant le nombre qui mesure la longueur de son diamètre par un nombre fixe que l'on désigne par la lettre grecque* π, *et dont la valeur approchée en décimales est* 3,1416.

Ainsi, la longueur d'une circonférence qui a 3 centimètres de rayon et par suite 6 centimètres de diamètre est égale à :

$$6 \text{ cm} \times 3{,}1416 = 18 \text{ cm, } 8496.$$

8. Longueur d'un arc de circonférence. — *Soit à trouver la longueur d'un arc de* 42° *dans la circonférence précédente.*

Nous dirons : La longueur qui correspond à 360° étant 18^{cm},8496, celle qui correspond à un arc de 1° est 360 fois moindre, et celle qui correspond à un arc de 42° est 42 fois plus grande ou ,

$$\frac{18 \text{ cm, } 8496 \times 42}{360} = 2 \text{ cm, } 19912.$$

D'une manière générale, pour avoir la longueur d'un arc, on divise la longueur de la circonférence par 360, ou 360×60 ou $360 \times 60 \times 60$, suivant que l'arc est mesuré en degrés, minutes ou secondes, et l'on multiplie le quotient obtenu par le nombre qui mesure l'arc considéré.

CHAPITRE IX

Des polygones.

1. Définitions. — Nous avons vu (n° 3, p. 172) *qu'un poly-gone est la figure limitée par une ligne brisée fermée*, et nous avons défini ce que l'on nomme *côtés, sommets* et *diagonales* d'un polygone. *Les* **angles d'un polygone** *sont les angles formés par deux côtés consécutifs du polygone*. Un polygone a donc toujours autant d'angles qu'il a de côtés.

Le **périmètre d'un polygone** *est la somme des longueurs des côtés de ce polygone*.

Les polygones ont reçu différents noms suivant le nombre de leurs côtés.

Le plus simple de tous les polygones est le triangle, qui a trois côtés seulement.

Un polygone qui a *quatre côtés* est un *quadrilatère ;*
Celui qui a *cinq côtés*   est un *pentagone ;*
Celui qui a *six côtés*   est un *hexagone ;*
Celui qui a *sept côtés*   est un *heptagone ;*
Celui qui a *huit côtés*   est un *octogone ;*
Celui qui a *dix côtés*   est un *décagone ;*
Celui qui a *douze côtés* est un *dodécagone*, etc.

Un polygone est dit **convexe** *quand il est tout entier d'un même côté par rapport à l'un quelconque de ses côtés prolongés*. Tel est le polygone **ABCDE** (*fig.* 88).

Dans le cas contraire, le polygone est dit **non convexe**. Tel est le polygone **ABCDEF** (*fig.* 89).

2. Polygones réguliers. — On nomme **polygone régu-lier** *un polygone qui a tous ses côtés égaux et tous ses angles égaux*.

Parmi les polygones que nous avons déjà étudiés, le triangle équilatéral et le carré sont des polygones réguliers.

Les polygones réguliers sont d'un emploi très fréquent : les pavages, les carrelages d'appartements, sont souvent des assemblages de polygones réguliers.

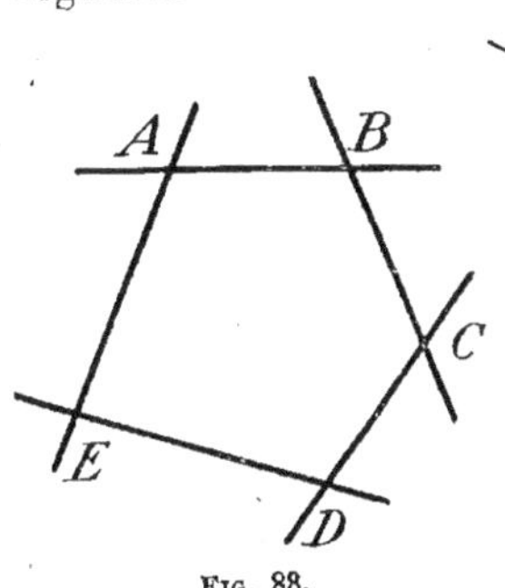

FIG. 88.

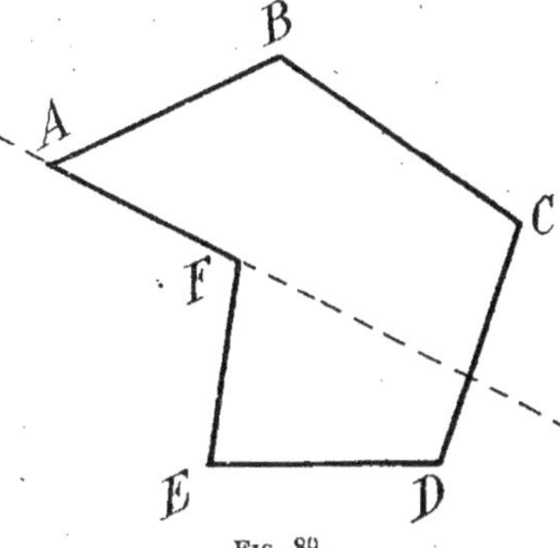

FIG. 89.

3. Manière d'obtenir un polygone régulier. —

Pour construire un polygone régulier, il suffit de diviser une circonférence en autant de parties égales que le polygone doit avoir de côtés et de tracer ensuite les cordes qui joignent les points de division consécutifs.

Ainsi, pour construire un pentagone régulier à l'aide d'une circonférence 0, nous remarquerons que chaque division de la circonférence doit mesurer 360° : 5 = 72°. Traçons alors un rayon arbitraire OA (*fig.* 90), puis les rayons OB, OC, OD, OE, tels que les angles AOB, BOC, COD, DOE construits à l'aide du rapporteur soient de 72°; traçons enfin les cordes AB, BC, CD, DE et EA, et nous obtenons le polygone demandé.

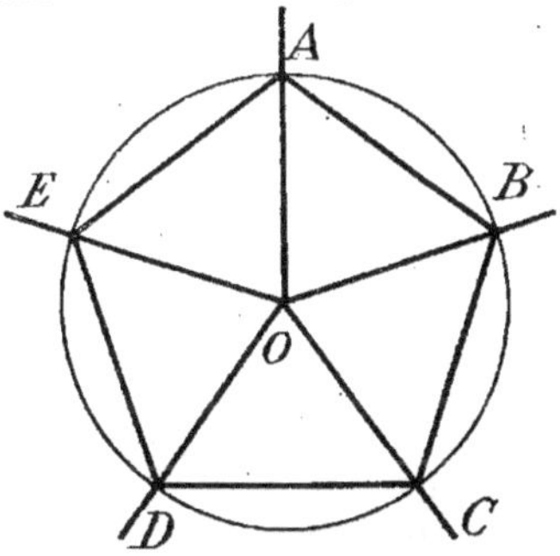

FIG. 90.

Le pentagone ABCDE ainsi construit est dit inscrit dans la circonférence, et le centre de la circonférence s'appelle *centre du polygone*.

On pourrait, à l'aide du rapporteur, inscrire dans une circonférence, au moins d'une manière approximative, un polygone régulier d'un nombre quelconque de côtés. L'inscription de certains polygones se fait d'une manière plus rapide et tout à fait rigoureuse à l'aide de la règle et du compas.

Nous examinerons les plus simples de ces cas.

4. Problème I. — *Inscrire un carré dans une circonférence donnée.*

Il suffit pour cela de tracer dans cette circonférence deux diamètres **AC** et **BD** perpendiculaires l'un à l'autre et de mener ensuite les cordes qui joignent les extrémités de ces diamètres (*fig.* 91).

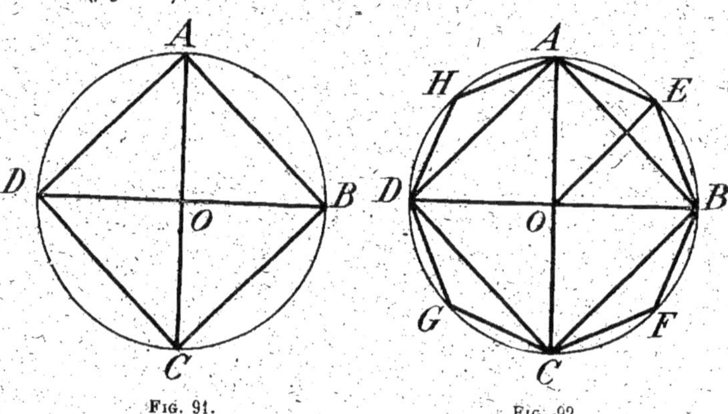

Fig. 91.Fig. 92.

Remarque. — Lorsqu'on a inscrit dans la circonférence O le carré **ABCD**, si l'on mène du centre **O** la perpendiculaire au côté **AB**, on obtient un point **E** qui est le milieu de l'arc **AB**. On peut alors tracer les cordes **AE** et **EB** et, dans chacun des arcs **BC**, **CD** et **DA**, inscrire deux cordes égales aux précédentes. On obtient ainsi un *octogone régulier* **AEBFCGDH** (*fig.* 92), inscrit dans la circonférence **O**.

En répétant la même construction sur l'octogone régulier, on obtient le polygone régulier de **16** côtés ; de celui-ci on déduit le polygone régulier de **32** côtés, et ainsi de suite en doublant toujours le nombre des côtés du dernier polygone obtenu.

5. Problème II. — *Inscrire un hexagone régulier dans une circonférence donnée.*

On démontre en géométrie que le côté d'un hexagone régulier inscrit dans une circonférence est égal au rayon de cette circonférence. Il suffit donc, pour résoudre le problème, d'inscrire à la suite l'une de l'autre six cordes égales au rayon de la circonférence (*fig.* 93).

Remarque I. — Si l'on trace les cordes qui joignent de deux en deux les sommets d'un hexagone régulier inscrit dans une circonférence **O**, on obtient un triangle équilatéral inscrit dans cette même circonférence. Ainsi le triangle **ACE** (*fig.* 93) est un triangle équilatéral.

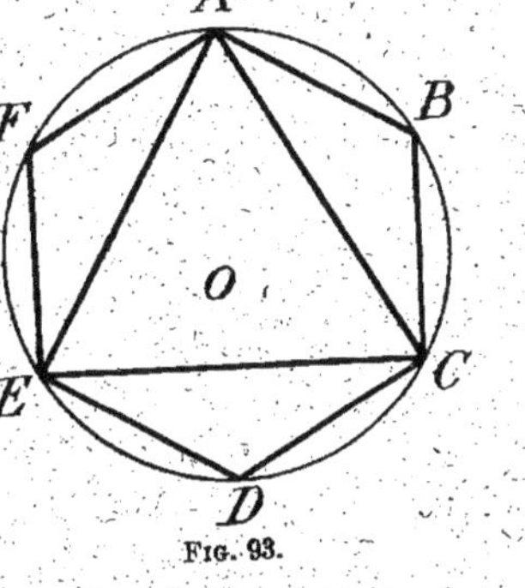
Fig. 93.

On peut d'ailleurs inscrire directement le triangle équilatéral, sans passer par l'intermédiaire du carré. Pour cela, on trace un diamètre quelconque **AA'** dans la circonférence **O** (*fig.* 94); on mène

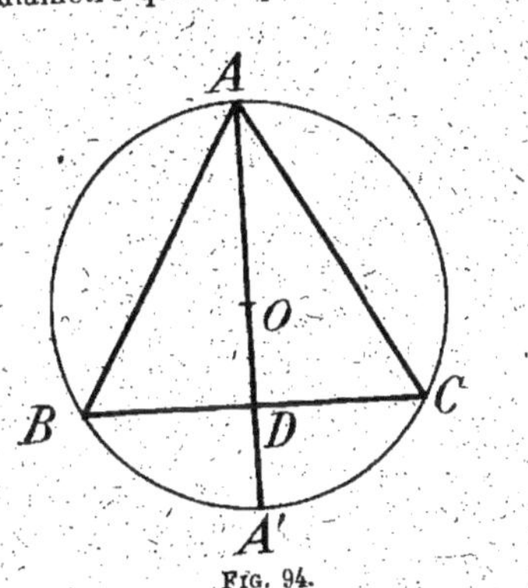
Fig. 94.

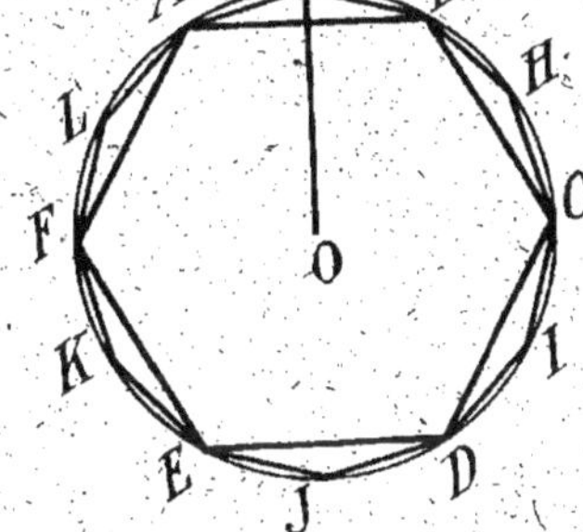
Fig. 95.

la corde **BC** perpendiculaire au rayon **OA'** en son milieu, et l'on trace les cordes **AB** et **AC**. Le triangle **ABC** est le triangle équilatéral inscrit dans la circonférence.

Remarque II. — Lorsqu'on a inscrit dans une circonférence **O** un hexagone régulier **ABCDEF**, si l'on mène du centre **O** la perpendiculaire au côté **AB**, on obtient un point **G** qui est le milieu de l'arc **AB**. On peut alors tracer les cordes **AG** et **BG** et, dans chacun des arcs **BC**, **CD**, **DE**, **EF** et **FA**, inscrire deux cordes égales aux précédentes. On obtient ainsi un *dodécagone régulier* **AGBHCIDJEKFL** (*fig.* 95), inscrit dans la circonférence **O**.

En répétant la même construction sur le dodécagone régulier, on obtient le polygone régulier de **24** côtés ; de celui-ci on déduit le polygone régulier de **48** côtés, et ainsi de suite en doublant toujours le nombre des côtés du dernier polygone obtenu.

6. Polygones étoilés.
— Lorsqu'une circonférence est partagée en un certain nombre de parties égales, si au lieu de tracer les cordes qui joignent les points de division consécutifs, on trace les cordes qui joignent ces points de deux en deux, ou de trois en trois, etc., on obtient souvent des polygones non convexes dont tous les côtés sont égaux et dont tous les angles sont égaux et auxquels leur forme a fait donner le nom de polygones étoilés.

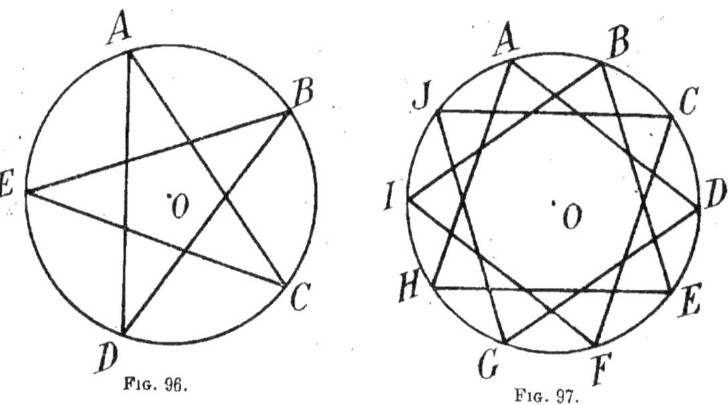

Fig. 96.　　　　Fig. 97.

Ainsi, on obtient un *pentagone étoilé* (*fig.* 96) en partageant une circonférence en cinq parties égales et en joignant par des cordes les points de division de deux en deux.

De même, on obtient un *décagone étoilé* (*fig.* 97), en partageant une circonférence en dix parties égales, et en traçant les cordes qui joignent les points de division de trois en trois, etc.

CHAPITRE X

Mesure des aires.

1. Nous avons dit (n° 2, p. 169) que l'on nomme aire d'une surface *l'étendue de cette surface*, et, en faisant l'étude du système métrique, nous avons vu que l'on prend comme unités, pour évaluer les aires des surfaces, les aires des carrés qui ont pour côtés les unités de longueur. Nous avons montré d'ailleurs que chacune de ces unités est 100 fois plus grande que l'unité de l'ordre immédiatement inférieur.

Enfin, nous avons dit qu'il n'existe pas de mesures réelles pour les surfaces, et que, lorsqu'on veut trouver l'aire d'une surface, on mesure, à l'aide des unités de longueur, certaines de ses dimensions linéaires convenablement choisies. Ensuite, en combinant les nombres obtenus suivant des règles que la géométrie indique, on obtient l'aire de la surface considérée.

Nous allons étudier l'aire du rectangle, du carré, du parallélogramme, du triangle, du trapèze, d'un polygone quelconque et d'un cercle.

2. Aire du rectangle. — Si l'on considère deux côtés consécutifs d'un rectangle, on nomme base du rectangle l'*un quelconque de ces côtés*, et hauteur, le *côté perpendiculaire à la base.*

Cela posé, considérons un rectangle ABCD dont la base CD mesure par exemple 5 centimètres et la hauteur AD, 3 centimètres (*fig.* 98).

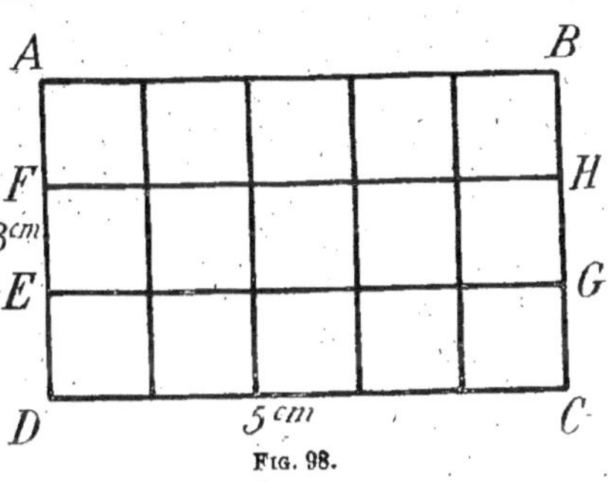

Fig. 98.

Divisons la hauteur AD en trois parties égales, et, par les

points de division **E** et **F**, menons les droites **EG** et **FH**, parallèles à **DC**. Nous partageons ainsi le rectangle en trois autres rectangles qui ont chacun 5 centimètres de long et 1 centimètre de hauteur. Divisons alors **DC** en cinq parties égales et menons par chacun des points de division des parallèles à **AD**. Ces droites déterminent dans chaque rectangle partiel cinq carrés ayant chacun 1 centimètre de côté et mesurant par suite 1 centimètre carré.

Puisqu'il y a trois rectangles partiels et que chacun d'eux mesure 5 centimètres carrés, l'aire totale du rectangle est égale à :

$$5 \text{ cm}^2 \times 3 = 15 \text{ cm}^2.$$

La base et la hauteur d'un rectangle sont appelées les *deux dimensions* du rectangle.

Nous voyons ainsi que : *l'aire d'un rectangle a pour expression le produit des nombres qui mesurent ses deux dimensions, à condition que celles-ci soient évaluées à l'aide de la même unité.*

Si les dimensions sont évaluées en mètres, l'aire est exprimée en mètres carrés.

Si les dimensions sont évaluées en décimètres, l'aire est exprimée en décimètres carrés et ainsi de suite.

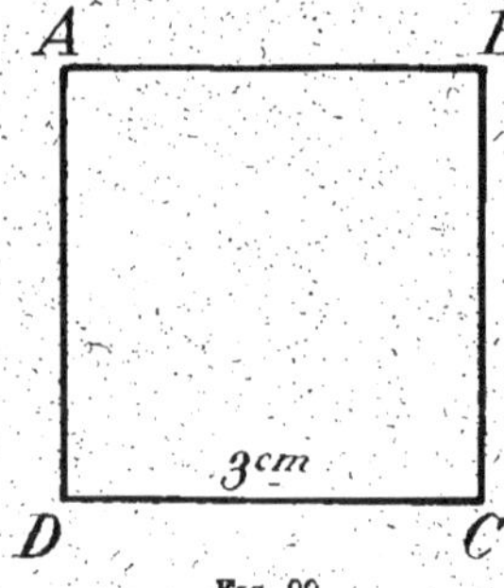

Fig. 99.

3. Aire du carré. — Un carré étant un rectangle dont les deux dimensions sont égales, *on obtient l'aire d'un carré en faisant le carré du nombre qui exprime la longueur de son côté.*

Ainsi, l'aire d'un carré **ABCD** de 3 centimètres de côté (*fig.* 99) a pour expression :

$$3 \times 3 = 9 \text{ cm}^2.$$

4. Aire du parallélogramme. — Étant donné un parallélogramme **ABCD** (*fig.* 100), un quelconque de ses côtés, **DC**, par exemple, est la base du parallélogramme.

Sa hauteur *est alors la distance de la base au côté opposé.*

Elle est égale à la longueur de la perpendiculaire menée d'un point quelconque de DC sur AB, à CE par exemple.

Supposons que le parallélogramme est tracé sur une feuille de papier assez fort. Prolongeons le côté AB à gauche du point A et menons des points C et D les perpendiculaires CE et DH sur AB. Découpons dans la feuille de papier le trapèze HBCD, puis détachons de ce

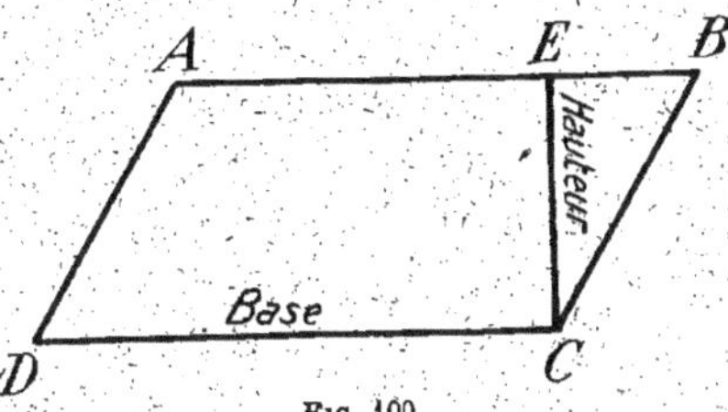

Fig. 100.

trapèze le triangle rectangle EBC (*fig.* 101). Nous constatons que l'on peut superposer exactement le triangle EBC au

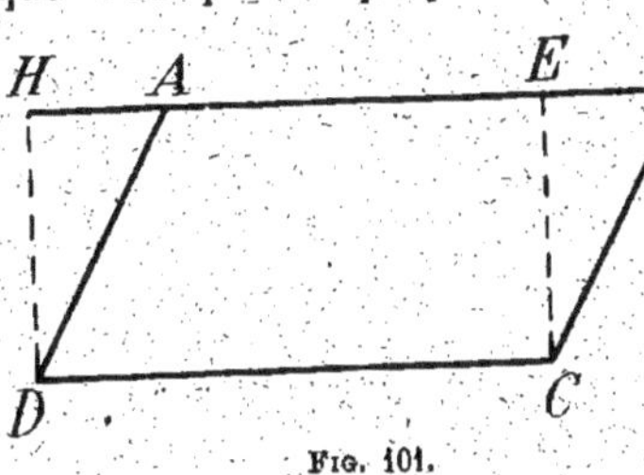

Fig. 101.

triangle HAD, les sommets E, B et C se superposant aux sommets H, A, D. Il en résulte que le parallélogramme ABCD a même aire que le rectangle HECD qui a d'ailleurs même base et même hauteur que le parallélogramme.

Par conséquent, *l'aire du parallélogramme a pour expression le produit des nombres qui mesurent sa base et sa hauteur.*

Si CD mesure 4 centimètres et CE, 2 centimètres, l'aire du rectangle est égale à :

$$4 \times 2 = 8 \text{ cm}^2.$$

5. Aire du triangle. — Étant donné un triangle ABC, un' quelconque de ses côtés, BC par exemple, est la base du triangle ; sa hauteur *est alors la distance à la base du sommet qui lui est opposé.* C'est donc la perpendiculaire AH menée du point A sur BC (*fig.* 102).

Supposons que le triangle est tracé sur une feuille de papier assez fort. Menons par le sommet A la parallèle à la base BC et par le sommet C la parallèle au côté AB. Ces deux droites se coupent en un point **D** et le quadrilatère **ADCB** est un parallélogramme (*fig.* 103).

Découpons dans la feuille de papier ce parallélogramme et partageons-le en deux triangles suivant la diagonale **AC**.

Nous constatons que l'on peut superposer exactement le triangle **ADC** au triangle **ABC**, le sommet **D** étant en **B**, **DC** sur **BA** et **DA** sur **BC**. Donc le triangle **ABC** est la moitié du parallélogramme **ADCB** qui a même base et même hauteur.

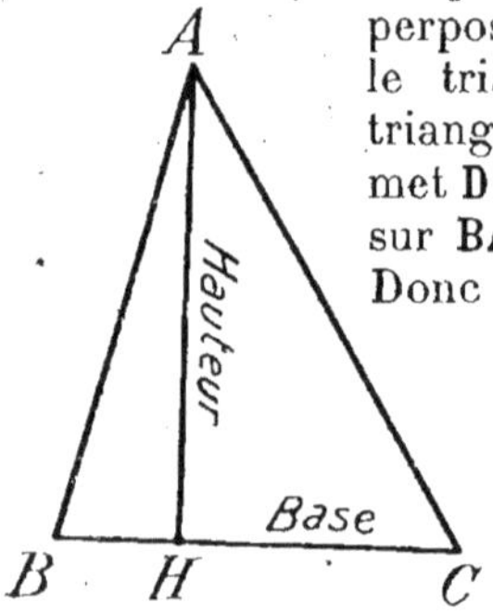

FIG. 102.

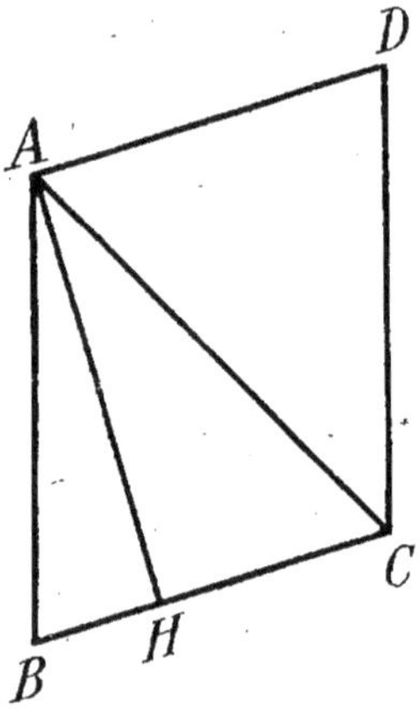

FIG. 103.

Par conséquent, *l'aire d'un triangle a pour expression le demi-produit des nombres qui mesurent sa base et sa hauteur.*

Si **BC** mesure 3 centimètres et **AH**, 3 centimètres 5, l'aire du triangle est égale à :

$$\frac{3 \times 3,5}{2} = 5\,\mathrm{cm}^2, 25.$$

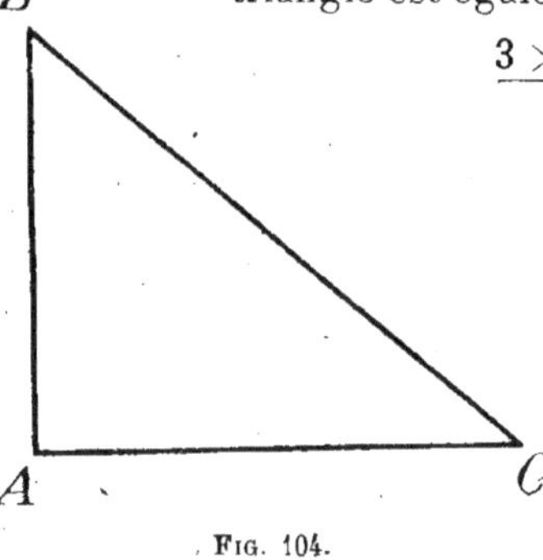

FIG. 104.

Remarque. — Dans le cas particulier où le triangle donné **ABC** est un triangle rectangle, si l'on prend pour base l'un des côtés de l'angle droit, la hauteur est l'autre côté de l'angle droit (*fig.* 104); donc *l'aire d'un triangle rectangle a pour expression le demi-produit des nombres qui mesurent les deux côtés de l'angle droit de ce triangle.*

Si **AC** mesure 4 centimètres et **AB**, 3 centimètres 4, l'aire du triangle est égale à :

$$\frac{4 \times 3,4}{2} = 6\,\mathrm{cm}^2, 8.$$

6. Aire du trapèze. — Soit **ABCD** un trapèze dont les bases sont **AB** et **DC** (*fig.* 105); on nomme *hauteur de ce trapèze la distance de ses deux bases*. C'est donc la longueur de la perpendiculaire menée d'un point quelconque de **AB** sur **DC**, **AA′** par exemple.

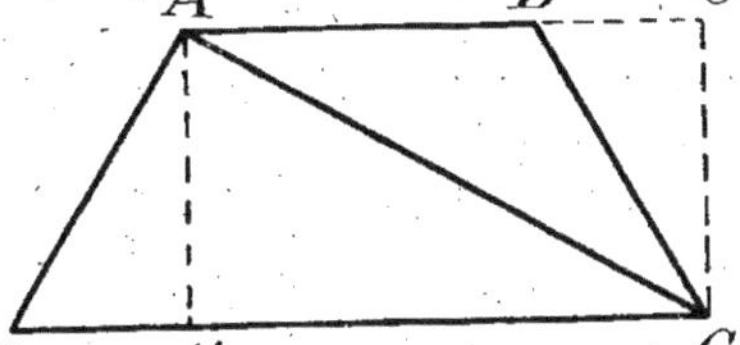

Traçons la diagonale **AC** de ce trapèze, et menons du point **C** la perpendiculaire **CC′** sur **AB**. Les longueurs **AA′** et **CC′** sont égales, puisque deux parallèles sont partout équidistantes.

L'aire du trapèze **ABCD** est la somme des aires des deux triangles **ADC** et **ABC** ; si **DC** mesure 5 centimètres, **AB**, 2 centimètres 4, et **AA′**, 2 centimètres 2, l'aire du triangle **ADC** est égale à :

$$\frac{5 \times 2,2}{2};$$

celle du triangle **ABC** est égale à :

$$\frac{2,4 \times 2,2}{2}.$$

L'aire du trapèze a pour expression :

$$\frac{5 \times 2,2}{2} + \frac{2,4 \times 2,2}{2},$$

ou encore :

$$\frac{5 \times 2,2 + 2,4 \times 2,2}{2},$$

ce qui vaut aussi :

$$\frac{(5 + 2,4) \times 2,2}{2},$$

ou enfin :

$$\frac{5 + 2,4}{2} \times 2,2 = 8 \text{ cm}^2, 14.$$

Donc, *l'aire d'un trapèze a pour expression le demi-produit des nombres qui mesurent la somme de ses bases et sa hauteur, ou encore le produit de la demi-somme des nombres qui mesurent ses bases par le nombre qui mesure sa hauteur.*

7. Aire d'un polygone quelconque. — Le procédé que nous venons d'employer pour obtenir l'aire d'un trapèze

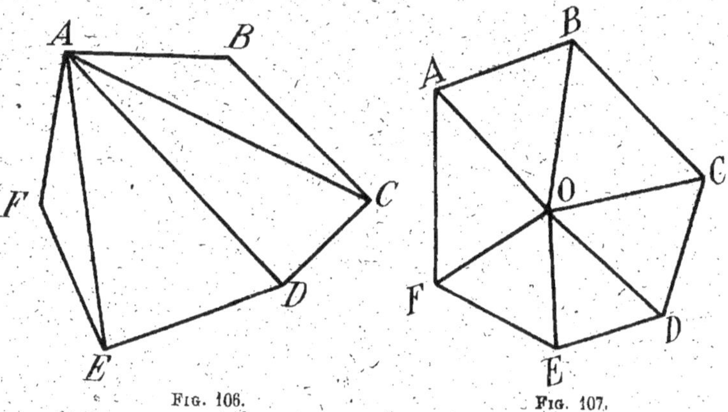

FIG. 106.　　　　FIG. 107.

s'applique à l'évaluation de l'aire d'un polygone quelconque. On décompose ce polygone en triangles, par exemple en traçant toutes les diagonales issues d'un même sommet A (*fig.* 106), ou encore toutes les droites qui joignent un point intérieur au polygone à tous les sommets du polygone (*fig.* 107). On détermine l'aire de chacun des triangles et la somme de ces aires donne l'aire du polygone.

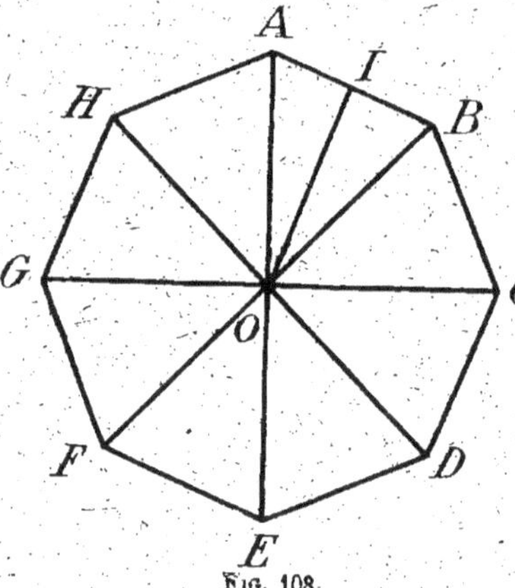

FIG. 108.

Remarque. — Si le polygone considéré est un polygone régulier, on démontre en géométrie que, si l'on trace les droites qui vont du centre du polygone à tous ses sommets, les divers triangles ainsi obtenus sont égaux (*fig.* 108). L'aire de l'un de ces triangles **AOB** a pour expression le demi-produit des nombres qui mesurent sa base **AB** et sa hauteur **OI** (hauteur que l'on nomme **apothème du polygone**). Dans le cas considéré, le polygone ayant 8 côtés, son aire vaudra 8 fois l'aire d'un des triangles, ou encore 8 fois la longueur de **AB**, multipliée par la moitié de la longueur de **OI**. Donc *l'aire d'un polygone régulier a pour expression le produit du périmètre de ce polygone par la moitié de la longueur de son apothème.*

Si **AB** mesure 1 centimètre 8 et **OI**, 2 centimètres 1, le périmètre du polygone est égal à 1 centimètre 8 $\times$ 8 = 14 centimètres 4 et son aire a pour expression :

$$14,4 \times \frac{2,1}{2} = 15 \text{ cm}^2, 12.$$

8. Aire du cercle. — *On obtient l'aire d'un cercle en multipliant par* π *le carré du nombre qui mesure la longueur de son rayon.*

Ainsi l'aire d'un cercle dont le rayon a 3 centimètres de longueur est égale à :

$$3^2 \times 3,1416 = 28 \text{ cm}^2, 2744.$$

CHAPITRE XI

Notions sur les figures à trois dimensions.

1. Les figures que nous avons étudiées jusqu'alors sont des figures *sans épaisseur*. Un triangle, un rectangle, par exemple, doivent être considérés comme ayant une longueur et une largeur, mais ils sont supposés être infiniment minces, c'est-à-dire n'avoir pas d'épaisseur. Ces figures sont dites à **deux dimensions**, et la partie de la géométrie qui les étudie s'appelle **géométrie plane**.

En réalité, les figures à deux dimensions n'existent pas dans la nature, et tous les objets matériels ont une certaine épaisseur, si faible soit-elle. Ils ont donc **trois dimensions**, ce que l'on exprime en disant qu'ils *présentent un relief*. On nomme **géométrie dans l'espace** la partie de la géométrie qui s'occupe des *figures à trois dimensions*.

Il est à remarquer que, tandis que les figures à deux dimensions peuvent être représentées exactement par un dessin sur le papier ou sur le tableau, il n'en est pas de même des figures à trois dimensions. La représentation que l'on peut en faire donne simplement une idée de leur forme ; mais, pour connaître leur grandeur, il faut les étudier à l'aide de *modèles en relief*. Il sera bon de se servir de ces modèles pour l'étude que nous allons faire des propriétés élémentaires de quelques solides.

Nous avons défini (n°ˢ 7 et 8, p. 174) ce que l'on nomme *surface plane* et *surface courbe*.

Une surface plane doit être considérée *comme illimitée dans toutes les directions*.

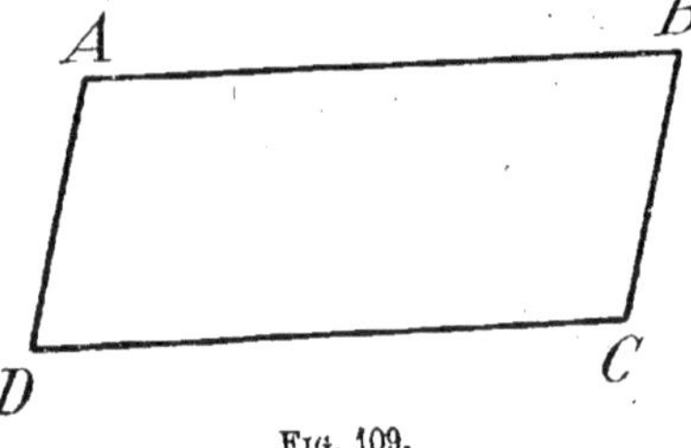

Fɪɢ. 109.

Généralement pour représenter une telle surface, on trace un parallélogramme. Ainsi, le parallélogramme **ABCD** (*fig.* 109) représente un plan.

2. Plans parallèles et plans perpendiculaires.

— Dans une chambre de forme ordinaire, les quatre murs, le plafond et le plancher sont constitués par six plans.

En général, deux murs opposés ne se rencontrent pas, si loin qu'on les prolonge ; il en est de même du plancher et du plafond. On dit que deux murs opposés sont des **plans parallèles**, ainsi que le plafond et le plancher ; les rayons d'un casier à musique donnent également l'idée de plans parallèles.

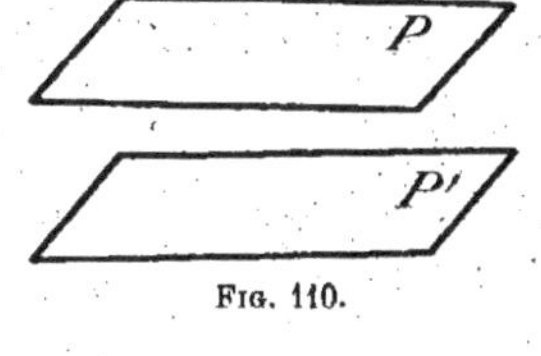

Fig. 110.

On nomme donc plans parallèles *deux plans qui ne se rencontrent pas à quelque distance qu'on les prolonge (fig.* 110).

Les murs de la chambre ne sont pas inclinés par rapport au plan du plancher ; on dit que l'un quelconque de ces murs et le plancher forment **deux plans perpendiculaires**. De même, les côtés d'une boîte sont perpendiculaires, en général, au fond de la boîte.

Si nous considérons au contraire deux plans inclinés l'un sur l'autre comme le dessus et le fond d'un pupitre, ou encore le toit d'une maison et le sol, on dit que ces plans sont **obliques** l'un par rapport à l'autre. Tels sont les plans P et P' (*fig.* 111).

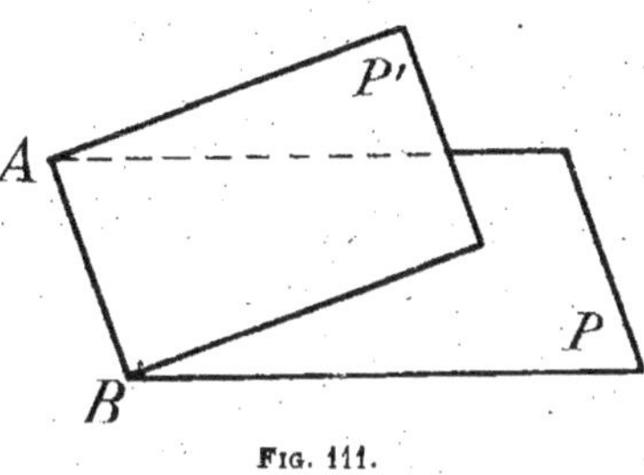

Fig. 111.

3. Droite perpendiculaire à un plan, ou oblique au plan.

— Lorsqu'une droite rencontre un plan, elle peut être ou ne pas être inclinée par rapport au plan. Dans le premier cas, on dit que la droite est **perpendiculaire au plan**, et dans le second cas, qu'elle lui est **oblique**.

Si une droite **AB** perpendiculaire à un plan **P** coupe ce plan au point **B**, toute droite que l'on peut tracer par le point **B** dans le plan **P** est perpendiculaire à **AB**.

Ainsi, **AB** étant perpendiculaire au plan **P** (*fig.* 112), et les droites **BC**, **BD**, **BE** et **BF** étant des droites du plan **P**, les angles **ABC**, **ABD**, **ABE** et **ABF** sont tous droits.

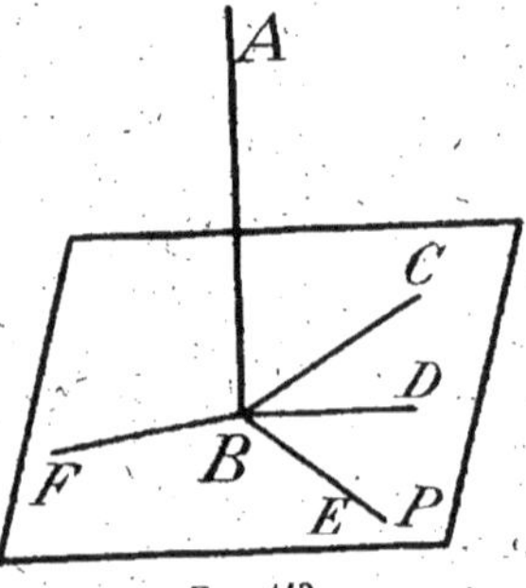

Fig. 112.

Un mât bien dressé, un arbre bien planté, la tige d'un paratonnerre donnent l'idée de droites perpendiculaires au sol ; la direction du fil à plomb est perpendiculaire à la surface des eaux tranquilles, etc.

Comme exemples de droites obliques à un plan, on peut citer : les pieds d'un trépied supportant un appareil à photographie par rapport au sol ; la hampe d'un drapeau déployé devant un mur par rapport au plan du mur, etc.

4. Droite parallèle à un plan. — Si une droite **AB** est telle qu'elle ne rencontre pas un plan **P** si loin que l'on prolonge la droite et le plan, on dit que la droite **AB** est parallèle au plan **P** (*fig.* 113).

Ainsi, toute droite tracée sur le plancher d'une chambre est parallèle au plafond de cette chambre.

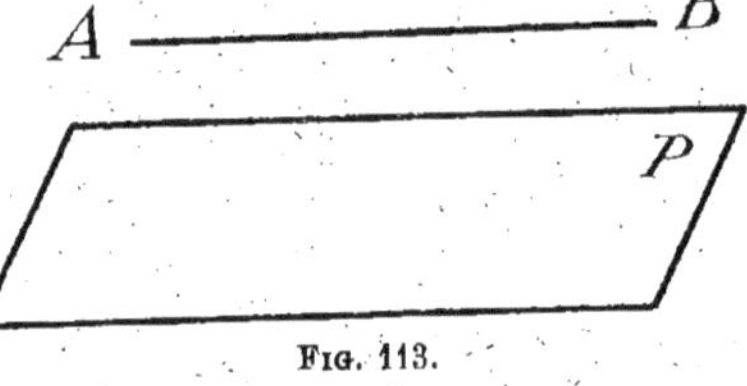

Fig. 113.

5. Intersection de deux plans. — Angles dièdres. — Lorsque deux plans ne sont pas parallèles, si on les prolonge suffisamment, *ils se coupent suivant une droite* que l'on nomme **intersection des deux plans**.

Ainsi les quatre murs d'une chambre coupent le plafond de cette chambre suivant quatre droites qui limitent le rectangle constitué par le plafond. Une feuille de papier pliée en deux et à demi déployée peut être considérée comme formée de deux plans dont l'intersection est la trace du pli, etc.

La figure formée par deux plans qui se coupent et qui sont limités à leur intersection se nomme **angle dièdre** ou simplement **dièdre**. Les deux plans sont les **deux faces du dièdre** et leur droite d'intersection est l'**arête du dièdre**.

Ainsi les deux plans **P** et **P′** qui se coupent suivant la droite **AB**, et qui sont limités à cette droite, forment un dièdre que l'on nomme dièdre **PABP′** ou simplement dièdre **AB** (*fig. 114*).

Un livre entr'ouvert, une feuille de papier à demi pliée sont des exemples d'angles dièdres. Un angle dièdre est d'autant plus grand que ses deux faces sont plus écartées. Si par

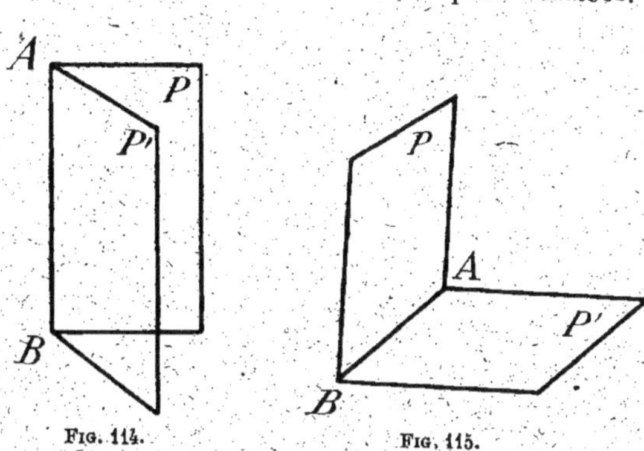

Fig. 114.   Fig. 115.

exemple, on prend un cahier fermé et si l'on fait tourner la couverture jusqu'à l'amener dans le prolongement de la première feuille du cahier, l'angle dièdre formé par la couverture avec cette première feuille va constamment en augmentant.

Un angle dièdre est **droit** *lorsque ses deux faces sont perpendiculaires* l'une à l'autre. Tels sont les dièdres formés par les murs d'une chambre avec le plancher de la chambre (*fig. 115*).

CHAPITRE XII

Des polyèdres.

1. Définitions. — On nomme **polyèdre** *un solide limité de toutes parts par des plans.*

Ces plans en se coupant forment des polygones qui sont les **faces du polyèdre**. Les côtés de ces polygones sont les **arêtes du polyèdre.**

Un dé à jouer, une boîte ordinaire, une pyramide sont des polyèdres.

Nous étudierons comme polyèdres : le **prisme** et la **pyramide.**

2. Prisme. — *Un* **prisme** *est un polyèdre limité par deux polygones égaux et dont les plans sont parallèles, et par des parallélogrammes.*

Les polygones égaux et dont les plans sont parallèles sont les **deux bases du prisme**; les autres faces sont des **faces latérales.**

Un prisme a autant de faces latérales que chacune de ses bases a de côtés.

On nomme **arêtes latérales** du prisme les côtés des faces latérales qui n'appartiennent pas aux polygones de bases.

Un prisme est dit :

triangulaire	quand sa base est un	*triangle ;*
quadrangulaire	— —	*quadrilatère ;*
pentagonal	— —	*pentagone ;*
hexagonal	— —	*hexagone,* etc.

Un prisme est **droit** *lorsque ses arêtes latérales sont perpendiculaires aux bases* et que par suite *ses faces latérales sont des rectangles* (*fig.* 116).

Il est **oblique** dans le cas contraire (*fig.* 117). On nomme dans chaque cas **hauteur du prisme** *la distance de ses deux bases,* c'est-à-dire la longueur de la perpendiculaire menée d'un point quelconque de l'une des bases sur l'autre, cette longueur étant invariable, car *deux plans parallèles sont partout équidistants.*

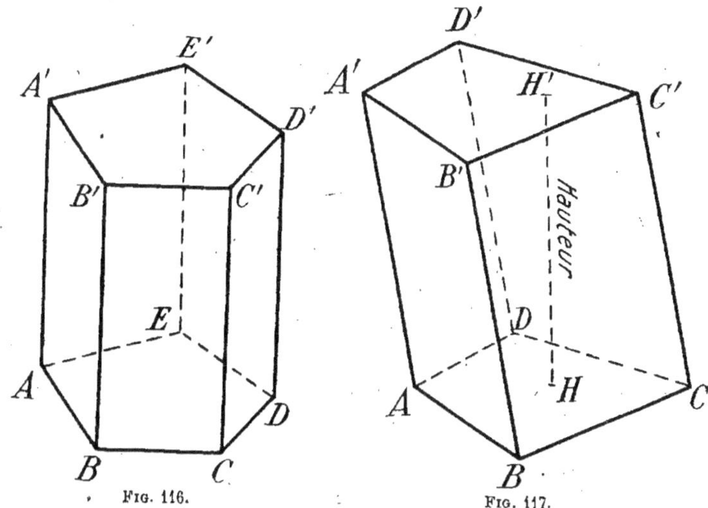

Fig. 116.

Fig. 117.

Si le prisme est droit, sa hauteur est égale à la longueur d'une quelconque de ses arêtes latérales.

3. Parallélépipède. — *Un* parallélépipède *est un prisme dont les bases sont des parallélogrammes* (*fig.* 118).

Il résulte de cette définition qu'un parallélépipède a six faces et douze arêtes. De plus toutes ses faces sont des parallélogrammes égaux deux à deux et dont les plans sont parallèles.

Le parallélépipède peut être *droit* ou *oblique; s'il est droit et si en même temps ses bases sont des rectangles, le parallélépipède est dit* **rectangle**. Toutes les faces du solide sont alors des rectangles.

Ainsi le parallélépipède droit **ABCDA'B'C'D'** (*fig.* 119) est rectangle, si la base **ABCD** est un rectangle.

Une poutre bien équarrie, une pierre de taille bien taillée, une brique, une règle carrée, une caisse fermée sont des parallélépipèdes rectangles.

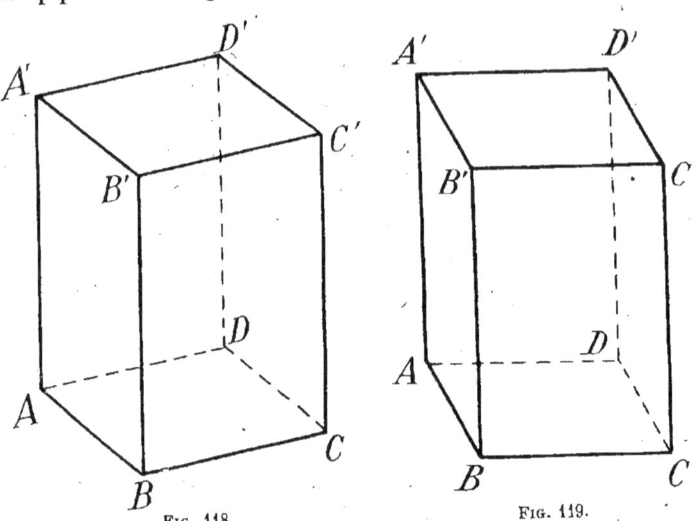

Fig. 118.

Fig. 119.

Un cube est un parallélépipède rectangle dont toutes les faces sont des carrés (fig. 120).

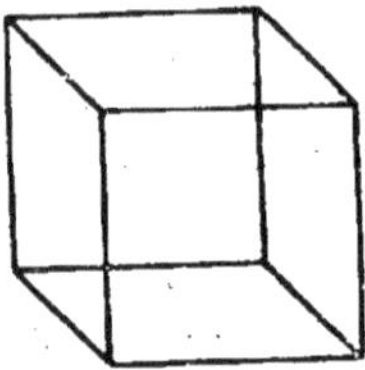

Fig. 120.

Un dé à jouer a la forme d'un cube.

Il est facile de construire, à l'aide d'une feuille de papier fort ou de carton mince, un cube, un parallélépipède rectangle ou un prisme droit quelconque.

4. Construction d'un cube. — *Soit à construire un cube de 2 centimètres d'arête.*

On trace sur la feuille de carton un rectangle **ABCD** de 8 centimètres de long et **2** centimètres de haut; on partage la longueur **AB** en quatre parties égales, et par les points de divisions **E, G, I**, ou mène les droites **EF, GH, IJ** parallèles à la hauteur **AD**.

Sur **AE** et sur **DF**, on construit en dehors du rectangle les carrés **AELK** et **DFNM** (*fig.* 121). On découpe alors la feuille de carton suivant le contour **KLEBCFNMK**. On la plie suivant les droites AE, DF, EF, GH et IJ ; on enroule le rectangle EBCF

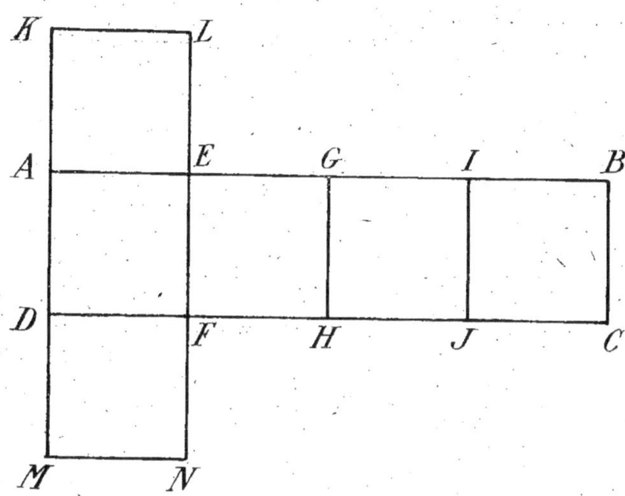

FIG. 121.

autour des deux carrés ELKA et FNMD, et l'on maintient l'assemblage à l'aide d'une bande de papier gommé.

5. Construction d'un parallélépipède rectangle.

— *Soit à construire un parallélépipède rectangle ayant 2 centimètres de long, 1 centimètre de large et 1 centimètre 5 de hauteur.*

Chacune des grandes faces latérales doit avoir un périmètre égal à :

$$\left(2 + 1,5\right) \times 2 \text{ ou } 7 \text{ cm.}$$

Traçons alors un rectangle ABCD ayant 7 centimètres de long et 1 centimètre de haut. Marquons sur la longueur AB les point E, G, I tels que AE = GI = 2 centimètres et EG = IB = 1 centimètre 5, et menons par les points E, G et I les droites EF, GH et IJ parallèles à AD.

Sur le rectangle **AEFD**, construisons, en dehors de la figure déjà tracée, les rectangles **AELK** et **FNMD** de 1 centimètre 5 de hauteur (*fig.* 122).

Découpons alors la feuille de carton suivant le contour **KLEBCFNMK**; plions-la suivant les droites **AE**, **DF**, **EF**, **GH** et **IJ** et achevons la construction comme dans le cas précédent.

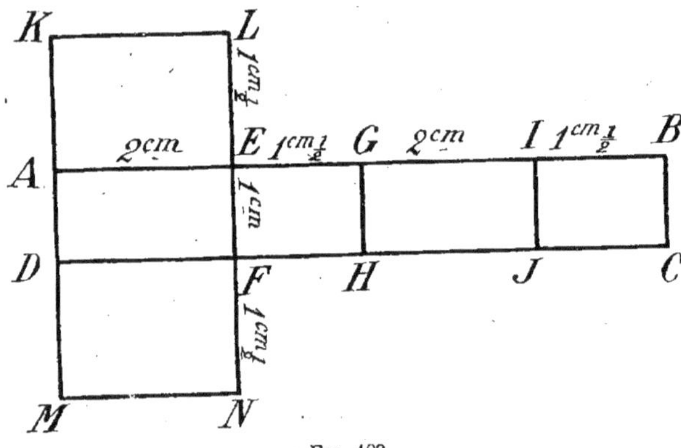

Fig. 122.

Les rectangles **AEFD** et **GIHK** sont les deux bases du parallélépipède; les rectangles **AELK** et **FNMD** sont les deux grandes faces latérales; les rectanges **EGHF** et **IBCJ**, les petites faces latérales.

6. Construction d'un prisme droit. — *Soit à construire un prisme droit ayant pour base un hexagone régulier de 1 centimètre de côté, et une hauteur de 2 centimètres.*

Le périmètre de chacune des deux bases doit être de 6 centimètres.

Dans un cercle O de 1 centimètre de rayon, inscrivons un hexagone régulier **ABCDEF**, qui aura par suite 1 centimètre de côté.

Prolongeons le côté **AB** d'une longueur **BG** telle que **AG** = 6 centimètres et construisons, sur **AG** comme base, le rectangle **AGG'A'** de 2 centimètres de hauteur. Marquons sur **AG** les points **H**, **I**, **J**, **K** tels que les divisions ainsi déterminées sur **AG** mesurent chacune 1 centimètre et menons par les points **B**, **H**, **I**, **J**, **K** les droites **BB′**, **HH′**, **II′**, **JJ′**, **KK′**, parallèles à **AA′**.

Des points **A′** et **B′** comme centres, avec une ouverture de compas égale à **1** centimètre, décrivons, en dehors de la figure déjà tracée, deux arcs de cercle qui se coupent au point **O′**. Traçons la circonférence de centre **O′** et de rayon **O′A′** et inscrivons dans cette circonférence un hexagone régulier **A′B′C′D′E′F′** (*fig.* 123).

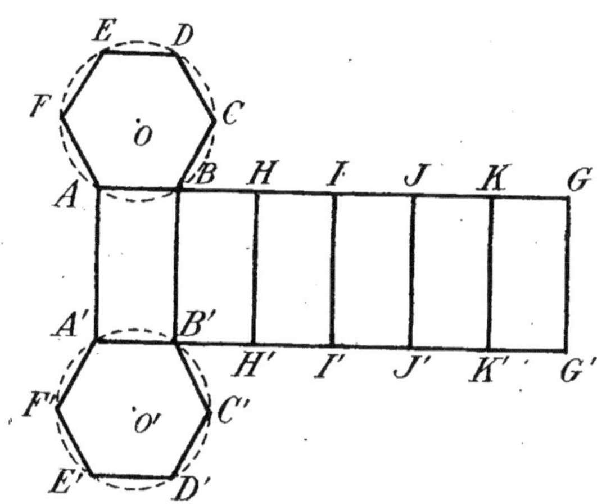

FIG. 123.

Découpons alors la feuille de carton suivant le contour **AFEDCBGG′B′C′D′E′F′A′A**; plions-la suivant les droites **AB**, **A′B′**, **BB′**, **HH′**, **II′**, **JJ′**, **KK′** et enroulons le rectangle **BGG′B′** autour des deux hexagones **BCDEFA**, **B′C′D′E′F′A′** en maintenant l'assemblage à l'aide d'une bande de papier gommé. Nous obtenons ainsi le prisme demandé.

7. Pyramide. — *Une* **pyramide** *est un polyèdre limité par un polygone quelconque nommé* **base de la pyramide**, *et dont les autres faces sont des triangles qui ont un sommet commun.* Ce sommet commun est le **sommet de la pyramide**, et les faces autres que la base sont les **faces latérales** de la **pyramide**.

Une pyramide a autant de faces latérales que sa base a de côtés.

On nomme **arêtes latérales** de la pyramide les côtés des faces latérales qui n'appartiennent pas à la base.

Une pyramide est dite :

triangulaire   quand sa base est un *triangle ;*
quadrangulaire   —   —   *quadrilatère ;*
pentagonale   —   —   *pentagone ;*
hexagonale   —   —   *hexagone,* etc.

La plus simple de toutes les pyramides est la pyramide triangulaire, qui n'a que quatre faces (*fig.* 124) et dont toutes les faces sont des triangles. On la nomme souvent **tétraèdre**, mot qui signifie polyèdre à quatre faces.

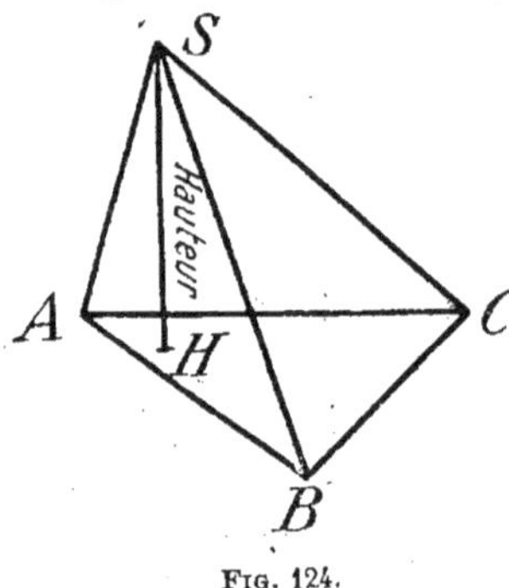

FIG. 124.

On nomme **hauteur d'une pyramide** *la longueur de la perpendiculaire menée de son sommet sur le plan de la base.* Ainsi **SH** étant perpendiculaire au plan du triangle **ABC** est la hauteur de la pyramide **SABC** (*fig.* 124).

Une pyramide est **régulière** *lorsque sa base est un polygone régulier et que sa hauteur passe par le centre de sa base.*

Considérons par exemple un hexagone régulier **ABCDEF** ; par le centre 0 de ce polygone, menons au plan du polygone la perpendiculaire **OS** de longueur quelconque ; traçons les droites **SA**, **SB**, **SC**, **SD**, **SE** et **SF**, et nous obtenons une *pyramide hexagonale régulière* **SABCDEF** (*fig.* 125).

Dans toute pyramide régulière, les faces latérales sont des triangles isocèles égaux.

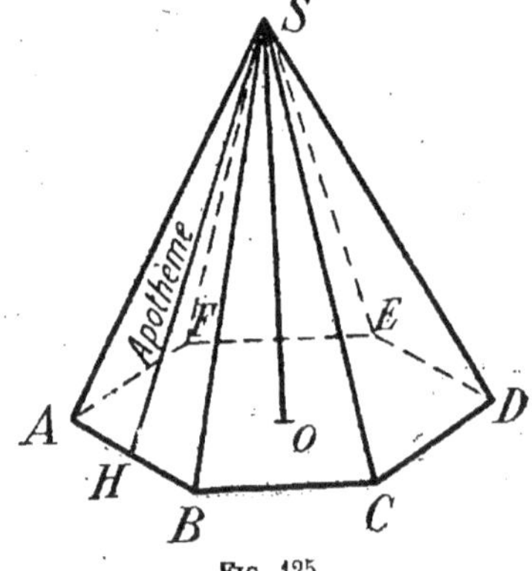

FIG. 125.

La perpendiculaire menée du point S sur la base d'un de ces triangles isocèles est l'**apothème de la pyramide.**

Les toits des tours carrées ont ordinairement la forme d'une pyramide régulière à base carrée ; les clochers des églises sont souvent des pyramides quadrangulaires ou hexagonales.

8. Construction d'une pyramide régulière. —

Soit à construire une pyramide hexagonale régulière dont la base ait 1 centimètre 5 de côté et l'arête latérale 4 centimètres.

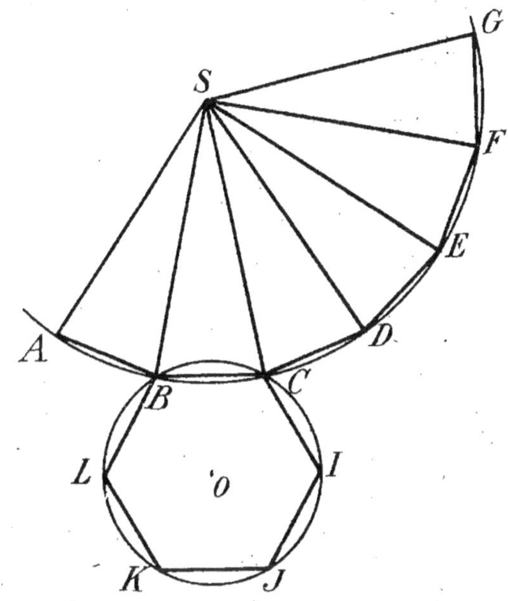

FIG. 126.

Dans un cercle de centre S et de rayon égal à 4 centimètres, inscrivons bout à bout six cordes AB, BC, CD, DE, EF et FG de 1 centimètre 5 de longueur (*fig.* 126). Construisons, comme dans le problème précédent, sur l'une de ces cordes BC par exemple, prise pour côté, un hexagone régulier BCIJKL. Découpons alors la feuille de carton suivant le contour BASGFEDCIJKLB. Plions-la suivant les droites BC, SB, SC, SD,

SE et **SF**. Disposons les triangles ainsi obtenus autour de l'hexagone **BCIJKL** et maintenons l'assemblage à l'aide de bandes de papier gommé. Nous obtenons ainsi la pyramide demandée.

9. Tronc de pyramide à bases parallèles. — On nomme tronc de pyramide à bases parallèles *la partie du volume d'une pyramide comprise entre la base de la pyramide et un plan parallèle à la base située entre cette base et le sommet.*

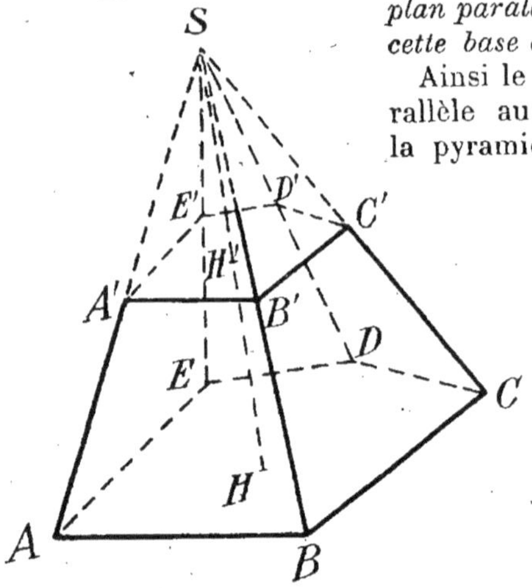

Ainsi le plan **A′B′C′D′E′** étant parallèle au plan de base **ABCDE** de la pyramide **SABCDE** (*fig.* 127), si de la pyramide totale on détache la pyramide **SA′B′C′D′E′**, le solide restant **ABCDEA′B′C′D′E′** est un *tronc de pyramide* ayant pour bases les polygones **ABCDE**, **A′B′C′D′E′**, et pour hauteur la portion **HH′** de la hauteur **SH** de la pyramide comprise entre ses deux bases.

Fig. 127.

En étudiant le système métrique, nous avons dit que les poids ont la forme de troncs de pyramides à bases parallèles. Les poids de 50 kilogrammes et 20 kilogrammes ont pour bases des rectangles ; les autres, des hexagones réguliers.

CHAPITRE XIII

Aire de la surface et volume du prisme
et de la pyramide.

1. Aire de la surface latérale d'un prisme droit.
— En nous reportant à la construction indiquée (n° 6, p. 233),
nous voyons que la surface latérale d'un prisme droit est la
surface d'un rectangle qui a pour longueur le périmètre du
polygone de base et pour hauteur l'arête latérale d'un prisme.
Donc : *On trouve l'aire de la surface latérale d'un prisme droit
quelconque, et en particulier d'un parallélipipède droit, en faisant le produit des nombres qui mesurent le périmètre du polygone de base et la hauteur du prisme.*

Remarque. — Si l'on veut avoir l'aire de la surface totale d'un
prisme droit, il suffit d'ajouter à l'aire de la surface latérale la
somme des aires des deux bases, ou, ce qui revient au même, le
double de l'aire d'une des bases.

Application. — *Trouver l'aire de la surface latérale et celle
de la surface totale d'un parallélépipède rectangle dont la base
a 7 centimètres de long, 2 centimètres de large et dont la hauteur mesure 5 centimètres.*

Le périmètre du polygone de base mesure :

$$(7 + 2) \times 2 = 18 \text{ cm.}$$

L'aire de la surface latérale est donc égale à :

$$18 \times 5 = 90 \text{ cm}^2.$$

L'aire de chacune des bases est égale à :

$$7 \times 2 = 14 \text{ cm}^2.$$

Donc l'aire de la surface totale du parallélépipède a pour
expression :

$$90 + 14 \times 2 = 118 \text{ cm}^2.$$

2. Volume du prisme droit. — *Le volume d'un prisme droit quelconque a pour expression le produit des nombres qui mesurent l'aire de sa base et sa hauteur.*

Il est facile d'établir cette proposition dans le cas d'un parallélépipède rectangle.

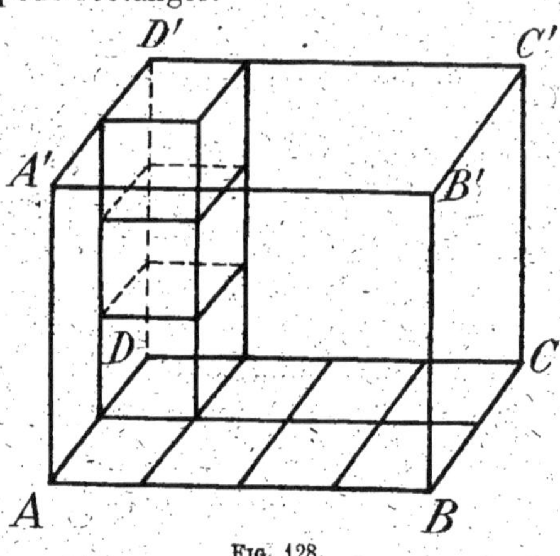

Fig. 128.

Soit ABCDA'B'C'D' un parallélépipède rectangle dont les dimensions de la base sont : AB = 4 centimètres, AD = 2 centimètres, et dont la hauteur DD' mesure 3 centimètres (*fig.* 128).

La base ABCD peut être partagée en

$$4 \times 2 = 8 \text{ carrés}$$

de 1 centimètre de côté, c'est-à-dire en 8 centimètres carrés.

Plaçons sur chacun d'eux un cube de 1 centimètre de côté ou 1 centimètre cube. Cette première couche comprend 8 centimètres cubes et s'élève à une hauteur de 1 centimètre. La hauteur totale étant 3 centimètres, on pourra superposer à la première deux autres couches semblables, de sorte que le parallélépipède contient en tout :

$$8 \times 3 \text{ ou } 24 \text{ cm}^3.$$

Remarque. — On démontre en géométrie que le volume d'un prisme droit, et même celui d'un prisme quelconque, a aussi pour expression le produit des nombres qui mesurent l'aire de sa base et sa hauteur.

3. Volume du cube. — Un cube étant un parallélépipède rectangle dont toutes les arêtes sont égales, *on obtient le volume d'un cube en faisant le cube du nombre qui exprime la longueur de son arête.*

Ainsi le volume d'un cube qui a 5 centimètres d'arête mesure :

$$5 \times 5 \times 5 = 125 \text{ cm}^3.$$

4. Aire de la surface latérale d'une pyramide régulière. — En nous reportant à la construction indiquée (n° 8, p. 235) nous voyons que la surface latérale d'une pyramide régulière est la somme des surfaces des triangles qui constituent ses faces latérales, triangles qui ont tous pour hauteur l'apothème de la pyramide, et dont la somme des bases est égale au périmètre du polygone de base. Il en résulte que *l'aire de la surface latérale d'une pyramide régulière a pour expression le demi-produit des nombres qui mesurent le périmètre du polygone de base et l'apothème de la pyramide.*

Remarque. — Si l'on veut avoir l'aire de la surface totale d'une pyramide régulière, il suffit d'ajouter l'aire de la base à celle de la surface latérale.

Application. — *Trouver l'aire de la surface latérale et celle de la surface totale d'une pyramide régulière dont la base est un carré de 12 centimètres de côté et dont l'apothème mesure 15 centimètres.*

Le périmètre du carré base de la pyramide vaut :

$$12 \times 4 = 48 \text{ cm.}$$

L'aire de la surface latérale a donc pour expression :

$$\frac{48 \times 15}{2} = 360 \text{ cm}^2.$$

L'aire de la base est égale à :

$$12 \times 12 = 144 \text{ cm}^2.$$

Donc l'aire de la surface totale mesure :

$$360 + 144 = 504 \text{ cm}^2.$$

5. Volume de la pyramide. — *Le volume d'une pyramide a pour expression le tiers du produit des nombres qui mesurent l'aire de la base et sa hauteur.*

Application. — *Trouver le volume d'une pyramide dont la base est un rectangle de 8 centimètres de longueur, 5 centimètres de large et dont la hauteur mesure 12 centimètres.*

D'après l'énoncé précédent, ce volume mesure :

$$\frac{8 \times 5 \times 12}{3} = 160 \text{ cm}^3.$$

CHAPITRE XIV

Les corps ronds.

1. Notions générales. — Les solides autres que les polyèdres sont limités par des surfaces qui ne sont pas toutes
planes.

Le solide est donc, au moins en partie, limité par une ou
plusieurs surfaces courbes.

Dans ces solides, terminés au moins partiellement par des
surfaces courbes, il y en a trois que l'on rencontre fréquemment et qui sont particulièrement simples. On leur donne le
nom général de corps ronds. Ce sont le cylindre, le cône et la
sphère.

Parmi les cylindres, nous étudierons seulement le *cylindre
circulaire droit*, et parmi les cônes, le *cône circulaire droit*.

2. Cylindre circulaire droit. — *Un* cylindre circulaire
droit *est le solide engendré par un rectangle* **ABCD** *tournant autour d'un de ses côtés* **AB** *qui reste fixe.*

Dans ce mouvement, chacun des côtés
AD et BC adjacents à AB engendre un cercle.
Les deux cercles engendrés sont égaux,
puisqu'ils ont le même rayon, et leurs plans
sont parallèles ; ils constituent les deux
bases du cylindre. Le côté CD opposé au
côté fixe engendre une surface courbe qui
est la surface latérale du cylindre.

Dans une quelconque de ses positions,
elle forme une arête du cylindre (*fig.* 129).

La hauteur du cylindre *est la distance de
ses deux bases ;* elle est égale à **AB**, ou encore à la longueur de l'arête du cylindre.

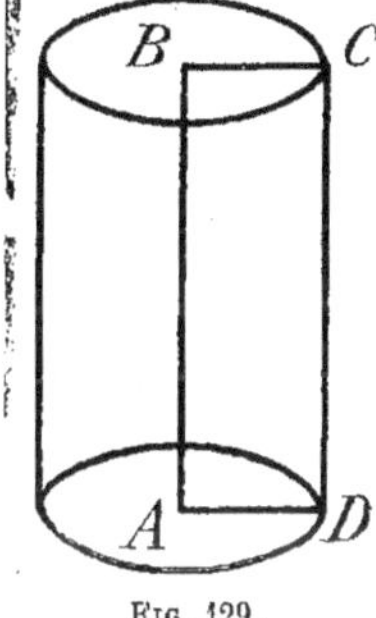

Fig. 129.

La forme du cylindre se rencontre très souvent ; une colonne,
un rouleau, un tambour sont des cylindres.

Nous avon vu d'ailleurs que les mesures de capacité ont

la forme de cylindres droits dont la profondeur est tantôt égale au diamètre intérieur, tantôt double de ce diamètre; que les poids en cuivre ont la forme de cylindres surmontés d'un bouton et dont la hauteur est en général égale au diamètre, et enfin que les pièces de monnaie, autres que les pièces en nickel, ont la forme de cylindres de faible épaisseur.

3. Construction d'un cylindre circulaire droit.

— *Soit à construire un cylindre circulaire droit ayant 2 centimètre 5 de hauteur et tel que les rayons des bases soient de 1 centimètre.*

Sur une feuille de carton mince, marquons deux points O et O′ distants de 4 centimètres 5. De ces points comme centres, avec un rayon égal à 1 centimètre, traçons deux circonférences qui coupent la droite OO′ aux points P et P′.

Menons par le point P la perpendiculaire à la droite OO′ en lui donnant une longueur AB égale à celle de chacune des circonférences O et O′, c'est-à-dire :

$$1 \times 2 \times 3{,}1416 = 6\,\mathrm{cm}^2,2832,$$

ou sensiblement 6 centimètres 3.

Construisons, en lui donnant pour base AB et pour hauteur une longueur AD de 2 centimètres 5, le rectangle ABCD (*fig.* 130). Découpons, dans la feuille de carton, le rectangle et les deux cercles en leur laissant en commun les

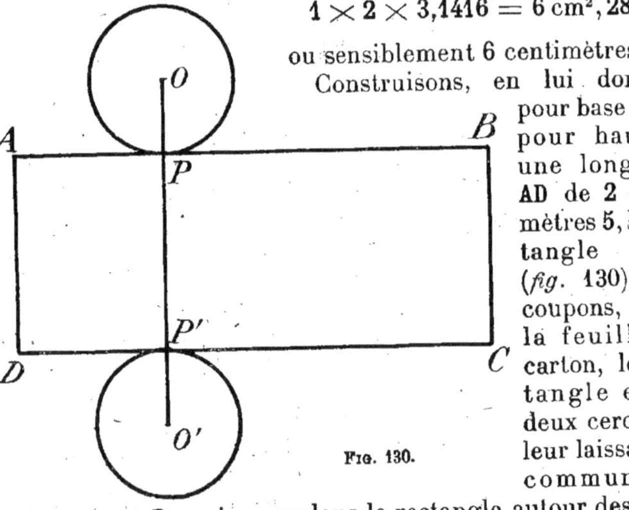

Fig. 130.

points P et P′, puis enroulons le rectangle autour des deux cercles, en maintenant l'assemblage par des bandes de papier gommé. Le rectangle ABCD forme la surface latérale du cylindre ainsi construit.

4. Cône circulaire droit. — On nomme cône circulaire droit *le solide engendré par un triangle rectangle BAC tournant autour d'un des côtés de l'angle droit AB qui reste fixe.*

Dans ce mouvement, le côté **AC** de l'angle droit engendre un cercle qui forme la **base du cône.** L'hypoténuse **BC** engendre une surface courbe qui est la **surface latérale du cône.** Dans une quelconque de ses positions, elle forme une **arête du cône.**

La **hauteur du cône** *est la distance* **BA** *du point* B *nommé* **sommet du cône** *à sa base (fig. 131).*

La forme du cône est aussi très fréquente, c'est celle d'un pain de sucre, d'un entonnoir, etc.

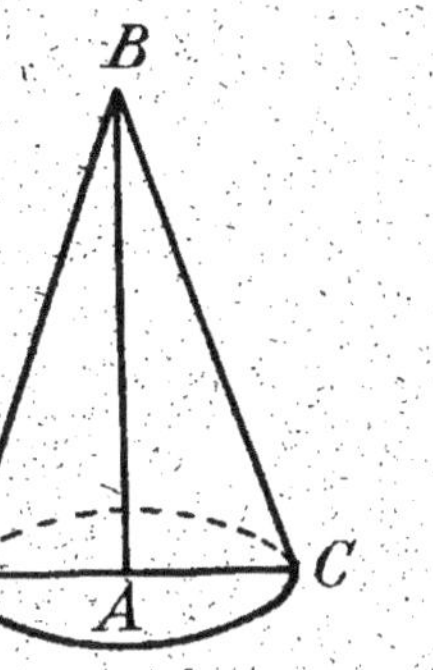

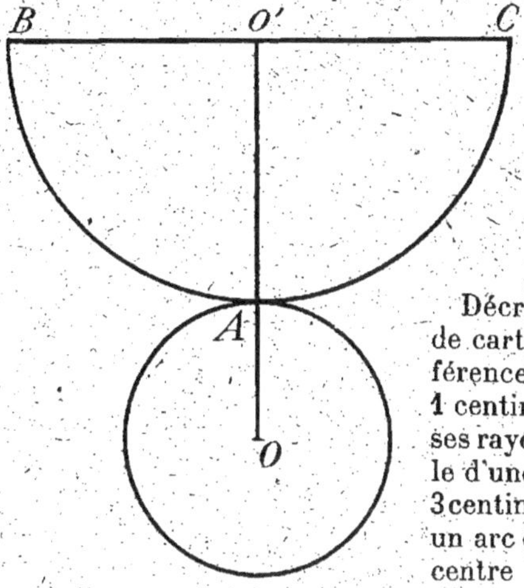

Fig. 131.

5. Construction d'un cône circulaire droit. — *Soit à construire un cône circulaire droit ayant pour rayon de base* **1** *centimètre* **5** *et pour* **arête 3** *centimètres.*

Décrivons sur une feuille de carton mince une circonférence **O** ayant pour rayon **1** centimètre **5.** Traçons un de ses rayons **OA** et prolongeons-le d'une longueur **AO′** égale à **3** centimètres. Décrivons alors un arc de cercle ayant O′ pour centre et **O′A** comme rayon, de telle sorte que la longueur de cet arc **BAC** soit égale à celle de la circonférence **O.** Traçons les rayons **O′B** et **O′C** (*fig.* 132), puis découpons dans la feuille le secteur circulaire **O′BAC** et le cercle **O** en leur laissant en commun le point A. Enroulons enfin le secteur autour du cercle en maintenant l'assemblage

Fig. 132.

au moyen de papier gommé. Le secteur O'BAC constitue la surface latérale du cône ainsi obtenu.

Remarquons que le rayon O'A du secteur étant double du rayon OA du cercle, la longueur de la circonférence entière à laquelle appartient ce secteur est double de celle de la circonférence O'. Pour que l'arc BAC ait même longueur que cette circonférence, il suffit donc que le secteur OBA'C soit un demi-cercle.

6. Tronc de cône à bases parallèles. — On nomme

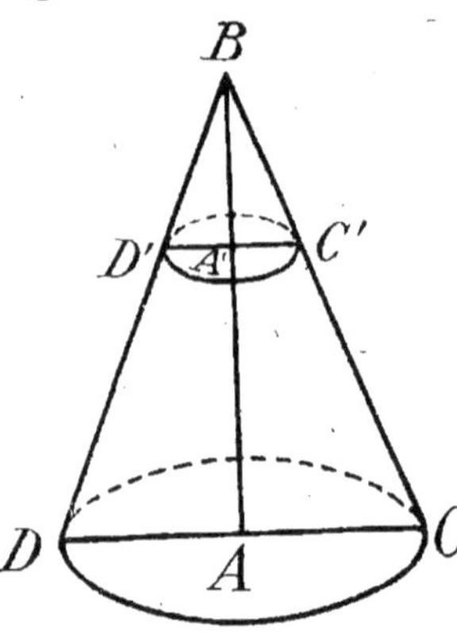

FIG. 133.

tronc de cône à bases parallèles *la partie du volume d'un cône comprise entre la base du cône et un plan parallèle à la base, situé entre la base et le sommet.*

Ainsi le plan D'A'C' étant parallèle au plan de base DAC du cône BDC, si du cône total on détache le cône BD'C', le solide restant est un tronc de cône (*fig.* 133).

Bien des objets ont la forme de troncs de cône.

Citons en particulier les abatjour, les pots à fleur, les seaux, la plupart des cuves, etc.

7. Sphère. — *La* sphère *est le solide engendré par un demi-cercle qui tourne autour de son diamètre.*

Dans ce mouvement la demi-circonférence AMB engendre une surface courbe qui est la surface de la sphère. Chaque point M de cette demi-circonférence reste à une distance invariable du centre O du demi-cercle, ce qui permet de dire aussi que :

La sphère est un solide limité par une surface courbe dont tous les points sont à la même distance d'un point intérieur appelé centre (*fig.* 134).

La distance du centre à un point quelconque de la surface de la sphère est un **rayon** *de la sphère.*

Une bille, une balle, un boulet, un globe géographique sont des sphères.

Un **diamètre** *est une droite qui passe par le centre de la sphère* *et qui est limitée à ses intersections avec la surface de la sphère.*

Tous les diamètres d'une sphère sont égaux, et chacun d'eux vaut deux rayons.

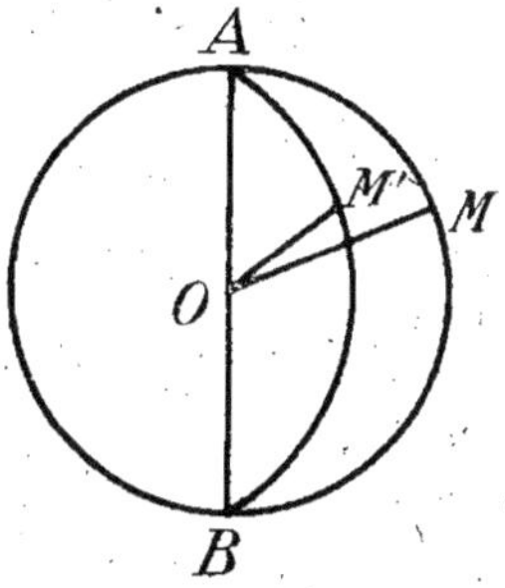

On montrerait comme on l'a fait pour une circonférence que : *tout point intérieur à la surface de la sphère est à une distance du centre inférieure au rayon* et que *tout point extérieur à une sphère est à une distance du centre supérieure au rayon.*

Lorsqu'un plan coupe une sphère, la section de la sphère par ce plan est un cercle. La ligne d'intersection du plan et de la surface de la sphère est la circonférence de ce cercle. Le plan qui détermine une telle section se nomme **plan sécant**.

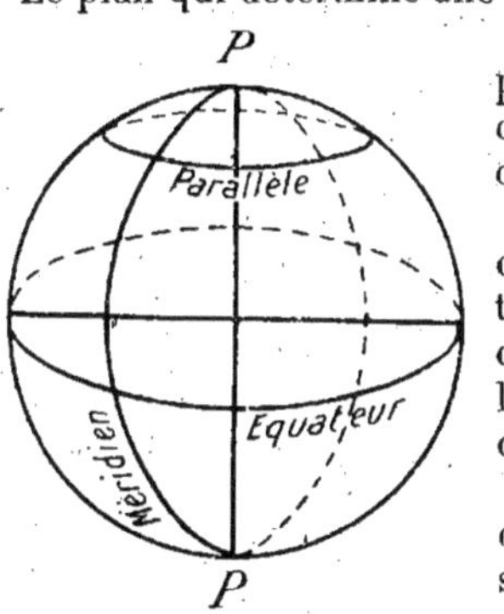
Fig. 134.

Si par exemple on coupe en deux parties une orange bien régulière, chaque partie est limitée par un cercle.

Si le plan sécant passe par le centre de la sphère, le cercle d'intersection a un rayon égal au rayon de la sphère. Dans le cas contraire, le rayon de la section est plus petit que le rayon de la sphère.

De là le nom de **grand cercle** donné à toute section faite dans la sphère par un plan qui passe par son centre, et de **petit cercle** donné à toute section faite dans la sphère par un plan qui ne passe pas par son centre.

Fig. 135.

Un grand cercle d'une sphère partage la sphère et sa surface en deux parties égales, dont chacune est un hémisphère.

Certaines coupes ont la forme d'hémisphères; un bol affecte souvent la même forme.

Si l'on admet que la Terre a la forme d'une sphère, l'équateur et les méridiens sont des grands cercles de cette sphère, tandis que les parallèles sont des petits cercles (*fig.* 135).

CHAPITRE XV

Aire de la surface et volume des corps ronds.

1. Aire de la surface latérale d'un cylindre circulaire droit. — En nous reportant à la construction indiquée (n° 3, p. 242), nous voyons que la surface latérale d'un cylindre circulaire droit est la surface d'un rectangle qui a pour longueur la longueur de la circonférence de base et pour hauteur l'arête latérale ou encore la hauteur du cylindre. Donc : *On trouve l'aire de la surface latérale d'un cylindre circulaire droit en faisant le produit des nombres qui mesurent la longueur de la circonférence de base et la hauteur du cylindre.*

Remarque. — Si l'on veut avoir l'aire de la surface totale d'un cylindre circulaire droit, il suffit d'ajouter à l'aire de la surface latérale la somme des aires des deux bases, ou, ce qui revient au même, le double de l'aire d'une des bases.

Application. — *Trouver l'aire de la surface latérale et de la surface totale d'un cylindre circulaire droit dont le rayon de base mesure 5 centimètres et la hauteur 8 centimètres.*

La longueur de la circonférence de base est égale à :

$$5 \times 2 \times 3,1416 = 31 \text{ cm},416.$$

L'aire de la surface latérale a donc pour expression :

$$31,416 \times 8 = 251 \text{ cm}^2,328.$$

L'aire de chacune des bases est égale à :

$$5^2 \times 3,1416 \text{ ou } 25 \times 3,1416 = 78 \text{ cm}^2,54.$$

Donc l'aire de la surface totale du cylindre a pour expression :

$$251 \text{ cm}^2,328 + 78 \text{ cm}^2,54 \times 2 = 408 \text{ cm}^2,408.$$

2. Volume du cylindre circulaire droit. — *Le volume d'un cylindre droit a pour expression le produit des nombres qui mesurent l'aire de sa base et sa hauteur.*

Application. — *Trouver le volume d'un cylindre circulaire droit qui a 8 centimètres de hauteur et dont la base a un rayon de 5 centimètres.*

Nous avons vu que l'aire de la base de ce cylindre est égale à $78^{cm2},54$. Donc son volume a pour expression :

$$78,54 \times 8 = 628\,\text{cm}^3,32.$$

Remarque. — En rapprochant les notions précédentes de celles qui ont été données au début du chapitre XIII, nous voyons qu'il y a une analogie complète entre les surfaces latérale et totale du prisme droit et du cylindre, ainsi qu'entre les volumes de ces mêmes solides.

Dans l'évaluation de ces surfaces et de ces volumes, toutes les mesures doivent être faites avec des unités correspondantes.

Si les dimensions linéaires sont évaluées en centimètres, les aires sont évaluées en centimètres carrés et les volumes en centimètres cubes.

Si les dimensions linéaires sont évaluées en décimètres, les aires sont évaluées en décimètres carrés et les volumes en décimètres cubes, etc.

Le centimètre, le centimètre carré et le centimètre cube sont des unités correspondantes.

Il en est de même du décimètre, du décimètre carré et du décimètre cube, etc.

3. Aire de la surface latérale d'un cône circulaire droit. — En nous reportant à la construction indiquée (n° 5, p. 243), nous voyons que la surface latérale d'un cône circulaire droit est égale à celle d'un secteur circulaire dont l'arc a une longueur égale à la longueur de la circonférence de base et dont le rayon est égal à l'arête du cône. Il en résulte que : *l'aire de la surface latérale d'un cône circulaire droit a pour expression le demi-produit des nombres qui mesurent la longueur de la circonférence de base et celle de l'arête du cône.*

Remarque. — Si l'on veut avoir l'aire de la surface totale d'un cône circulaire droit, il suffit d'ajouter l'aire de la base à l'aire de la surface latérale.

Application. — *Trouver l'aire de la surface latérale et celle de la surface totale d'un cône circulaire droit dont le rayon de base mesure 4 centimètres et l'arête 10 centimètres.*

La longueur de la circonférence de base du cône est égale à :

$$4 \times 2 \times 3,1416 = 25 \text{ cm}, 1328.$$

Donc l'aire de la surface latérale du cône a pour expression :

$$\frac{25.1328 \times 10}{2} = 125 \text{ cm}^2, 664.$$

L'aire de la base est égale à :

$$4^2 \times 3,1416 = 16 \times 3,1416 = 50 \text{ cm}^2, 2656.$$

Donc l'aire de la surface totale mesure :

$$125 \text{ cm}^2, 664 + 50 \text{ cm}^2, 2656 = 175 \text{ cm}^2, 9296.$$

4. Volume du cône circulaire droit. — *Le volume d'un cône circulaire droit a pour expression le tiers du produit des nombres qui mesurent l'aire de sa base et sa hauteur.*

Application. — *Trouver le volume d'un cône circulaire droit dont la base a un rayon de 3 centimètres et qui a 15 centimètres de hauteur.*

L'aire de la base est égale à :

$$9 \times 3,1416 = 28 \text{ cm}^2, 2744.$$

Donc le volume du cône mesure :

$$\frac{28,2744 \times 15}{3} = 141 \text{ cm}^3, 372.$$

Remarque. — En rapprochant ces dernières notions de celles qui ont été données à la fin du chapitre XIII, nous voyons qu'il y a une analogie complète entre les surfaces latérale et totale de la pyramide régulière et du cône circulaire droit, ainsi qu'entre les volumes de ces mêmes solides.

Il faut avoir soin, ici encore, dans l'évaluation de ces surfaces et de ces volumes, d'effectuer toutes les mesures avec des unités correspondantes.

5. Aire de la surface d'une sphère.

— *On obtient l'aire de la surface d'une sphère en multipliant par 4 et par π le carré du nombre qui mesure la longueur de son rayon.*

Ainsi l'aire de la surface d'une sphère de 5 centimètres de rayon a pour expression :

$$5^2 \times 4 \times 3{,}1416 = 25 \times 4 \times 3{,}1416 = 314 \text{ cm}^2,16.$$

6. Volume d'une sphère.

— *On obtient le volume d'une sphère en multipliant par $\dfrac{4}{3}$ et par π le cube du nombre qui mesure la longueur de son rayon.*

Ainsi le volume de la sphère précédente est égal à :

$$5^3 \times \frac{4}{3} \times 3{,}1416 = \frac{125 \times 4 \times 3{,}1416}{3} = 523 \text{ cm}^3,600.$$

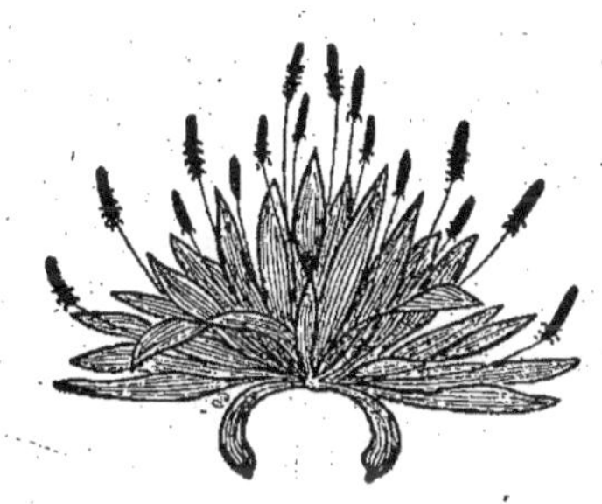

PROBLÈMES ET EXERCICES D'ARITHMÉTIQUE

Livre premier.

§ 1. — Exercices écrits.

1. Combien y a-t-il de nombres de deux chiffres? de trois chiffres? de quatre chiffres?

*2 (¹). Combien faut-il de caractères pour numéroter les pages d'un livre qui comprend 324 pages?

3. Quel est le plus petit nombre de cinq chiffres? le plus grand nombre de quatre chiffres? le plus petit nombre de quatre chiffres commençant par un 3? le plus grand nombre de six chiffres commençant par un 5?

4. Un nombre a six chiffres. Le premier, le troisième et le cinquième chiffres à partir de la droite sont respectivement 7, 3 et 2. Compléter ce nombre de manière qu'il soit : 1° le plus grand possible; 2° le plus petit possible.

*5. Combien de nombres différents peut-on former avec les chiffres 3, 5 et 8? avec les chiffres 7, 0 et 5?

*6. Combien de nombres différents peut-on former avec les chiffres 8, 3, 7 et 5? avec les chiffres 2, 0, 3 et 7?

7. Quel est l'ordre des plus hautes unités d'un nombre de cinq chiffres? de sept chiffres? de dix chiffres? Quelles sont les classes qui composent chacun de ces nombres?

8. Écrire en chiffres romains les nombres : 29, 53, 157, 1914, 73 599, et en chiffres arabes les nombres : XLIX, LXXIV, DCCXII, XCVI, MDCCCXLIV, IXDCXLI, MDCLXXIV.

9. Une somme a été partagée entre cinq personnes. La première a reçu 573 francs; la deuxième, 47 francs de plus que la première; la troisième, 47 francs de plus que la seconde; la quatrième, 47 francs de plus que la troisième, et la dernière, 47 francs de plus que la quatrième. Quelle est la somme partagée, et quelle est la part de chacune des personnes?

*10. Une pendule sonne les heures et en outre un coup à chaque demi-heure. Combien de coups frappe-t-elle : 1° en un jour? 2° dans un mois de 30 jours? 3° dans une année de 365 jours?

(¹) Les questions marquées d'une astérisque sont proposées spécialement pour la première année.

11. Combien s'écoule-t-il de jours dans une année bissextile du 10 janvier inclusivement au 15 septembre inclusivement?

12. On a une suite de nombres commençant par 1 et 2 et telle que chacun d'eux à partir du troisième est la somme des deux nombres qui le précèdent. Quel est le vingtième nombre de cette suite?

***13.** On a une suite de nombres commençant par 1, 2 et 3 et telle que chacun d'eux à partir du quatrième est la somme des trois nombres qui le précèdent. Quel est le douzième nombre de cette suite, et quelle est la somme des douze premiers nombres de la suite?

***14.** Calculer de deux manières chacune des sommes suivantes :

1° $567 + (3\,642 + 93)$;
2° $(304 + 17) + (5\,627 + 42 + 11)$;
3° $(27 + 39) + (17 + 508 + 39) + (42 + 359)$.

***15.** Un commerçant a fait dans une semaine les ventes suivantes :

Lundi,	17 f,	54 f,	8 f,	13 f,	21 f;
Mardi,	4 f,	13 f,	11 f,	66 f;	
Mercredi,	7 f,	29 f,	43 f,	5 f,	12 f;
Jeudi,	23 f,	56 f,	2 f,	8 f,	14 f, 52 f;
Vendredi,	36 f,	14 f,	6 f,	10 f;	
Samedi,	9 f,	34 f,	41 f.		

Calculer de deux manières différentes le total des ventes effectuées dans la semaine.

16. Dans une ascension en ballon, la température minima marquée par le thermomètre fut de 15° au-dessous de zéro, tandis que la température au niveau du sol était 28°. Quelle est la différence entre ces deux températures?

17. Calculer le nombre d'années qui se sont écoulées depuis la fondation de Rome en 754 avant Jésus-Christ jusqu'à la Révolution française en 1789?

18. Une somme se compose de quatre parties que l'on augmente respectivement de 7, 8, 15 et 3 unités. De combien la nouvelle somme surpassera-t-elle la première?

***19.** Les recettes et les dépenses d'un négociant dans le cours d'une semaine étant portées dans le tableau suivant :

	Recettes.	Dépenses.
Lundi,	373 f,	47 f.
Mardi,	542 f,	54 f.
Mercredi,	93 f,	70 f.
Jeudi,	175 f,	29 f.
Vendredi,	647 f,	78 f.
Samedi,	250 f,	63 f.
Dimanche,	» f,	27 f.

Trouver pour cette semaine l'excès des recettes sur les dépenses et montrer que le résultat peut être obtenu de deux manières différentes.

*20. Quatre personnes se partagent une somme de **36 200** francs. La première reçoit **3 750** francs, la deuxième **8 200** francs, la troisième **9 600** francs. Trouver la part de la quatrième et montrer que l'on peut calculer cette part de deux manières différentes.

21. Une personne achète une maison au prix de **23 000** francs; elle y fait faire des réparations qui lui coûtent **1 700** francs, et revend la maison **26 500** francs. Quel est son bénéfice sur cette opération?

22. Deux vergers renfermant ensemble **372** pieds d'arbres; le premier en contient **28** de plus que le second; combien y a-t-il d'arbres dans chaque verger?

*23. Trouver deux nombres dont la somme est **3 623**, sachant que le plus grand surpasse le plus petit de **115** unités.

24. Quel est le produit net d'une maison de cinq étages dont le rez-de-chaussée est loué **2 100** francs, le premier étage **1 200** francs, et chacun des étages suivants **260** francs de moins que le précédent? L'entretien de la maison et les impôts coûtent au propriétaire **878** francs par an.

*25. Deux boîtes renferment en tout **270** plumes; elles en contiendraient autant l'une que l'autre si l'on en retirait **25** à la première en en ajoutant **37** à la deuxième. Combien chaque boîte contient-elle de plumes?

26. Deux personnes ont des capitaux qui diffèrent de **3 700** francs. Celle qui possède le plus économise annuellement **2 645** francs, tandis que l'autre n'économise que **2 125** francs. Quelle sera dans **12** ans la différence de leurs capitaux?

27. Une personne a gagné successivement **38** francs, **172** francs, **70** francs, **45** francs et **212** francs. D'autre part, elle a perdu successivement **137** francs, **93** francs, **65** francs et **253** francs. Combien a-t-elle gagné ou perdu en tout, et combien avait-elle primitivement s'il lui reste encore **1 215** francs?

*28. On ajoute la somme de deux nombres à leur différence. Quel est le résultat?

*29. On retranche la différence de deux nombres de la somme de ces mêmes nombres. Quel est le résultat?

*30. Montrer que, pour retrancher un nombre d'un autre nombre formé de l'unité suivie de plusieurs zéros, on peut retrancher de gauche à droite chaque chiffre du plus petit nombre de **9** et ajouter une unité au résultat.

*31. Calculer de deux manières différentes chacune des expressions suivantes :

$1°\ 39 - (8 + 7 + 13);$
$2°\ (29 + 37) - (15 + 8);$

3° $49 + (38 - 6)$;
4° $52 - (34 - 13)$.

*32. Que devient la différence de deux nombres : 1° si l'on enlève 5 unités au plus grand pour les ajouter au plus petit? 2° si l'on enlève 10 unités au plus petit pour les ajouter au plus grand ?

33. Former le carré, le cube, la quatrième et la cinquième puissances du nombre 59.

34. Le rayon de la Terre mesure 6 360 kilomètres. Calculer en kilomètres : 1° la distance de la Lune à la Terre, qui vaut 60 rayons terrestres; 2° le rayon du Soleil, qui vaut 109 rayons terrestres; 3° la distance du Soleil à la Terre, qui vaut 23 300 rayons terrestres.

35. Un marchand mélange 18 hectolitres de vin coûtant 132 francs l'hectolitre avec 42 hectolitres coûtant 140 francs l'hectolitre et 57 hectolitres coûtant 125 francs l'hectolitre. Il revend ce mélange à 160 francs l'hectolitre. Quel est son bénéfice?

36. La lumière parcourt 300 000 kilomètres par seconde. Trouver la distance du Soleil à la Terre, sachant que la lumière solaire met 8 minutes 18 secondes pour arriver à la Terre.

37. Un ouvrier qui doit travailler normalement 6 jours par semaine gagné 22 francs par jour de travail, mais on lui retient 2 francs pour chaque jour de chômage non régulier. Il dépense 14 francs par jour. Combien a-il économisé au bout d'une période de 3 mois commençant le 1er mars et comprenant 13 dimanches, s'il a eu dans cette période 8 jours de chômage non régulier?

38. Une personne achète un terrain de la contenance de 152 hectares, à raison de 7 500 francs l'hectare. Elle en vend 37 hectares à 7 750 francs l'hectare, 67 hectares à 7 900 francs l'hectare et le reste à 7 420 francs l'hectare. Combien a-t-elle gagné sur cette opération ?

39. Deux courriers partent en même temps d'une même ville, suivant la même route. Le premier fait 18 kilomètres, l'autre 14 kilomètres à l'heure. A quelle distance seront-ils l'un de l'autre après 3 heures de marche: 1° s'ils vont tous les deux dans la même direction? 2° s'ils marchent en sens contraire l'un de l'autre?

*40. Une montre retarde de 2 minutes par heure. On la remonte à 8 heures du matin en la mettant à l'heure. Quelle heure marquera-t-elle le lendemain à 5 heures du matin ?

41. Un marchand achète 8 douzaines de vases à 16 francs l'un. Dans le transport, 7 vases ont été cassés; mais les vases restants sont vendus au prix de 20 francs chacun. Quel est le bénéfice du marchand sur cette opération?

42. Trouver par une seule multiplication la différence entre 29 fois 73 et 15 fois 73.

*43. Trouver de deux manières différentes la valeur de chacune des expressions suivantes :

1° $(13 + 7 + 5) \times 3$;   4° $19 \times 12 - 5 \times 12$;

2° $7 \times 5 + 18 \times 5 + 20 \times 5$;   5° $(25 + 4 - 9) \times 8$;

3° $(27 - 8) \times 6$;   6° $13 \times 8 - 13 \times 5 + 13 \times 10$.

*44. Mettre sous forme du produit d'un nombre par une somme ou d'un nombre par une différence, chacune des expressions suivantes :

1° $13 \times 4 + 13 \times 7 + 13 \times 20$;

2° $28 \times 12 - 28 \times 5$;

3° $15 \times 11 + 11 + 7 \times 11 + 15 \times 11$;

4° $18 \times 20 - 12 \times 20$;

5° $17 \times 21 - 17$.

45. On multiplie un nombre par 10, 100, 1000. De combien augmente dans chaque cas la valeur du nombre ?

*46. Un nombre est le double d'un autre. Que vaut, par rapport au plus petit : 1° la somme ; 2° la différence des deux nombres ? Même question en supposant que le plus grand nombre est triple, quadruple, quintuple du plus petit.

*47. On multiplie un nombre d'abord par 8, puis par 13, et on fait la somme des deux produits. Obtiendrait-on le même résultat en multipliant le nombre d'abord par 13, puis par 8, et en additionnant les deux résultats ?

*48. Au produit de 38 par 15, on ajoute le multiplicande 38. Pourrait-on obtenir le résultat par une seule multiplication ? Même question en supposant que l'on ajoute au produit 38×15 le multiplicateur 15.

*49. Dans la multiplication de 1 512 par 47, on écrit par mégarde le premier chiffre à droite du second produit partiel sous le chiffre des centaines du premier. Peut-on corriger l'erreur commise sans recommencer l'opération ?

*50. Dans la multiplication de 527 par 20 004, on écrit par mégarde le premier chiffre à droite du produit de 527 par 2 sous le chiffre des dizaines du premier produit partiel. Peut-on corriger l'erreur commise sans recommencer l'opération ?

51. Montrer que, pour multiplier un nombre de deux chiffres par 11, on peut faire la somme de deux chiffres du nombre et intercaler cette somme entre ces deux chiffres si la somme est inférieure à 10. Dans le cas contraire, on intercale entre les deux chiffres les unités de leur somme en augmentant de 1 le chiffre des dizaines du multiplicande.

Ex. : 1° $32 \times 11 . 3 + 2 = 5$; le produit est 352 ;

   2° $78 \times 11 . 7 + 8 = 15$; le produit est 858.

*52. Un père a 40 ans, son fils en a 10. Dans combien de temps l'âge du père sera-t-il le triple de l'âge du fils ?

*53. Un père et son fils ont ensemble 53 ans. Dans 11 ans, l'âge du père sera double de l'âge du fils. Trouver l'âge actuel de chacun d'eux.

54. Quel est le nombre dont le carré vaut 5 329 et le cube 389 017 ?

***55.** On a trois sommes égales, composées l'une de pièces de 1 franc, l'autre de pièces de 2 francs, la dernière de pièces de 5 francs. Le nombre total des pièces est de 272. Quelle est la valeur de chaque somme ?

56. Une somme de 5 000 francs a été partagée entre quatre personnes de telle sorte que la première a reçu 550 francs de plus que la deuxième ; celle-ci, 250 francs de plus que la troisième, qui a eu elle-même 50 francs de plus que la dernière. Quelles sont les quatre parts ?

57. Deux personnes possèdent l'une un capital de 36 000 francs, l'autre un capital de 22 500 francs. Chaque année, la première dépense 240 francs de plus que ce qu'elle gagne, tandis que l'autre économise 510 francs. Dans combien d'années les deux fortunes seront-elles égales ?

***58.** Une personne possède 76 francs en pièces de 2 francs et en pièces de 5 francs. Le nombre des pièces de 5 francs surpasse de 4 celui des pièces de 2 francs. Combien y a-t-il de pièces de chaque sorte ?

***59.** On a acheté une pièce de toile à 12 francs le mètre, puis une autre pièce qui contient 6 mètres de plus que la première et dont le mètre coûte 15 francs. On a payé pour la deuxième 162 francs de plus que pour la première. Trouver le prix et la longueur de chaque pièce.

60. Un marchand vend du blé à 80 francs l'hectolitre, de l'orge à 75 francs et de l'avoine à 72 francs. Il a 3 fois plus d'orge que de blé et 5 fois plus d'orge que d'avoine. Le prix total de vente étant 20 892 francs, trouver combien le marchand a vendu d'hectolitres de blé, d'orge et d'avoine.

61. Un ouvrier qui dépense en moyenne 16 francs par jour reçoit 22 francs par jour de travail. Au bout de l'année, il a économisé 6 570 francs. Combien de jours a-t-il travaillé ?

***62.** Un commerçant a acheté pour 5 604 francs 51 hectolitres de vin de deux qualités ; la première coûte 114 francs et la deuxième 105 francs l'hectolitre. Combien le commerçant a-t-il acheté d'hectolitres de chaque sorte de vin ?

63. Deux trains partent à 7 heures du matin, l'un de Paris pour Lyon, l'autre de Lyon pour Paris ; le premier parcourt 72 kilomètres à l'heure, le second 56 kilomètres. A quelle heure et à quelle distance de Paris se croiseront-ils, si la distance de Paris à Lyon est 512 kilomètres ?

***64.** Une corbeille contient des pommes, des poires et des oranges. Le nombre des pommes est 3 fois plus grand que celui des poires et le nombre des poires surpasse de 12 le nombre des oranges. Combien la corbeille contient-elle de fruits de chaque sorte si le nombre total de ces fruits est égal à 148 ?

65. Un bassin peut être alimenté par trois robinets et vidé par un quatrième. Le premier robinet fournit 375 litres d'eau en 5 heures, le deuxième 243 litres en 3 heures, le troisième 352 litres en 4 heures, enfin le quatrième épuise 252 litres d'eau en 6 heures. Le bassin, d'une contenance de 1 212 litres, étant supposé vide et les quatre robinets ouverts ensemble, combien faudra-t-il de temps pour le remplir ?

66. Un train part de Lyon à midi avec une vitesse de **56** kilomètres à l'heure. Deux heures plus tard, un autre train part de Lyon dans la même direction avec une vitesse de **70** kilomètres à l'heure. A quelle heure et à quelle distance de Lyon rejoindra-t-il le premier train ?

67. Un marchand a un tonneau de **2** hectolitres et un autre dont la contenance n'est pas connue. Il les remplit d'un vin qui lui coûte **1 f, 10** le litre et qu'il revend **1 f, 60**. Il réalise ainsi un bénéfice total de **275** francs. Quelle est la contenance du deuxième tonneau ?

68. Deux ouvriers ont fait ensemble en **18** jours un ouvrage pour lequel ils ont reçu **672** francs; mais, pendant ce temps, l'un des ouvriers s'est absenté **4** jours. Quelle est la part de salaire qui revient à chacun d'eux ?

***69.** Deux pièces d'étoffe ont la même longueur ; **4** mètres de la première valent autant que **5** mètres de la deuxième, et le prix de ces **9** mètres (**4** de la première et **5** de la deuxième) est de **72** francs. La différence de prix des deux pièces est de **216** francs. Trouver la longueur commune des deux pièces.

***70.** Deux réservoirs contiennent l'un **720** litres, l'autre **40** litres d'eau. On ouvre à **8** heures du matin un robinet qui introduit dans le premier réservoir **8** litres d'eau par minute, puis à midi un autre robinet qui alimente le second réservoir. Quel est le débit de ce robinet à la minute si, à **6** heures du soir, le contenu du premier réservoir est triple du contenu du deuxième ?

71. Deux piétons partent en même temps de deux points distants de **25** kilomètres. Le premier fait par heure **2** kilomètres de plus que le second et leur rencontre a lieu au bout de **2** heures et demie. Trouver la vitesse de chacun des piétons.

***72.** Trouver deux nombres dont la somme est **218**, sachant que la division du plus grand par le plus petit donne **13** pour quotient et **8** pour reste.

***73.** Trouver deux nombres dont la différence est **345**, sachant que la division du plus grand par le plus petit donne **11** pour quotient et **25** pour reste.

***74.** Trouver cinq nombres entiers consécutifs dont la somme est **105**.

***75.** Trouver trois nombres pairs consécutifs, connaissant leur somme **360**.

*76. Trouver cinq nombres impairs consécutifs, connaissant leur somme **375**.

*77. Une personne achète trois objets à des prix différents. Le prix du premier ajouté au prix du second donne un total de **57** francs; le prix du premier ajouté au prix du troisième donne un total de **79** francs; enfin la somme des prix des deux derniers est de **86** francs. Quel est le prix de chaque objet?

*79. Une personne a acheté **9** douzaines d'œufs. Si la douzaine avait coûté **30** centimes de moins, elle en aurait eu une douzaine de plus pour la même somme. Quel est le prix d'achat de ces œufs?

*80. Une revendeuse achète des pêches à **3** francs la douzaine. Six de ces pêches étant gâtées, elle réalise un bénéfice de **6** francs en vendant les autres au détail à **30** centimes l'une. Combien a-t-elle acheté de pêches?

81. **3** kilogrammes de café et **5** kilogrammes de chocolat coûtent ensemble **58** francs; **3** kilogrammes du même café et **7** kilogrammes du même chocolat valent ensemble **74** francs. Quel est le prix du kilogramme de chaque marchandise?

82. **8** mètres de flanelle et **5** mètres de drap coûtent ensemble **177** francs, tandis que **4** mètres de flanelle et **11** mètres de drap coûtent ensemble **267** francs. Trouver le prix du mètre de flanelle et celui du mètre de drap.

*83. Un père et son fils travaillent dans une même usine. Une première fois, pour **13** journées du père et **8** journées du fils, ils reçoivent en tout **330** francs; une deuxième fois, pour **11** journées du père et **9** journées du fils, ils reçoivent en tout **306** francs. Quel est le salaire journalier de chaque ouvrier?

*84. Trouver tous les nombres qui, divisés par **8**, donnent pour quotient **5**.

85. En divisant **127** par un certain nombre, on obtient pour quotient **9** et pour reste **10**. Quel est le diviseur?

*86. Parmi les nombres **1 720, 3 753, 67 200, 5 648, 33 300, 76 368, 8 654, 3 870**, dire quels sont les nombres divisibles par **2**, par **5**, par **4**, par **25**, par **3**, par **9**, par **10** et par **100**.

*87. Écrire un chiffre à droite du nombre **8 617** de façon à obtenir : 1° un nombre divisible par **2**; 2° un nombre divisible par **4**; 3° un nombre divisible par **25**; 4° un nombre divisible par **8**; 5° un nombre divisible par **3**; 6° un nombre divisible par **9**.

*88. Effectuer les multiplications suivantes en faisant la preuve par **9** :

1° **7 358 × 673** ;
2° **3 287 × 1 680** ;
3° **64 521 × 375**.

*89. Effectuer les divisions suivantes en faisant la preuve par 9 :

1° 3 643 ; 608 ;
2° 475 628 ; 3 752 ;
3° 9 068 735 ; 7 941.

*90. Dans le nombre 25 349, remplacer le dernier chiffre à droite par un chiffre tel que le nombre obtenu soit divisible : 1° par 2 ; 2° par 4 ; 3° par 8 ; 4° par 3 ; 5° par 9.

*91. Combien y a-t-il entre 200 et 300 (200 et 300 non compris) : 1° de multiples de 3 ? 2° de multiples de 4 ? 3° de multiples de 5 ? 4° de multiples de 9 ?

*92. Etant donnée la série des nombres : 7, 9, 13, 27, 58, 63, 77, 92, 100, remplacer le dernier zéro du nombre 100 par un chiffre tel que la moyenne arithmétique de ces nombres soit un nombre entier.

§ 2. — Exercices oraux.

93. Compter de 4 en 4, de 6 en 6, de 7 en 7, de 8 en 8, de 9 en 9, de 11 en 11, depuis 0 jusqu'à 200.

94. Même exercice, en commençant à 1, à 2, à 3, ...

95. Calculer la somme des 9 premiers nombres entiers.

96. Calculer la somme des 15 premiers nombres entiers.

97. Calculer la somme des nombres impairs de 1 à 19 inclusivement.

98. Calculer la somme des nombres pairs de 2 à 30 inclusivement.

99. Calculer mentalement les sommes suivantes :

$$526 + 7 ; \quad 418 + 5 ; \quad 697 + 4 ; \quad 1353 + 8 ; \quad 613 + 9.$$
$$50 + 30 ; \quad 90 + 40 ; \quad 39 + 80 ; \quad 54 + 60 ; \quad 139 + 70.$$
$$21 + 33 ; \quad 56 + 42 ; \quad 39 + 51 ; \quad 74 + 26 ; \quad 215 + 35.$$

100. Calculer mentalement les sommes suivantes :

$$300 + 800 ; \quad 259 + 700 ; \quad 745 + 500 ; \quad 600 + 368 ; \quad 900 + 756.$$
$$242 + 610 ; \quad 728 + 930 ; \quad 850 + 432 ; \quad 807 + 710 ; \quad 304 + 609.$$

101. Calculer mentalement les sommes suivantes :

$$67 + 11 ; \quad 46 + 21 ; \quad 63 + 31 ; \quad 157 + 41 ; \quad 3648 + 331.$$
$$147 + 32 ; \quad 832 + 54 ; \quad 1426 + 163 ; \quad 3514 + 1465 ; \quad 28649 + 2350.$$

102. Calculer mentalement les sommes suivantes :

$$349 + 28 ; \quad 778 + 32 ; \quad 1347 + 54 ; \quad 36326 + 135 ;$$
$$257 + 101 ; \quad 1348 + 204 ; \quad 8649 + 2001 ; \quad 12343 + 6128.$$

103. Que faut-il ajouter à chacun des nombres suivants :

9, 6, 7, 11, 15, 18, pour avoir 20?
13, 15, 18, 21, 6, 9, pour avoir 23? etc.

104. Que faut-il ajouter à 17 pour avoir 24?
à 32 pour avoir 39?
à 57 pour avoir 63? etc.

105. Que faut-il retrancher de 21 pour avoir 15?
de 39 pour avoir 26 ?
de 52 pour avoir 38? etc.

106. Que faut-il ajouter à 357 pour avoir 715 ?
à 643 pour avoir 927?
à 128 pour avoir 672? etc.

(Si l'on cherche par exemple ce qu'il faut ajouter à 138 pour avoir 675, on dit : 38 et 2, 40; et 35, 75 ; 2 et 35, 37; 100 et 500, 600. Il faut ajouter 537.)

107. Compter de 3 en 3, de 4 en 4, de 6 en 6, de 7 en 7, de 8 en 8, de 9 en 9, de 11 en 11, en rétrogradant depuis un nombre quelconque; par exemple de 7 en 7 à partir de 203.

108. Calculer mentalement les différences suivantes :

70 — 30; 90 — 40; 86 — 50; 47 — 26; 98 — 32;
45 — 18; 32 — 24; 83 — 45; 72 — 57; 93 — 78, etc.

109. Calculer mentalement les différences suivantes :

852 — 326; 745 — 672; 2 620 — 347; 3 649 — 1 568, etc.

(Par exemple, pour retrancher 379 de 857 on dit : 857 — 300 = 557, — 70 = 487, — 9 = 478. La différence est 478.)

110. Doubler les nombres suivants :

36; 78; 82; 73; 97; 108; 178; 256; 365, etc.

(Pour trouver le double de 526 par exemple, on dit : 2 fois 500, 1 000; 2 fois 20, 40; 1 000 + 40 = 1 040; 2 fois 6, 12. Le résultat vaut 1 040 + 12 = 1 052. — On peut dire aussi: 2 fois 26, 52; 2 fois 500, 1 000; 1 000 + 52 = 1 052.)

111. Tripler chacun des nombres de l'exercice précédent.

112. Calculer les produits suivants :

32 × 20; 528 × 200; 41 357 × 2 000; 507 × 30; 1 312 × 300, etc.

113. Calculer les produits suivants :

73 × 11; 159 × 11; 378 × 11; 1 357 × 11, etc.

(On a par exemple : $526 \times 11 = 526 \times 10 + 526 = 5\,260 + 526 = 5786.$)

114. Calculer les produits suivants :

$$29 \times 9; \quad 218 \times 9; \quad 548 \times 9; \quad 3\,628 \times 9, \text{ etc.}$$

(On a par exemple : $1\,372 \times 9 = 1\,372 \times 10 - 1\,372 = 13\,720 - 1\,372 = 12\,348.$)

115. Calculer les produits suivants :

$$37 \times 19; \quad 152 \times 29; \quad 1\,315 \times 99; \quad 125 \times 99; \quad 1\,312 \times 199, \text{ et.}$$

116. Calculer les produits suivants :

$$2 \times 3 \times 13 \times 5; \quad 4 \times 6 \times 25 \times 8 \times 2; \quad 6 \times 8 \times 125 \times 13;$$
$$2 \times 250 \times 4 \times 9; \quad 7 \times 2 \times 8 \times 25 \times 5; \quad 14 \times 25 \times 18.$$

117. Calculer les produits suivants :

$$1\,312 \times 5; \quad 21\,523 \times 5; \quad 1\,349 \times 25; \quad 6\,428 \times 25; \quad 3\,728 \times 125.$$

(Pour multiplier un nombre par 5, on le multiplie par 10 et on prend la moitié du résultat; pour le multiplier par 25, on le multiplie par 100 et on prend le quart du résultat; pour le multiplier par 125, on multiplie par 1 000 et on prend le huitième du résultat.)

118. Prendre la moitié de chacun des nombres :

$$62, \quad 828, \quad 1\,356, \quad 14\,528, \quad 13\,640, \text{ etc.}$$

Prendre le tiers de chacun des nombres :

$$615, \quad 2\,865, \quad 3\,465, \quad 13\,764, \quad 180\,534, \text{ etc.}$$

119. Diviser par 5 chacun des nombres :

$$165, \quad 3\,615, \quad 2\,825, \quad 32\,465, \text{ etc.};$$

par 25 chacun des nombres :

$$1\,300, \quad 2\,375, \quad 13\,225, \quad 24\,150, \text{ etc.};$$

par 125 chacun des nombres :

$$13\,125, \quad 42\,000, \quad 52\,500, \quad 413\,250, \text{ etc.}$$

(Pour diviser un nombre par 5, on le double et on divise le résultat par 10; pour le diviser par 25, on le multiplie par 4 et on divise le résultat par 100; pour le diviser par 125, on le multiplie par 8 et on divise le résultat par 1 000.)

120. Diviser par 20 chacun des nombres :

$$620, \quad 3\,160, \quad 4\,180, \quad 56\,240, \text{ etc.};$$

par 30 chacun des nombres :

$$420, \quad 3\,210, \quad 5\,310, \quad 134\,610, \text{ etc.};$$

par 200 chacun des nombres :

$$3\,200, \quad 43\,600, \quad 728\,200, \text{ etc.};$$

par 300 chacun des nombres :

$$720\,000, \quad 86\,400, \quad 376\,200, \text{ etc.}$$

Livre deuxième.

§ 1. — Exercices écrits.

121. Ranger par ordre de grandeur croissante les fractions :

$$\frac{5}{4}, \quad \frac{4}{7}, \quad \frac{5}{6}, \quad \frac{8}{3}, \quad \frac{7}{4}, \quad \frac{4}{6} \quad \text{et} \quad \frac{7}{3}.$$

122. Trouver des fractions égales à la fraction $\frac{5}{6}$ et ayant respectivement pour dénominateurs 12, 24, 30, 72.

123. Trouver des fractions égales à la fraction $\frac{8}{11}$ et ayant respectivement pour numérateurs 24, 32, 40, 72, 88.

124. Trouver des fractions égales à la fraction $\frac{15}{20}$ et ayant respectivement pour dénominateurs 12, 24, 32, 44.

125. Trouver des fractions égales à la fraction $\frac{14}{49}$ et ayant respectivement pour numérateurs 12, 18, 20, 26, 30.

126. Peut-on toujours trouver une fraction égale à une fraction donnée et ayant un dénominateur ou un numérateur donnés? Par exemple : Pourrait-on trouver une fraction égale à $\frac{15}{20}$ et ayant pour dénominateur 18, ou une fraction égale à $\frac{14}{49}$ ayant pour numérateur 25?

127. Simplifier les fractions suivantes :

$$\frac{42}{56}; \quad \frac{110}{176}; \quad \frac{165}{275}; \quad \frac{324}{396}.$$

128. Simplifier les fractions suivantes :

$$\frac{6\,500}{10\,400}; \quad \frac{675}{1\,575}; \quad \frac{1\,584}{5\,808}; \quad \frac{4\,455}{9\,900}.$$

129. Réduire au même dénominateur les fractions suivantes :

$$1° \ \frac{7}{8} \text{ et } \frac{11}{14}; \quad 2° \ \frac{3}{10}, \frac{7}{9}, \frac{5}{7}; \quad 3° \ \frac{2}{11}, \frac{4}{7}, \frac{7}{15}.$$

130. Réduire au même dénominateur les fractions suivantes :

$$1° \ \frac{7}{20}, \frac{13}{10}, \frac{11}{40}; \quad 2° \ \frac{23}{48}, \frac{7}{12}, \frac{17}{24}, \frac{5}{6},$$

et ranger ces fractions par ordre de grandeur croissante.

***131.** Réduire au même dénominateur les fractions suivantes :

$$1° \ \frac{5}{6}, \frac{11}{14}, \frac{17}{30}, \frac{25}{42}; \quad 2° \ \frac{3}{4}, \frac{7}{10}, \frac{5}{6}, \frac{11}{30}, \frac{7}{12},$$

et ranger ces fractions par ordre de grandeur décroissante.

***132.** Trouver deux fractions respectivement égales aux fractions $\frac{6}{13}$ et $\frac{11}{20}$ et telles que leurs numérateurs soient égaux.

***133.** Trouver des fractions respectivement égales aux fractions $\frac{8}{25}$ et $\frac{14}{55}$ et telles que le numérateur de la première soit égal au dénominateur de la deuxième.

***134.** Trouver des fractions respectivement égales aux fractions $\frac{12}{35}$ et $\frac{4}{21}$ et telles que le dénominateur de la première soit égal au numérateur de la deuxième.

135. Extraire les entiers contenus dans les fractions suivantes :

$$\frac{47}{15}; \quad \frac{355}{113}; \quad \frac{7\,506}{29}; \quad \frac{3\,629}{42}; \quad \frac{52\,651}{37}; \quad \frac{100\,000}{537}.$$

*136. Trouver une fraction égale à $\frac{3}{4}$ et telle que la somme de ses termes soit 91.

*137. Trouver une fraction égale à $\frac{14}{49}$ et telle que la somme de ses termes soit 189.

*138. Trouver une fraction égale à $\frac{8}{15}$ et telle que la différence de ses termes soit 112.

*139. Trouver une fraction égale à $\frac{26}{91}$ et telle que la différence de ses termes soit 135.

140. Trouver une fraction égale à $\frac{252}{360}$ et ayant pour numérateur 105.

*141. Trouver la fraction irréductible égale à une fraction dont les termes ont pour somme 972 et pour différence 468.

142. Quelle fraction d'une année commune représente une durée de 17 jours 15 heures?

*143. Trouver un nombre tel que, si on l'ajoute aux deux termes de la fraction $\frac{13}{17}$, la fraction obtenue diffère de l'unité de $\frac{4}{21}$.

*144. Trouver un nombre tel que, si on l'ajoute aux deux termes de la fraction $\frac{7}{9}$, on obtienne une nouvelle fraction qui diffère de l'unité de $\frac{1}{10}$.

*145. Trouver un nombre tel que, si on le retranche aux deux termes de la fraction $\frac{15}{13}$, on obtienne une nouvelle fraction qui ne surpasse l'unité que de $\frac{2}{9}$.

*146. Trouver un nombre tel que, si on le retranche aux deux termes de la fraction $\frac{23}{20}$, la fraction obtenue surpasse l'unité de $\frac{1}{4}$.

*147. Comparer, sans les réduire au même dénominateur, les fractions suivantes :

1° $\frac{5}{7}$ et $\frac{3}{8}$; $\quad \frac{12}{7}$ et $\frac{10}{9}$; $\quad \frac{8}{5}$ et $\frac{13}{4}$;

2° $\frac{14}{5}$ et $\frac{19}{10}$; $\quad \frac{7}{11}$ et $\frac{13}{17}$; $\quad \frac{20}{13}$ et $\frac{26}{19}$; $\quad \frac{15}{11}$ et $\frac{9}{5}$;

$3^o \ \dfrac{3}{7}$ et $\dfrac{15}{29}$; $\quad \dfrac{13}{7}$ et $\dfrac{19}{9}$; $\quad \dfrac{11}{5}$ et $\dfrac{37}{12}$.

148. Un train qui parcourt **64** kilomètres à l'heure doit faire un trajet de **708** kilomètres. Il part à **8** heures du matin. Quelle fraction du trajet a-t-il effectuée à **3** heures et demie du soir ?

149. Calculer chacune des sommes suivantes :

$1^o \ \dfrac{2}{3} + \dfrac{3}{4} + \dfrac{4}{5} + \dfrac{5}{6}$;

$2^o \ \dfrac{5}{7} + \dfrac{7}{9} + \dfrac{9}{11}$;

$3^o \ \dfrac{2}{5} + \dfrac{7}{20} + \dfrac{3}{10} + \dfrac{11}{20}$;

$4^o \ \dfrac{7}{12} + \dfrac{13}{72} + \dfrac{11}{18} + \dfrac{17}{24} + \dfrac{5}{6}$,

et, dans chaque cas, extraire les entiers du résultat.

150. Calculer chacune des sommes suivantes :

$1^o \ 5\dfrac{3}{4} + 8\dfrac{2}{3} + 11\dfrac{7}{8}$;

$2^o \ 7\dfrac{1}{2} + 15\dfrac{13}{24} + 21\dfrac{7}{12} + 13\dfrac{1}{6} + 8\dfrac{2}{3}$;

$3^o \ 13\dfrac{3}{4} + 21\dfrac{3}{5} + 17\dfrac{13}{100} + 6\dfrac{11}{25} + 41\dfrac{7}{20}$.

151. Calculer chacune des différences suivantes :

$1^o \ \dfrac{15}{17} - \dfrac{8}{15}$; $\quad 2^o \ \dfrac{21}{13} - \dfrac{8}{5}$; $\quad 3^o \ \dfrac{3}{4} - \dfrac{5}{12}$; $\quad 4^o \ \dfrac{19}{28} - \dfrac{3}{7}$.

152. Calculer chacune des différences suivantes :

$13 - \dfrac{8}{15}$; $\quad 8 - 2\dfrac{3}{4}$; $\quad 25\dfrac{5}{6} - 11$; $\quad 37 - 29\dfrac{7}{8}$.

153. Calculer chacune des différences suivantes :

$7\dfrac{2}{3} - 3\dfrac{4}{7}$; $\quad 11\dfrac{13}{15} - 6\dfrac{2}{5}$; $\quad 9\dfrac{2}{3} - 6\dfrac{3}{4}$; $\quad 21\dfrac{1}{6} - 13\dfrac{7}{12}$.

154. De la somme des fractions $\dfrac{7}{15}$, $\dfrac{11}{12}$ et $\dfrac{3}{5}$, retrancher la différence des fractions $\dfrac{7}{8}$ et $\dfrac{11}{24}$.

155. Calculer la somme $94 + \dfrac{6}{12} + \dfrac{385}{70}$.

156. Calculer la valeur de l'expression $1 - \dfrac{1}{2} + \dfrac{1}{4} - \dfrac{1}{8} + \dfrac{1}{16} - \dfrac{1}{32}$.

*157. Trouver deux fractions dont la somme vaut $\dfrac{11}{8}$ et la différence $\dfrac{1}{8}$.

*158. Trouver deux fractions dont la somme vaut $\dfrac{7}{6}$ et la différence $\dfrac{5}{42}$.

159. Calculer les produits suivants :

$1^o\ \dfrac{13}{21} \times 12$; $\quad 2^o\ \dfrac{17}{45} \times 35$; $\quad 3^o\ \dfrac{28}{225} \times 15$; $\quad 4^o\ \dfrac{515}{117} \times 13$.

160. Calculer les produits suivants :

$1^o\ 33 \times \dfrac{5}{11}$; $\quad 2^o\ 42 \times \dfrac{13}{35}$; $\quad 3^o\ 135 \times \dfrac{7}{27}$; $\quad 4^o\ 360 \times \dfrac{73}{240}$.

161. Calculer les produits suivants :

$1^o\ \dfrac{9}{20} \times \dfrac{28}{15}$; $\quad 2^o\ \dfrac{28}{25} \times \dfrac{55}{168}$; $\quad 3^o\ \dfrac{35}{48} \times \dfrac{39}{56}$; $\quad 4^o\ \dfrac{45}{91} \times \dfrac{26}{55}$.

162. Calculer les produits suivants :

$1^o\ 13 \times 7\,\dfrac{5}{12}$; $\quad 2^o\ 21\,\dfrac{4}{15} \times 6$; $\quad 3^o\ 8\,\dfrac{11}{15} \times 7\,\dfrac{3}{4}$.

163. Que valent les $\dfrac{2}{3}$ des $\dfrac{3}{4}$ des $\dfrac{4}{5}$ de 240 francs ?

164. Que valent les $\dfrac{5}{13}$ des $\dfrac{9}{35}$ de $\dfrac{7}{18}$?

165. Que valent les $\dfrac{3}{5}$ des $\dfrac{7}{9}$ des $\dfrac{13}{14}$ de $\dfrac{15}{52}$?

166. Effectuer les divisions suivantes :

$1^o\ \dfrac{3}{11} : 5$; $\quad 2^o\ \dfrac{12}{25} : 14$; $\quad 3^o\ \dfrac{36}{77} : 12$; $\quad 4^o\ \dfrac{210}{121} : 42$.

167. Diviser : 1° 15 par $\dfrac{20}{49}$;   2° 26 par $\dfrac{44}{15}$;   3° 39 par $\dfrac{13}{15}$;

4° 60 par $\dfrac{45}{73}$.

168. Effectuer les divisions suivantes :

1° $\dfrac{28}{55} : \dfrac{6}{35}$;   2° $\dfrac{32}{81} : \dfrac{20}{21}$;   3° $\dfrac{125}{48} : \dfrac{35}{27}$;   4° $\dfrac{160}{147} : \dfrac{120}{77}$.

169. Diviser : 1° 3 par $13\dfrac{1}{7}$; 2° $15\dfrac{28}{33}$ par 21 ; 3° $7\dfrac{3}{4}$ par $8\dfrac{2}{3}$.

***170.** Calculer la valeur de l'expression $\dfrac{11\dfrac{2}{3} - 8\dfrac{3}{4}}{5\dfrac{3}{8} + 2\dfrac{1}{2}}$.

***171.** Que valent les $\dfrac{5}{7}$ de l'expression $28 - \left(3\dfrac{1}{4} + 7\dfrac{5}{8}\right)$?

***172.** Prendre les $\dfrac{3}{4}$ des $\dfrac{5}{6}$ de l'expression

$$\left(17\dfrac{4}{27} + 11\dfrac{2}{3}\right) - \left(8\dfrac{11}{24} - 3\dfrac{7}{12}\right).$$

***173.** Prendre les $\dfrac{5}{12}$ des $\dfrac{6}{7}$ des $\dfrac{4}{25}$ de l'expression

$$13\dfrac{2}{5} : \left(11\dfrac{2}{3} - 3\dfrac{5}{6}\right).$$

174. Un piéton qui fait 5 kilomètres à l'heure part d'un point **A** à 6 heures $\dfrac{3}{4}$ pour arriver à un autre point **B** à 10 heures $\dfrac{1}{2}$. Quelle est la distance des points **A** et **B** ?

175. Un robinet peut remplir un bassin en 4 heures, un autre le remplirait en 6 heures et un troisième le viderait en 12 heures. Le bassin étant vide, en combien de temps sera-t-il rempli, si les trois robinets sont ouverts à la fois ?

176. Un ouvrier ferait un ouvrage en 15 heures, un autre le ferait en 27 heures. Quelle fraction de l'ouvrage reste-t-il à faire lorsque les deux ouvriers ont travaillé ensemble pendant 4 heures ?

***177.** Deux pièces de toile mesurent ensemble 122 mètres ; la moitié de la première et le tiers de la deuxième font ensemble 49 mètres. Trouver la longueur de chaque pièce.

178. Un pré et une vigne coûtent ensemble 1 920 francs ; le prix du pré n'est que les $\frac{3}{5}$ du prix de la vigne. Trouver le prix de chaque terrain.

179. Que valent les $\frac{3}{4}$ d'une propriété dont les $\frac{7}{9}$ sont estimés 28 000 francs ?

180. Trouver un nombre qui, augmenté de ses $\frac{2}{3}$ et de ses $\frac{5}{6}$, donne une somme égale à 60.

181. D'une bande de toile ayant 8 mètres de long, on a détaché successivement trois autres bandes ayant respectivement 1 mètre $\frac{2}{3}$, $\frac{3}{4}$ de mètre et 2 mètres $\frac{5}{6}$. Quelle est la longueur de la partie restante ?

182. Une personne dépense les $\frac{3}{4}$ de ce qu'elle avait, puis elle gagne une somme égale aux $\frac{2}{3}$ de ce qui lui restait. Elle possède alors 28 francs. Combien avait-elle tout d'abord ?

183. La somme des $\frac{3}{8}$ et des $\frac{11}{12}$ d'un nombre est inférieure de 34 au double de ce nombre. Quel est ce nombre ?

184. Un marchand vend une pièce de toile en trois fois. La première vente comprend les $\frac{2}{7}$ de la pièce ; la deuxième, les $\frac{4}{5}$ du reste ; le troisième coupon, qui a une longueur de 16 mètres, a été vendu 132 francs. Le marchand ayant fait dans chacune de ses ventes un bénéfice de 10 0/0, on demande : 1° la longueur de la pièce ; 2° le prix d'achat et le prix de vente total de la pièce.

185. On achète 9 mètres de drap et 6 mètres de soie pour une somme totale de 306 francs. Le prix du mètre de drap étant les $\frac{3}{4}$ du prix du mètre de soie, trouver le prix du mètre de l'un et de l'autre.

186. Un voyageur parcourt par heure une distance de 4 kilomètres $\frac{2}{3}$. Quel chemin doit faire par heure un deuxième voyageur, partant en même temps que le premier dans la même direction, pour rejoindre celui-ci au bout de 5 heures, s'il a 3 kilomètres $\frac{1}{2}$ de retard sur le premier ?

187. On achète une maison, un jardin et un champ pour une somme totale de **45 000** francs. Le prix du champ est les $\frac{7}{3}$ du prix du jardin, qui est lui-même les $\frac{3}{50}$ du prix de la maison. Trouver le prix d'achat de la maison, du jardin et du champ.

188. Un ouvrier pourrait faire un certain travail en 4 jours; un deuxième le ferait en 6 jours; un troisième en 8 jours. Quelle fraction du travail les trois ouvriers réunis font-ils en un jour, et en combien de temps peuvent-ils faire le travail entier?

*189. On a mis en bouteilles une barrique de vin; les bouteilles contiennent $\frac{3}{4}$ de litre. Si les bouteilles avaient été de $\frac{4}{5}$ de litre, il en aurait fallu **19** de moins. Quelle est la capacité de la barrique?

*190. Trois ouvriers s'associent pour faire un certain travail. Le premier seul le ferait en 8 jours, le second en 9 jours, le troisième en 12 jours. Le travail terminé, ils reçoivent une somme de **138** francs. Que revient-il sur ce salaire à chacun des ouvriers, si leur gain est proportionnel à leur travail?

*191. Pour faire la clôture d'un jardin, on emploie trois ouvriers : le premier seul la ferait en une demi-journée, le deuxième en $\frac{3}{4}$ de jour, le troisième en $\frac{2}{3}$ de jour. Combien de temps faudra-t-il pour établir cette clôture, si la journée de travail est de 8 heures?

192. Trois ouvriers sont employés à creuser un fossé. Le premier et le deuxième travaillant ensemble le creuseraient en 8 jours; le premier et le troisième le creuseraient en 10 jours; le deuxième et le troisième le creuseraient en 15 jours. Combien de temps chaque ouvrier travaillant seul mettrait-il pour creuser le fossé?

*193. Uu tonneau de **288** litres est plein de vin. On en retire $\frac{1}{12}$ que l'on remplace par de l'eau; on retire ensuite $\frac{1}{8}$ du mélange que l'on remplace également par de l'eau. On retire ensuite les $\frac{2}{7}$ du nouveau mélange. Combien reste-t-il alors de vin et d'eau dans le tonneau?

194. Un fonctionnaire subit pendant sa première année de service une retenue égale à $\frac{1}{12}$ de son traitement, plus $\frac{1}{20}$ du reste. Quel est le traitement complet d'un fonctionnaire qui a reçu pour sa première année de service une somme totale de **3 457** francs **50**?

195. Deux pièces d'étoffe contenant l'une **30** mètres, l'autre **36** mètres, valent ensemble **421** francs **20**. Trouver le prix du mètre de chaque pièce, sachant que le mètre de la première vaut les $\frac{3}{4}$ seulement du prix du mètre de la seconde.

196. Trouver la longueur d'une pièce d'étoffe, sachant qu'en la vendant à raison de **6** francs les $\frac{5}{7}$ de mètre on gagnerait **32** francs, tandis qu'en la vendant **5** francs les $\frac{2}{3}$ de mètre on perdrait **40** francs.

197. Une marchande porte des œufs au marché. Elle en vend à une première personne $\frac{1}{3}$ plus 8 œufs; à une deuxième, les $\frac{3}{8}$ moins 9 œufs, et à une troisième les **3** douzaines d'œufs qui lui restent. Trouver son bénéfice total, sachant qu'elle gagne **75** centimes sur chaque douzaine d'œufs.

***198.** Deux compagnies d'ouvriers pourraient faire un travail, l'une en **15** jours, l'autre en **18** jours. On emploie les $\frac{3}{4}$ des ouvriers de la première et les $\frac{9}{10}$ des ouvriers de la deuxième. Combien, dans ces conditions, faudra-t-il de temps pour exécuter le travail?

***199.** Deux robinets coulant ensemble peuvent remplir le tiers d'un bassin en **2** heures. Le premier coulant seul remplirait en **10** heures les $\frac{2}{3}$ du bassin. Combien faut-il de temps au deuxième pour remplir les $\frac{3}{5}$ de ce bassin?

***200.** Un robinet peut remplir un bassin en **10** heures; avec un deuxième robinet coulant en même temps que le premier, le bassin se remplirait en **6** heures. Combien de temps le deuxième robinet coulant seul mettrait-il pour remplir les $\frac{4}{5}$ du bassin?

***201.** Deux robinets coulant ensemble peuvent remplir un bassin en **6** heures $\frac{2}{3}$. Le premier coulant seul le remplirait aux $\frac{5}{8}$ en **7** heures et demie. Combien de temps le deuxième robinet coulant seul met-il pour remplir le bassin?

***202.** Dans une usine qui emploie des hommes, des femmes et des enfants, le salaire total journalier est de **469** francs **50** et le nombre total des ouvriers est de **53**. Le nombre des femmes est les $\frac{3}{4}$ de celui des enfants et les $\frac{5}{6}$ de celui des hommes. Le salaire journalier d'une femme est les $\frac{5}{2}$ de celui d'un enfant et les $\frac{5}{11}$ de celui d'un homme. Combien cette usine emploie-t-elle d'hommes, de femmes et d'enfants et quel est le salaire journalier d'un ouvrier de chaque catégorie?

203. Le tiers d'un poteau est peint en bleu, les $\frac{4}{9}$ sont en blanc; le reste, qui est peint en rouge, a une longueur de 60 centimètres. Quelle est la longueur totale du poteau?

*204. Un négociant qui a mis dans le commerce un certain capital a gagné la première année $\frac{1}{5}$ de ce capital; la deuxième année, il a perdu les $\frac{2}{15}$ des fonds qu'il avait à la fin de la première année; pendant la troisième, il a gagné les $\frac{2}{3}$ de ce qu'il avait à la fin de la deuxième année, et au bout de la quatrième année, durant laquelle il a gagné 8 000 francs, il se trouve avoir 86 000 francs. Quelle somme avait-il mise dans le commerce?

205. La toile écrue perd au blanchissage $\frac{1}{16}$ de sa longueur. Un marchand achète une pièce de toile-écrue de 144 mètres de long au prix de 6 francs le mètre. Combien doit-il vendre le mètre de toile blanchie pour gagner 162 francs sur son marché?

*206. Deux ouvriers travaillant ensemble mettraient 30 jours pour faire un certain travail. Ils y travaillent tous deux pendant 18 jours au bout desquels le premier tombe malade; le second seul achève alors l'ouvrage en 36 jours. Combien de jours chaque ouvrier pris séparément mettrait-il pour faire le travail?

207. Douze ouvriers travaillant 8 heures par jour pourraient faire un certain travail en 10 jours. Si l'on emploie quatre ouvriers de plus, quelle doit être la durée de la journée de travail pour que la besogne soit faite en 6 jours seulement?

208. Une personne porte des pêches au marché. Elle en vend les $\frac{2}{5}$ à 25 centimes l'une; le tiers à raison de 55 centimes les deux, et le reste à 20 centimes pièce. Elle retire ainsi 29 francs 40 de sa vente. Combien avait-elle de pêches en tout?

*209. Deux personnes se partagent une somme de 59 500 francs. La première dépense les $\frac{2}{3}$ de sa part et là deuxième les $\frac{5}{8}$ de la sienne. L'avoir de la première est alors double de celui de la deuxième. Quelle a été la part de chaque personne?

210. Un négociant déclaré en faillite ne peut payer que les $\frac{37}{100}$

de ce qu'il doit. S'il avait **10 200** francs de plus, il pourrait payer les $\frac{5}{8}$ de ses dettes. Quel est son actif et quel est son passif?

211. Une somme est partagée entre trois personnes. La première reçoit **1 204** francs ; la part de la troisième est les $\frac{5}{7}$ de la part de la deuxième qui vaut elle-même les $\frac{3}{4}$ de la part de la première. Quelle est la somme partagée?

212. On tire les $\frac{3}{5}$ d'un tonneau plein de vin, puis les $\frac{3}{5}$ du reste, puis les $\frac{3}{5}$ du nouveau reste. Le tonneau contient alors encore **16** litres de vin. Quelle est sa capacité?

***213.** On tire d'un tonneau plein de vin les $\frac{2}{5}$ de ce qu'il contient, puis $\frac{1}{4}$ du reste, puis les $\frac{2}{9}$ du nouveau reste. Il manque alors **33** litres pour que le tonneau soit à moitié rempli. Quelle est sa capacité?

***214.** Trois héritiers se partagent une succession. Le premier reçoit les $\frac{2}{5}$ de l'héritage, le deuxième a les $\frac{2}{3}$ de ce qu'a reçu le premier et le troisième les $\frac{7}{20}$ de la somme des parts des deux premiers. Le reste sert à payer les frais. Trouver le montant de l'héritage et celui de chacune des trois parts, sachant que ces trois parts réunies valent **63 900** francs.

***215.** Un piéton qui doit parcourir une distance de **25** kilomètres à raison de **4** kilomètres à l'heure, part de façon à arriver à destination à **2** heures $\frac{1}{2}$ du soir. Après avoir parcouru **7** kilomètres, il est obligé de s'arrêter $\frac{3}{4}$ d'heure. Quelle était l'heure de son départ, et combien doit-il parcourir de kilomètres à l'heure après sa halte pour arriver au but à l'heure indiquée?

216. Un train express, qui fait **64** kilomètres à l'heure, part **2** heures $\frac{3}{4}$ plus tard qu'un train omnibus qui ne fait que **48** kilomètres à l'heure. A quelle distance du point de départ aura lieu la rencontre des deux trains, et combien de temps après le départ de l'express?

217. Un fermier achète un lot de moutons au prix moyen de **72** francs. Il en revend le tiers à **85** francs, les $\frac{2}{5}$ à **88** francs et le reste à **90** francs. Il fait ainsi un bénéfice total de **699** francs. Combien ce lot comprenait-il de moutons ?

218. Trois personnes se partagent une certaine somme. La première en reçoit le tiers ; la deuxième a les $\frac{7}{5}$ de la part de la première et la dernière le reste. Sachant que celle-ci a reçu **800** francs de moins que la première, trouver la part de chacune des trois personnes.

***219.** Un père et son fils ont ensemble **44** ans ; l'âge du fils est les $\frac{2}{9}$ de l'âge du père ; trouver l'âge de chacun d'eux et dire dans combien de temps l'âge du père sera les $\frac{13}{6}$ de l'âge du fils.

***220.** Un marchand qui a acheté une pièce de toile en vend $\frac{1}{4}$ avec un bénéfice de **75** centimes par mètre, les $\frac{2}{3}$ du reste avec un bénéfice de **90** centimes, les $\frac{3}{4}$ du nouveau reste avec un bénéfice de **1** franc **05** et le dernier reste avec un bénéfice de **60** centimes par mètre. Le gain total étant de **83** francs **70**, trouver la longueur de la pièce.

***221.** Un marchand vend les $\frac{2}{5}$ d'une pièce de vin à un premier acheteur, les $\frac{2}{3}$ du reste à un deuxième, les $\frac{5}{7}$ du nouveau reste à un troisième et enfin les **12** litres restants à un dernier acheteur. Quelle était la contenance de la pièce et quel a été le prix de vente du litre si le dernier acheteur a payé **86** francs **40** de moins que le premier ?

***222.** Deux trains partent en même temps, l'un de Paris pour Lyon, l'autre de Lyon pour Paris. Au bout de combien de temps et à quelle distance de Paris se rencontreront-ils si le premier fait **259** kilomètres en **4** heures et le second **263** kilomètres en **5** heures ? La distance de Paris à Lyon est **512** kilomètres.

223. Une personne dépense les $\frac{2}{3}$ des $\frac{5}{7}$ de ce qu'elle avait ; on lui remet alors une somme égale aux $\frac{3}{4}$ des $\frac{5}{6}$ de ce qui lui reste. Elle possède à ce moment **429** francs. Combien avait-elle tout d'abord ?

***224.** Une barre de fer subit un accroissement de longueur égal à $\frac{1}{80\,000}$ de sa longueur à **0°**, pour chaque degré dont sa température s'élève à partir de **0°**. Quelle est sa longueur à **72°** si sa longueur à

0° est 12 mètres $\frac{5}{6}$? (Donner le résultat sous forme d'un nombre fractionnaire.)

225. Un bassin reçoit par minute 10 litres $\frac{1}{2}$ d'eau; il en perd dans le même temps par un orifice 4 litres $\frac{2}{3}$. S'il est vide à un certain moment, combien contiendra-t-il d'eau au bout de 2 heures $\frac{3}{4}$ et combien faudra-t-il ensuite de temps pour le remplir complètement si sa capacité est de 1 225 litres?

*226. Une horloge avance de $\frac{1}{5}$ de minute par heure. On la met à l'heure le 1er mai à midi. Quel jour et à quelle heure marquerait-elle à nouveau l'heure exacte, si on la remontait constamment sans la remettre à l'heure?

227. Un fermier a ensemencé ses terres de la façon suivante : les $\frac{3}{5}$ en blé, les $\frac{2}{3}$ du reste en seigle et le reste en avoine. La partie plantée en blé comprend 315 ares de plus que la partie plantée en avoine. Quel est le produit net de la propriété si le revenu net par are est de 12 francs 50 pour le blé, 15 francs pour le seigle et 11 francs pour l'avoine?

228. Un colporteur achète 9 boîtes de plumes qui en contiennent chacune 12 douzaines pour la somme de 28 francs 80. Combien doit-il donner de plumes pour 5 centimes s'il veut gagner 14 francs 40 sur la vente de toutes ces plumes?

229. Une personne achète au prix de 4 francs 25 le mètre une pièce de toile de 37 mètres 80 pour faire des chemises. On emploie pour chaque chemise 2 mètres 10 de toile; la façon coûte 4 francs 05, les petites fournitures 25 centimes. Trouver combien on a fait de chemises et quel est le prix de revient d'une chemise. Dire aussi combien gagne par jour une ouvrière qui peut confectionner 8 chemises en 5 jours de travail.

230. Une pierre renferme les 0,85 de son poids de calcaire pur. Lorsqu'on la calcine, le calcaire perd les $\frac{11}{25}$ de son poids. Quel sera le poids du résidu formé par la calcination de 1 800 kilogrammes de cette pierre?

231. Un épicier achète le café vert en gros à raison de 910 francs le quintal; la perte produite par la torréfaction est égale à $\frac{1}{5}$ du poids du café vert. Combien l'épicier gagne-t-il pour cent en vendant le café grillé 6 francs 30 le demi-kilogramme?

232. On achète trois pièces d'étoffe de même qualité. La première a 12 mètres de plus que la seconde, qui a elle-même 10 mètres 75

de plus que la troisième. La première coûte **540** francs, la troisième **376** francs **20**. Quelle est la longueur de chaque pièce?

233. Un marchand achète **10** pièces de vin de **228** litres au prix de **112** francs l'hectolitre. Il revend ce vin au détail à **1** franc **40** le litre. Quel est son bénéfice si chaque fût contient **5** litres $\frac{1}{2}$ de lie invendable?

234. Les rails de chemin de fer pèsent **38** kilogrammes par mètre courant et la longueur de chaque rail est de **20** mètres. La tonne de fer pour rails se paie **675** francs. On demande le nombre, le poids total et le prix des rails nécessaires pour établir un chemin de fer à double voie sur une longueur de **40** kilomètres.

235. Un voyageur parcourt **5** hectomètres en **4** minutes; un autre parcourt **6** hectomètres en **5** minutes. Quel est celui qui va le plus vite et combien de chemin fait-il de plus que l'autre en une journée de **8** heures de marche?

236. L'hectolitre d'huile d'olive pèse **91** kilogrammes **5** et coûte à Marseille **329** francs **40**. Le transport jusqu'à Paris coûte **197** francs **25** pour **1 000** kilogrammes. Combien faut-il vendre à Paris le demi-kilogramme de cette huile pour réaliser un bénéfice de **16 0/0**?

237. Un libraire a reçu d'un éditeur **195** exemplaires d'un ouvrage marqué **6** francs **25**. L'éditeur lui accorde une remise de **25 0/0** sur le prix marqué et lui donne **13** volumes pour **12**. Quelle somme le libraire a-t-il payée pour son achat et quel est son bénéfice pour cent s'il vend les livres au prix marqué?

238. L'eau de mer contient $2\frac{1}{2}$ **0/0** de son poids de sel. Combien de litres d'eau de mer faut-il faire évaporer pour obtenir **1** kilogramme de sel si l'eau de mer pèse **1 026** grammes par litre?

239. Un marchand a acheté **4** pièces de vin de même capacité pour **1 260** francs. Il en a vendu un baril de **55** litres pour **79** francs **20**. Trouver combien chaque pièce contient de litres, sachant que, dans ces conditions, le marchand gagne **24** francs par hectolitre.

240. On a acheté **175** mètres de drap à **16** francs **80** le mètre. On en vend les $\frac{3}{5}$ avec un bénéfice de **25 0/0** et le reste au prix de **19** francs **50** le mètre. Quel est le gain total du marchand?

241. Cinq ouvriers travaillant ensemble ont exécuté en **20** jours un ouvrage pour lequel ils ont reçu **1 564** francs **50**. L'un des ouvriers a manqué **5** jours, un autre **2** jours. Celui des ouvriers qui dirige le travail prélève **1** franc **50** par jour avant tout partage. Que revient-il à chaque ouvrier?

242. L'hectolitre de blé pèse **75** kilogrammes et coûte **92** francs **25**. Le blé perd à la mouture $\frac{1}{5}$ de son poids. Trouver d'après cela combien il faut d'hectolitres de blé pour fournir **30** quintaux de farine, et quel est le prix du blé qui produit un quintal de farine.

243. Un libraire fait imprimer un ouvrage de **28** feuilles. Il donne **120** francs par feuille au compositeur et **15** francs au correcteur des épreuves. Le papier coûte **66** francs la rame de **500** feuilles et le cartonnage **1** franc **38** par exemplaire. Les frais généraux s'élèvent à **750** francs. Chaque exemplaire se vendra **4** francs **50** et le libraire veut gagner **3.000** francs. A combien d'exemplaires l'ouvrage doit-il être tiré ?

244. Uu minerai contient **28** 0/0 de plomb pur; mais les procédés d'extraction ne permettent d'obtenir que les $\dfrac{95}{100}$ de ce plomb. Combien doit-on traiter de tonnes de minerai pour obtenir du plomb valant **2 394** francs à raison de **180** francs le quintal ?

245. Pour faire **4** kilogrammes de pain, on emploie **3** kilogrammes de farine. Un boulanger achète, à raison de **189** francs l'un, **72** sacs de farine pesant chacun **157** kilogrammes. Quel sera son bénéfice brut par la transformation de cette farine en pain, s'il vend **2** francs **30** le pain de **2** kilogrammes ?

246. Un marchand achète **2 000** verres à **36** francs **50** le cent. Dans le transport, **72** verres ont été cassés. Le marchand vend le reste au détail et gagne **117** francs **60** sur son marché. A quel prix a-t-il revendu chaque verre ?

***247.** Une fermière porte au marché une corbeille d'œufs qu'elle doit vendre **18** centimes pièce. En route, elle casse **15** œufs, mais elle calcule qu'en vendant ceux qui lui restent **20** centimes pièce elle retirera la même somme. Combien d'œufs avait-elle tout d'abord ?

248. Pour payer **85** litres de vin, on a donné **126** francs moins le prix de **15** litres. Quel est le prix du litre, et combien le vendeur gagne-t-il par litre si son bénéfice total est de **7** francs **65** ?

***249.** En échange de **2** mètres **50** de drap, une épicière donne **12** kilogrammes de sucre et **28** francs **80** en argent. Le prix de **2** mètres **75** de drap étant égal au prix de **22** kilogrammes de sucre, trouver le prix du mètre de drap et du kilogramme de sucre.

250. En achetant un certain nombre de mètres de toile à **6** francs **50** le mètre, il me reste après le paiement **1** franc **25**. Si la toile avait coûté **8** franc **20** le mètre, il m'aurait manqué **20** francs pour la payer. Combien ai-je acheté de mètres de toile ?

251. On a dépensé **355** francs **50** pour payer **7** mètres de toile et **15** mètres de drap. On dépenserait **218** francs **70** si l'on achetait au contraire **7** mètres de drap et **15** mètres de toile. Trouver le prix du mètre de toile et du mètre de drap.

***252.** Un parterre qui a **16** mètres **40** de long et **9** mètres **60** de large est entouré d'une plate-bande dont la largeur est de **80** centimètres. Le bord intérieur de cette plate-bande est garni de plants de fleurs espacés de **40** centimètres et coûtant **7** centimes l'un. Quelle a été la dépense occasionnée par cette bordure de fleurs?

325. Deux ouvriers travaillent ensemble. Le premier gagne par jour **1** franc **80** de moins que le second. Le premier ayant travaillé pendant **18** jours reçoit **72** francs **60** de plus que le second qui n'a travaillé que **13** jours. Quel est le salaire journalier de chaque ouvrier?

***254.** Deux fûts contiennent ensemble **364** litres de vin et la capacité du deuxième n'est que les $\dfrac{5}{8}$ de la capacité du premier. Le deuxième, dont le litre vaut **15** centimes de plus que le litre du premier, a coûté **76** francs **20** de moins que celui-ci. Trouver la capacité et le prix du litre de chacun des deux fûts.

255. Une personne achète **24** kilogrammes $\dfrac{1}{2}$ de groseilles pour faire des confitures. On demande combien elle devra employer de sucre et combien elle obtiendra de kilogrammes de confitures, sachant : 1° qu'elle met **850** grammes de sucre par litre de jus; 2° que **7** kilogrammes de groseilles donnent **5** kilogrammes de jus; 3° que le litre de jus pèse **980** grammes et perd $\dfrac{1}{8}$ de son poids par la cuisson.

256. Sept personnes devaient payer ensemble une somme de **31** francs **50**. Quelques-unes d'entre elles ne payant pas, chacune des autres verse **1** franc **80** de plus que ce qu'elle aurait dû débourser. Combien y a-t-il de personnes qui n'ont pas payé?

***257.** On paie **43** francs **80** pour un achat de **3** kilogrammes de sucre et **3** kilogrammes de café; **66** francs **30** pour un achat de **3** kilogrammes de sucre et **3** kilogrammes de thé, et **88** francs **50** pour un achat de **3** kilogrammes de café et **3** kilogrammes de thé. Quel est le prix du kilogramme de chacune de ces denrées?

***258.** Deux stations **A** et **B** sont distantes de **295** kilomètres. La tonne de charbon coûte **109** francs **50** en **A** et **113** francs **55** en **B**. Le transport du charbon coûtant **27** centimes par tonne et par kilomètre, trouver la distance à la station **A** d'une station **C** située entre **A** et **B** et où le charbon revient au même prix, qu'il vienne de **A** ou de **B**.

-259. Un épicier a vendu **10** kilogrammes de sucre et **3** kilogrammes de café pour **76** francs **50**. Sachant qu'un kilogramme de sucre et un de café coûtent ensemble **15** francs **70**, trouver le prix du kilogramme de chaque marchandise.

***260.** Une personne achète **15** litres de lait. Pour savoir si le marchand y a mis de l'eau, elle pèse ce liquide et trouve **15** kilogrammes **36**. Dire s'il y a de l'eau et quelle en est la quantité, sachant que le litre de lait pur pèse **1 030** grammes.

§ 2. — Exercices oraux.

261. Transformer en fractions les nombres fractionnaires suivants :

$$2\frac{1}{3}; \quad 3\frac{3}{4}; \quad 7\frac{5}{7}; \quad 8\frac{4}{5}; \quad 12\frac{5}{6}; \quad 15\frac{7}{9}, \text{ etc.}$$

262. Extraire les entiers des fractions suivantes :

$$\frac{12}{2}; \quad \frac{15}{2}; \quad \frac{21}{3}; \quad \frac{25}{3}; \quad \frac{13}{4}; \quad \frac{29}{12}; \quad \frac{75}{11}; \quad \frac{100}{99}; \quad \frac{37}{7}, \text{ etc.}$$

263. Simplifier les fractions suivantes :

$$\frac{3}{18}; \quad \frac{12}{18}; \quad \frac{40}{50}; \quad \frac{16}{48}; \quad \frac{35}{49}; \quad \frac{25}{100}; \quad \frac{50}{75}; \quad \frac{72}{99}; \quad \frac{26}{39}, \text{ etc.}$$

264. Convertir chacun des nombres 1, 2, 3, 4, 5, 6, 7, 8, 9 successivement en demies, en quarts, en sixièmes, en septièmes, en neuvièmes, en onzièmes, etc.

265. Convertir $\frac{3}{2}$ en quarts, $\frac{5}{3}$ en neuvièmes, $\frac{2}{7}$ en vingt et unièmes, $\frac{3}{4}$ et $\frac{5}{6}$ en douzièmes, $\frac{7}{2}, \frac{13}{3}, \frac{11}{6}, \frac{5}{8}$ en vingt-quatrièmes, etc.

266. Que font la moitié et le quart d'un nombre ?
le tiers et le sixième d'un nombre ?
le quart et les $\frac{3}{8}$ d'un nombre ?
la moitié, le quart et le douzième d'un nombre ? etc.

267. Que reste-t-il si de la moitié d'un nombre on retranche le quart de ce nombre ? si des $\frac{2}{3}$ on retranche $\frac{1}{6}$ du nombre ? si des $\frac{3}{4}$ on retranche $\frac{1}{8}$ et $\frac{1}{16}$ du nombre ? etc.

268. Que vaut chacun des produits suivants :

$$\frac{5}{4}\times 2; \quad \frac{5}{16}\times 4; \quad 2\frac{1}{3}\times 2; \quad \frac{7}{9}\times 6; \quad \frac{5}{12}\times 16; \quad 3\frac{5}{12}\times 6, \text{ etc.?}$$

269. Que vaut la moitié de chacune des fractions $\frac{1}{2}, \frac{1}{3}, \frac{1}{5}, \frac{1}{6}$, etc. ?
le tiers de chacune des fractions $\frac{1}{2}, \frac{2}{3}, \frac{2}{5}, \frac{4}{2}$, etc. ?

270. Que valent les $\frac{3}{4}$ de 12, les $\frac{5}{6}$ de 18, les $\frac{3}{5}$ de 25, les $\frac{7}{11}$ de 33, les $\frac{11}{12}$ de 24, les $\frac{7}{10}$ de 50, etc.?

271. Quels sont les $\frac{2}{5}$ de 7, les $\frac{3}{4}$ de 10, les $\frac{4}{5}$ de 11, les $\frac{5}{6}$ de 14, etc.?

272. Que valent les $\frac{2}{3}$ de $\frac{1}{2}$, les $\frac{3}{4}$ de $\frac{6}{5}$, les $\frac{4}{5}$ de $\frac{35}{12}$, etc.?

273. Quelle somme reste-t-il quand on a dépensé les $\frac{2}{3}$ de 15 francs, les $\frac{3}{4}$ de 20 francs, les $\frac{6}{7}$ de 21 francs, les $\frac{5}{8}$ de 96 francs, les $\frac{9}{10}$ de 50 francs, les $\frac{3}{20}$ de 100 francs, etc.?

274. Que vaut chacun des quotients suivants :

$$\frac{3}{5} : 4; \quad \frac{7}{12} : 3; \quad \frac{15}{16} : 6; \quad \frac{24}{13} : 12; \quad \frac{15}{28} : 10, \text{ etc.?}$$

275. Qu'obtient-on en augmentant 18 de sa moitié; 32 de son quart; 28 de ses $\frac{3}{4}$; 50 de ses $\frac{9}{10}$, etc.?

276. Que vaut chacun des quotients suivants :

$$7 : \frac{1}{2}; \quad 13 : \frac{1}{3}; \quad 8 : \frac{1}{6}; \quad 16 : \frac{2}{3}; \quad 18 : \frac{3}{4}; \quad 25 : \frac{2}{5}; \quad 21 : \frac{7}{15};$$

$$32 : \frac{12}{7}; \quad 50 : \frac{15}{8}, \text{ etc.?}$$

277. Quel est le nombre dont les $\frac{3}{4}$ valent 36, celui dont les $\frac{2}{5}$ valent 28, celui dont les $\frac{7}{9}$ valent 42, etc.?

278. Combien y a-t-il d'unités dans 72 dixièmes, 375 dixièmes, 728 centièmes, 3 402 millièmes, 5 439 centièmes, 87 345 dix-millièmes, 5 274 932 cent-millièmes, 32 453 649 millionièmes, 175 342 cent-millièmes, etc. ?

279. Combien :

32 unités	5 centièmes	valent-elles de	millièmes?
727 unités	37 millièmes	—	dix-millièmes?
42 unités	13 centièmes	—	millionièmes ?
25 unités	6 dixièmes	—	millièmes, etc.?

280. Sur une pièce de 5 francs, que doit-on me rendre si j'achète un objet de 65 centimes, de 95 centimes, de 1 franc 45, de 2 francs 75, etc. ?

281. Sur une pièce de 10 francs, que doit-on me rendre :
1° Si je dois payer 1 franc 75 et 2 francs 25 ?
2° Si je dois payer 1 franc 45 et 2 francs 95 ?
3° Si je dois payer 3 francs 95 et 1 franc 05 ?
4° Si je dois payer 1 franc 95, 2 francs 95 et 4 francs 95 ? etc.

282. Que revient-il :

sur	5 francs	pour une dépense de	2 francs 65 ?
sur	10 francs	— —	8 francs 45 ?
sur	20 francs	— —	12 francs 60 ?
sur	40 francs	— —	31 francs 10 ?
sur	50 francs	— —	29 francs 85 ?
sur	100 francs	— —	65 francs 70 ?

283. Que coûtent, à raison de 50 centimes pièce, 12 objets, 17 objets, 32 objets, 62 objets, 35 objets, etc. ?
Que coûteraient-ils à raison de 45 centimes l'un ?

284. Lorsqu'un objet coûte 1 franc 50, que coûtent 2, 6, 10, 12, 20, 32, etc., objets ?
Quel est le prix du même nombre d'objets, si chacun d'eux coûte 2 francs 50 ?

285. Que coûtent 2 objets à 95 centimes l'un ?

—	3	—	1 franc 95	—
—	4	—	1 franc 45	—
—	5	—	2 francs 95	—
—	6	—	2 francs 45	—
—	7	—	3 francs 95	— etc.

286. Combien coûtent 9 objets à 1 franc 20 l'un, à 2 francs 50, à 3 francs 60, à 4 francs 90, etc. ?

287. Combien coûtent 11 objets à 1 franc 25 l'un, à 2 francs 75, à 3 francs 80, etc. ?

288. Calculer la valeur de chacun des produits suivants :

$$28 \times 0,5 ; \quad 317,6 \times 0,5 ; \quad 56 \times 0,25 ; \quad 37,2 \times 0,25 ; \quad 72 \times 0,125 ;$$
$$3,28 \times 0,125 ; \quad 44 \times 0,75 ; \quad 7,2 \times 0,75, \text{ etc.}$$

289. Calculer les produits suivants :

$$7,4 \times 11 ; \quad 13,6 \times 11 ; \quad 0,46 \times 11 ; \quad 3,5 \times 22 ; \quad 7,21 \times 22 ;$$
$$0,123 \times 33 ; \quad 3,5 \times 9 ; \quad 2,4 \times 19 ; \quad 13,2 \times 39, \text{ etc.}$$

290. Calculer la valeur de chacun des quotients suivants :

$$73 : 0,5 ; \quad 28,2 : 0,5 ; \quad 37,25 : 0,5 ; \quad 32 : 0,25 ; \quad 3,75 : 0,25 ;$$
$$7 : 0,125 ; \quad 2,25 : 0,125 ; \quad 6 : 0,75 ; \quad 3,6 : 0,75 ; \quad 21,15 : 0,75, \text{ etc.}$$

291. Combien a-t-on d'objets à 50 centimes l'un pour 3 francs, pour 5 francs, pour 11 francs, etc.? Combien en aurait-on à 25 centimes l'un ?

292. Combien a-t-on d'objets à 1 franc 50 l'un pour 3 francs, pour 6 francs, pour 21 francs, etc. ?

293. Quel est le prix de 50 objets, 25 objets, 75 objets, 150 objets, etc., lorsque le cent coûte 9 francs, ou 8 francs, ou 12 francs, ou 24 francs, etc. ?

294. Calculer chacun des produits suivants :

$$17 \times 1{,}9; \quad 32 \times 2{,}9; \quad 13 \times 5{,}9; \quad 132 \times 0{,}9; \quad 403 \times 7{,}9,\ \text{etc.}$$

295. Calculer chacun des produits suivants :

$$35 \times 0{,}2; \quad 8{,}5 \times 0{,}4; \quad 65 \times 0{,}6; \quad 25 \times 0{,}08; \quad 132 \times 0{,}4;$$
$$157 \times 0{,}2; \quad 43{,}2 \times 0{,}04,\ \text{etc.}$$

296. Calculer chacun des quotients suivants :

$$3 : 0{,}2; \quad 12 : 0{,}4; \quad 27 : 0{,}6; \quad 3{,}2 : 0{,}8; \quad 52 : 0{,}04,\ \text{etc.}$$

Livre troisième.

§ 1. — Exercices écrits.

*297. Extraire la racine carrée des nombres suivants :

289; 529; 625; 729; 1 156; 4 761; 11 664; 207 936; 1 071 225.

*298. Extraire la racine carrée des nombres suivants:

6,25; 1,6384; 11,9025; 15 006,25; 0,9801.

*299. Extraire la racine carrée entière des nombres suivants:

507; 1 035; 32 428; 637 590; 1 547 652.

*300. Extraire la racine carrée entière des nombres suivants :

$$175{,}84; \quad 32\,752{,}384; \quad 536\,497{,}7392; \quad \frac{3\,748}{7}; \quad \frac{5\,643\,752}{13}.$$

*301. Calculer la racine carrée à $\frac{1}{1\,000}$ près des nombres suivants:

$$2, \quad 3, \quad 10, \quad 29, \quad 373, \quad 4\,708.$$

*302. Calculer la racine carrée à $\frac{1}{1\,000}$ près des nombres suivants

$$3{,}14159267; \quad 29{,}37435; \quad 372{,}82.$$

*303. Calculer la racine carrée à $\frac{1}{100}$ près des nombres suivants

$$\frac{293}{7}; \quad \frac{375\,203}{29}; \quad \frac{15\,364\,902}{42{,}5}; \quad \frac{329{,}87437}{0{,}3}.$$

*304. Trouver deux nombres entiers tels que la somme de leurs carrés soit 1 018 et la différence de ces mêmes carrés 440.

*305. Quel est le plus petit nombre entier que l'on puisse ajouter à 1 348, de façon à avoir un carré parfait?

*306. Quel est le plus petit nombre entier que l'on puisse retrancher de 3 275 645 de façon à avoir un carré parfait?

*307. Un terrain carré a une superficie de 3 136 mètres carrés. On l'entoure d'une clôture qui vaut 4 francs le mètre courant. Quelle est la dépense?

*308. Un tapis carré a une surface de 338 décimètres carrés 56. On enlève tout autour une bande qui a 5 centimètres de largeur. Quelle est la nouvelle surface du tapis?

*309. Un terrain carré est vendu 25 709 francs 40 au prix de 216 francs l'are. Trouver la longueur du côté du terrain.

*310. On doit planter 576 pommiers en carré plein sur un terrain carré dont la superficie est de 19 044 mètres carrés. Combien faut-il mettre de pommiers sur chaque ligne et quelle sera la distance entre deux arbres consécutifs? La première rangée d'arbres occupe sur chaque côté la limite du terrain.

§ 2. — Exercices oraux.

*311. Quel est le carré de chacun des nombres suivants :

$$80; \quad 50; \quad 700; \quad 3\,000; \quad 20\,000?$$

*312. Quel est le carré de chacun des nombres suivants :

$$0{,}2; \quad 0{,}5; \quad 0{,}03; \quad 0{,}004; \quad 0{,}0001; \quad 0{,}012?$$

*313. Quelle est la racine carrée de chacun des nombres suivants :

$$900; \quad 6\,400; \quad 12\,100; \quad 490\,000; \quad 810\,000; \quad 9\,000\,000?$$

*314. Quelle est la racine carrée de chacun des nombres suivants :

0,09; 0,0016; 0,0144; 1,21; 0,0001; 0,000064?

*315. Quelle est la racine carrée à une unité près des nombres suivants :

17; 38; 87; 43; 93; 102; 117?

*316. Quelle est la racine carrée à $\frac{1}{10}$ près de chacun des nombres suivants :

0,13; 1,17; 0,07; 0,85; 1,029; 0,0653?

*317. Quelle est la racine carrée à $\frac{1}{100}$ près de chacun des nombres suivants :

0,0019; 0,003; 0,0077; 0,0129; 0,006538?

Livre quatrième.

§ 1. — Exercices écrits.

318. Deux équipes de terrassiers travaillent à la construction d'une route de 12 km. 375 de longueur. La première travaille à l'une des extrémités du chemin et en fait 18 m. par jour; la deuxième travaille à l'autre extrémité du chemin et en fait 21 m. par jour. A quelle distance les deux équipes seront-elles l'une de l'autre après 82 jours de travail?

319. Une route longue de 32 km. 840 m. est bordée sur chacun de ses côtés de deux rangées d'arbres plantés à 10 m. l'un de l'autre. Combien y a-t-il d'arbres en tout sur cette route?

320. Une personne achète 32 m. de toile à 5 f. 75 le mètre. Le mètre avec lequel on mesure la toile étant trop court de 15 mm., dire la perte que cette personne subit en étoffe et en argent.

321. Les grandes roues d'une voiture ont 4 m. 25 de circonférence et les petites 3 m. 40 seulement. Trouver : 1° combien les petites roues font de tours de plus que les grandes quand la voiture parcourt une distance de 25 km. 5; 2° quelle est la distance parcourue par la voiture quand les petites roues ont fait 500 tours de plus que les grandes.

322. Un négociant achète de la toile qu'il compte vendre 6 f. 85 le mètre. Il gagnerait ainsi 29 f. 75 sur son marché; mais il ne peut la vendre que 6 f. 35 le mètre et perd ainsi 12 f. 75. Combien a-t-il acheté de mètres de toile et à quel prix a-t-il payé le mètre?

323. Quelle est en kilomètres la distance de deux villes situées sur le même méridien et éloignées l'une de l'autre de $5° \frac{2}{5}$?

324. Deux jardins rectangulaires ont même surface. Le premier a 82 m. 40 de long et 39 m. 60 de large. Trouver la largeur du deuxième, sachant qu'il a 61 m. 80 de long.

325. On veut parqueter une chambre rectangulaire qui a 6 m. 80 de long et 4 m. 70 de large au moyen de planches qui ont 1 m. 70 de long et 10 cm. de large. Combien faudra-t-il employer de planches et quelle sera la dépense si le mètre carré de plancher revient tout posé à 9 f. 25 ?

326. Un tapis de 4 m. de long et 3 m. 90 de large coûte 27 f. 65 le mètre carré. Pour le doubler, on emploie une étoffe qui a 65 cm. de largeur. Trouver le prix du mètre de cette étoffe si la dépense totale s'est élevée à 476 f. 10.

327. Un terrain de forme carrée a 32 m. 25 de côté. Quel est le prix de ce terrain à raison de 512 f. l'are ?

328. Un cultivateur achète deux pièces de terre mesurant l'une 28 a. 25, l'autre 32 a. 59. L'are vaut le même prix dans les deux cas ; mais, à cause de l'inégalité des étendues, l'acheteur paie pour le deuxième terrain 1 627 f. 50 de plus que pour le premier. Quel est le prix de chaque terrain ?

329. Deux terrains achetés au prix de 220 f. l'are ont coûté ensemble 8 910 f. Trouver l'étendue de chaque terrain si le plus grand surpasse l'autre de 620 m².

330. Un are de terrain produit en moyenne 18 l. 50 de blé. Quel sera le rendement en blé d'un terrain rectangulaire qui a 15 dam. de long et dont la largeur est les $\frac{4}{5}$ de la longueur ? Quelle sera la valeur de ce blé à raison de 105 f. le quintal, si l'hectolitre de blé pèse 76 kg. ?

331. Pour carreler une salle rectangulaire qui a 6 m. 40 de long et dont la largeur est les $\frac{3}{4}$ de la longueur, on emploie des carreaux qui ont 16 cm. de côté et qui coûtent 195 f. le mille. A combien s'élèvera la dépense si la pose des carreaux coûte 2 f. 25 par mètre carré ?

***332.** On plante en asperges un terrain carré de 29 m. de côté. Les plants sont à 40 cm. du bord et à 60 cm. les uns des autres. A combien s'élève la dépense si le cent de plants d'asperges vaut 16 f. ?

***333.** Un terrain rectangulaire dont la largeur est les $\frac{2}{5}$ de la longueur a été entouré d'une palissade qui, toute posée, revient à 3 f. 75 le mètre. Le terrain a été payé 2 500 f. l'hectare. Quel est le prix total du terrain clos, si la clôture seule a coûté 1 260 f.

*334. Une cour de forme rectangulaire est bordée d'un trottoir dont la largeur est de 1 m. 20. La superficie totale de la cour (y compris celle du trottoir) est de 13 230 m², et sa longueur 126 m. Quelle est la superficie du trottoir?

335. Autour d'un champ rectangulaire de 120 m. de long et 72 m. de large se trouve extérieurement au champ une allée qui a 1 m. 50 de large que l'on fait recouvrir de sable sur une épaisseur de 3 cm. A combien reviendra cette opération, si le mètre cube de sable coûte 3 f. 60 et l'épandage 30 centimes par mètre carré?

*336. Dans un terrain rectangulaire de 60 m. de long et 48 m. de large, on trace, parallèlement aux côtés du terrain, deux allées qui se coupent à angle droit au milieu du champ et qui ont 1 m. 20 de large; on établit en outre sur le pourtour du terrain une petite allée de 80 cm. de large. Quelle est alors l'étendue du terrain cultivable?

337. Le périmètre d'un terrain mesure 132 m. 20 et sa longueur surpasse sa largeur de 9 m. 10. Il est entouré d'une palissade qui vaut 2 f. 50 le mètre courant. Quelle est la valeur du terrain clos si le terrain seul vaut 435 f. l'are?

*338. On mesure un terrain rectangulaire avec une chaîne d'arpenteur de 1 dam. à laquelle il manque un chaînon de 2 dm. On trouve ainsi que l'étendue du terrain est de 33 a. 614. Quelle est son étendue réelle et quelle est sa largeur 's'il a 70 m. de long?

339. Un tapis rectangulaire a une surface de 5 m² 10. On enlève à chacune des extrémités de la longueur une bande de 17 cm. de large, et la surface du tapis se trouve n'être plus que les $\frac{9}{10}$ de ce qu'elle était. Trouver les dimensions primitives de ce tapis.

*340. On trace une allée de 1 m. 50 de large autour d'un terrain rectangulaire de 30 m. de long et 24 m. de large. Le terrain restant est divisé en quatre parties rectangulaires égales séparées l'une de l'autre par une allée de 1 m. de large. Quelles sont les dimensions de chacune des parties?

341. Une salle mesure 6 m. 40 de long, 5 m. 60 de large et 3 m. 80 de hauteur. Elle a 3 fenêtres de 2 m. 20 de haut et 1 m. 60 de large et une porte de 2 m. 75 de haut et 1 m. 40 de large. Combien coûtera la peinture des murs (non compris les ouvertures), à raison de 3 f. 80 le mètre carré?

342. Un cultivateur possède un champ de forme rectangulaire qui a 364 m. de long et 45 m. de large. Il a ensemencé les $\frac{4}{7}$ de ce champ en trèfle et le reste en blé. Il compte que 8 a. de trèfle produisent 232 kg. de fourrage qui se vendent 22 f. 50 le quintal et que 6 a. de blé donnent 85 l. de grain valant 82 f. 40 l'hectolitre. Quelle est la valeur totale de la récolte?

343. Un terrain rectangulaire de 325 m. de long sur 160 m. de

largé produit environ **425** gerbes de blé par hectare. Il faut **25** gerbes de blé pour fournir **1** hl. de grain et **160** kg. de paille. Le blé se vend **97** f. **50** le quintal et la paille **82** f. les **1 000** kg. Chaque hectare de terrain supporte un loyer de **160** f. et exige **220** f. d'engrais et **132** f. de semence. Sachant que l'hectolitre de blé pèse **76** kg., trouver la somme qui représente le bénéfice, l'intérêt des avances et le travail du fermier.

344. La superficie d'un terrain rectangulaire dont on a augmenté la longueur de **8** m. a été augmentée de **2** a. **96**. Trouver les dimensions actuelles du terrain, sachant que son périmètre mesure **194** m.

*345. On veut doubler un tapis carré de **2** m. **60** de côté avec une étoffe dont la largeur est de **65** cm. Combien faudra-t-il acheter de mètres de doublure, combien faudra-t-il couper de lés de **65** cm. de largeur et quelle sera la longueur totale des coutures que l'on devra faire pour assembler ces lés et pour fixer la doublure sous le tapis?

346. Combien peut-on ranger de dés à jouer ayant **12** mm. d'arête dans une boîte cubique ayant **18** cm. d'arête intérieure?

347. Combien peut-on faire de balles de plomb pesant chacune **18** g. avec un cube en plomb ayant **12** cm. **6** d'arête? On sait que **1** dm³ de plomb pèse **11** kg. **35**.

*348. Une boîte cubique fermée est faite en cuivre. Ses parois ont **1** mm. **5** d'épaisseur, et son arête extérieure a **18** cm. Trouver : 1° sa capacité en centimètres cubes; 2° sa masse, sachant que **1** dm³ de cuivre pèse **8** kg. **8**.

349. Sachant qu'un décimètre cube de fer pèse **7** kg. **8**, trouver la masse d'une règle en fer de **32** cm. de long et dont la section de forme carrée a **12** mm. de côté.

350. On recouvre d'une feuille d'étain de $\frac{1}{4}$ de millimètre d'épaisseur une caisse en bois munie d'un couvercle et dont les dimensions extérieures sont les suivantes : longueur, **80** cm.; largeur, **52** cm.; profondeur, **45** cm. De combien se trouve augmentée la masse de la boîte si **1** dm³ d'étain pèse **7** kg. **2**?

*351. Une boîte prismatique en fer sans couvercle a pour dimensions intérieures **12** cm. en longueur, **8** cm. en largeur et **5** cm. en profondeur. L'épaisseur de ses parois est de **2** mm. **5**. Quelle est la masse de cette boîte vide si le fer pèse **7** g. **8** par centimètre cube? De combien cette masse sera-t-elle augmentée si l'on remplit cette boîte de mercure dont le centimètre cube pèse **13** g. **6**?

352. Une barre prismatique en fer à section carrée a **8** m. de long et sa section a **6** cm. de côté. On l'étire de façon à lui conserver une section carrée, mais de **4** cm. de côté seulement. Quel sera l'allongement de la barre?

353. Une feuille de tôle de forme rectangulaire a **2** m. de long et

75 cm. de large. Quelle est son épaisseur, si sa masse est de 5 kg. 85?
On sait que 1 cm³ de tôle pèse 7 g. 8.

354. On a acheté au prix de 56 f. une poutre en bois de chêne de
6 m. 25 de long et dont la section a un périmètre de 96 cm., l'épaisseur étant les $\frac{5}{7}$ de la largeur de la poutre. Quel est le prix de revient du décimètre cube de cette poutre ?

355. Une salle de conférences a 25 m. de long, 14 m. de large et
3 m. 80 de hauteur. Elle peut contenir 385 personnes. De combien
faudrait-il élever le plafond pour que le volume d'air soit de 4 m³
par personne ?

356. La feuille d'étain qui enveloppe une plaque de chocolat a
28 cm. de long, 25 cm. de large et pèse 5 g. 04. Trouver son épaisseur, sachant qu'un centimètre cube d'étain pèse 7 g. 2.

357. Une citerne carrée de 1 m. 40 de côté a une profondeur de
4 m. Elle est remplie d'eau aux $\frac{2}{7}$. Combien faut-il y introduire encore d'hectolitres d'eau pour que la hauteur de ce liquide au-dessus
du fond s'accroisse du quart de ce qu'elle était?

358. Un champ de 3 ha. 9 a. est recouvert d'une couche de neige
de 35 cm. d'épaisseur. Trouver : 1° le volume de cette neige ; 2° le
volume de l'eau qui résultera de sa fusion si 1 dm³ de neige pèse
780 g. ; 3° quelle aurait dû être l'épaisseur de la neige pour que sa
masse fût de 10 000 t.

359. Une commune fait établir un chemin ayant 2 km. 5 de long
sur 8 m. de large. La chaussée qui doit être empierrée a 5 m. de
largeur. Trouver combien coûtera ce chemin si le terrain est acheté
à raison de 1 900 f. l'hectare et si le caillou répandu sur une épaisseur uniforme de 20 cm. revient à 10 f. 80 le mètre cube rendu et
posé. On sait de plus que la construction du chemin revient à 720 f.
par kilomètre.

360. L'eau, en se congelant, augmente de $\frac{1}{11}$ de son volume. Calculer d'après ces données combien un bloc de glace de 39 dm³ 6
donne de litres d'eau en fondant.

361. Un propriétaire fait creuser un fossé de 50 cm. de profondeur et 80 cm. de large autour d'un terrain rectangulaire qui a
32 m. de long et 25 m. de large (le fossé étant pris sur le terrain
lui-même). Il fait répandre la terre provenant de ce fossé en une
couche uniforme sur le terrain restant. Quel est l'exhaussement
que subit ainsi ce terrain si 1 m³ de terrassement donne 1 m³ 2 de
terre friable?

362. On entoure un jardin rectangulaire de 48 m. de long et
32 m. 50 de large d'un mur de 2 m. 30 de hauteur et 45 cm. d'épaisseur, pris sur le jardin lui-même et dans lequel on ménage une
porte de 3 m. 10 de large, de hauteur égale à celle du mur. Trou-

ver : 1° le prix de la maçonnerie à raison de 45 f. le mètre cube ; 2° l'étendue du terrain qui reste après la construction du mur.

363. Une pierre de taille de forme cubique a 64 cm. d'arête ; la pierre vaut 22 f. 50. le mètre cube et la taille a coûté 5 f. 25 par mètre carré. Quel est le prix de la pierre taillée ?

364. Un bloc de marbre de forme prismatique qui mesure 1 m. 35 de long, 96 cm. de large et 75 cm. d'épaisseur a été payé à raison de 372 f. le mètre cube. On fait polir les faces et l'on paie pour cette opération 60 centimes par décimètre carré. A combien revient le bloc poli ?

365. On empile des bûches ayant 1 m. 20 de long entre deux pieux écartés l'un de l'autre de 3 m. A quelle hauteur faut-il entasser ces bûches pour que le volume du bois soit de 6 s. 75 ?

366. Le tronc d'un sapin a fourni 875 planches ayant chacune 2 m. 45 de long, 5 cm. de large et 2 cm. $\frac{1}{2}$ d'épaisseur. Il y a eu $\frac{1}{50}$ de déchet dans la fabrication des planches. Quel était en stères le volume du tronc ?

*367. Un tas de bois est formé de bûches de 1 m. 20 de long. Il s'étend sur une longueur de 8 m. et sa hauteur est de 1 m. 50. On peut acheter ce bois soit à raison de 144 f. la tonne, soit à raison de 35 f. 25 le stère. Quel est le mode d'achat le plus avantageux, si le décimètre cube de ce bois pèse 450 g. et si l'on admet que les vides laissés entre les bûches forment les $\frac{2}{5}$ du volume total ? Quelle sera, en employant ce mode d'achat, l'économie réalisée sur l'acquisition du tas de bois ?

368. Dans un tronc d'arbre équarri ayant 24 m. de long et une section carrée de 64 cm. de côté, on veut faire des pavés ayant 4 dm. de long et une section carrée de 8 cm. de côté. Combien pourra-t-on obtenir de ces pavés ?

*369. Une boîte a 148 mm. de long, 111 mm. de large et 40 mm. de profondeur. On y dispose en piles verticales des pièces de 5 f. dont le diamètre a 37 mm. et l'épaisseur 2 mm. $\frac{1}{2}$. Trouver : 1° combien la boîte peut contenir de pièces ; 2° quel est en millimètres cubes le vide qui reste dans la boîte entre les différentes piles et entre ces piles et les parois. On sait que 1 dm³ d'alliage monétaire pèse 10 kg. 28.

370. Une barrique vide pèse 27 kg. 87. Pleine d'huile, elle pèse 154 kg. 37. Quelle est sa capacité si la masse de l'huile est les $\frac{11}{12}$ de celle de l'eau à volume égal ?

371. Dans un vase de 1 l. de capacité, on verse 4 420 g. de mercure. Quelle est la masse de l'alcool que l'on doit y introduire pour

achever de le remplir, si la densité du mercure est **13,6** et celle de l'alcool **0,78**?

372. Un vase rempli par poids égaux d'eau et de mercure pèse **45** kg. **7** et sa capacité est de **21** l. **9**. Trouver le poids du vase vide, sachant que la densité du mercure est **13,6**.

373. Une usine à gaz alimente **3 150** becs dont chacun brûle environ **1 260** heures par an et consomme en moyenne **128** l. de gaz par heure. Combien d'hectolitres de houille cette usine distille-t-elle par an si chaque hectolitre de houille fournit **18** m³ **9** de gaz?

374. Quelle est la profondeur d'un bassin prismatique qui a **9** m. de long et **6** m. de large, si pour le remplir il faut laisser couler pendant **18** heures un robinet qui y introduit **75** l. d'eau par minute?

375. Un épicier achète à **6** f. **90** le litre **312** l. d'huile d'olive qu'il revend à **8** f. **25** le kilogramme. Quel est son bénéfice si le litre d'huile pèse **915** g. ?

*376. Un tonneau plein de vin pèse **248** kg. **5**; plein d'huile, il ne pèserait que **231** kg. **4**. Trouver la capacité du tonneau et son poids, sachant qu'un litre de vin pèse **99** dag. et un litre d'huile **915** g.

377. Quelle est la différence des volumes de deux lingots, l'un d'or, l'autre d'argent, pesant chacun **3 465** g., si la densité de l'or est **19,25** et celle de l'argent **10,5**?

378. Un vase de forme prismatique a comme dimensions intérieures **35** cm. pour la longueur, **24** cm. pour la largeur et **18** cm. pour la profondeur. On y verse l'alcool jusqu'aux $\frac{3}{5}$ de sa hauteur. Combien de flacons de **12** cl. pourra-t-on remplir avec cet alcool?

*379. Dans un bassin, on verse chaque matin **40** l. d'eau; et pendant la journée il se perd par évaporation $\frac{1}{10}$ de ce que contient le bassin après l'addition des **40** l. A la fin du quatrième jour le bassin contient **228** l. **78** d'eau. Combien en contenait-il le premier jour avant l'addition des **40** l.?

380. Sachant que la densité de la glace est **0,92**, trouver : 1° quel volume de glace fournira la congélation d'un hectolitre d'eau; 2° quel volume de glace on doit faire fondre pour obtenir **96** l. **6** d'eau.

*381. On a dissous **825** g. de sel dans **12** l. d'eau. Combien de litres d'eau faut-il ajouter à la dissolution pour que **2** kg. du nouveau mélange contiennent **75** g. de sel seulement?

382. Trouver la masse de l'air qui remplit une salle de **12** m. de long, **7** m. de large et **3** m. **80** de hauteur. On sait que la masse d'un litre d'air est **1** g. **293**.

383. Un vase dont la capacité est de $\frac{3}{4}$ de litre est rempli aux $\frac{4}{15}$ de mercure, le reste est occupé par de l'huile. Trouver le poids total

du liquide qui remplit ce vase si la densité du mercure est 13,6 et celle de l'huile 0,912.

384. 8 kg. de bois produisent la même quantité de chaleur que 3 kg. de houille. Quelle économie annuelle ferait-on en substituant le chauffage à la houille au chauffage au bois dans une maison où l'on brûle par an 24 s. de bois? La houille vaut 138 f. la tonne et le bois 37 f. 50 par stère pesant 350 kg.

385. Trouver la profondeur d'un bassin rectangulaire qui a 3 m. de long et 2 m. 50 de large si, pour le remplir entièrement, on doit y laisser couler pendant 9 heures un robinet qui fournit 25 l. d'eau par minute.

386. Un bassin a une capacité de 3 m³ $\frac{1}{2}$. Combien faut-il y verser de seaux d'eau pour le remplir aux $\frac{5}{8}$ si la capacité du seau est 8 l. $\frac{3}{4}$?

387. L'hectolitre de blé pèse 76 kg. Un marchand achète, au prix de 73 f. 20 l'hectolitre, le blé qui remplit aux $\frac{3}{4}$ une chambre à grains qui a 4 m. de long, 2 m. 50 de large et 3 m. 60 de profondeur. Il paie 26 f. 25 par tonne pour le transport. Quel sera son bénéfice s'il revend ce blé 105 f. le quintal?

388. Un fût plein d'eau pèse 82 kg. 55. Rempli aux $\frac{5}{8}$ seulement, il ne pèse que 55 kg. 25. Trouver le poids du fût vide et sa capacité.

389. Un vase est exactement plein d'eau. De combien le poids du vase et de son contenu sera-t-il augmenté si l'on y introduit un cube en marbre de 2 cm. $\frac{1}{2}$ d'arête, la densité du marbre étant 2,4?

390. La section d'une barre de fer de forme prismatique a 4 cm. sur 1 cm. 25. Quelle longueur faut-il en prendre pour avoir un poids de 19 kg. 45 si la densité du fer est 7,78?

*391. Un vase ouvert en cuivre a extérieurement la forme d'un cube de 8 cm. d'arête. Ses parois ont une épaisseur de 2 mm. Il contient une certaine quantité d'eau et pèse avec son contenu 906 g. 40. Trouver à quelle hauteur s'élève l'eau dans ce vase si la densité du cuivre est 8,8.

*392. Un vase exactement plein d'eau pèse 2345 g. On y plonge un objet qui en fait sortir 48 cl. d'eau. Le vase pèse alors avec son contenu 3017 g. Quelle est la densité de la substance qui compose l'objet immergé?

393. On réduit 7 g. 7 d'or en feuilles qui ont $\frac{1}{100}$ de millimètre

d'épaisseur. Quelle surface pourrait-on couvrir avec toutes ces feuilles si la densité de l'or est **19,25** ?

394. Quel est à **1** mm³ près le volume de la pièce de **5 f.** en argent ? On sait que l'argent des monnaies comprend **9 g.** d'argent pur pour **1 g.** de cuivre, que la densité de l'argent est **10,5** et celle du cuivre **8,8**.

395. Autour d'un champ rectangulaire dont le périmètre a **416 m.** et dont la largeur vaut les $\frac{3}{5}$ de la longueur, on plante à **3 m.** du bord des arbres distants l'un de l'autre de **4 m.** Quelle est la dépense occasionnée par cette plantation si chaque arbre planté revient à **3 f. 25** et quelle est l'étendue du terrain compris entre cette plantation et le contour du champ ?

396. Sur une ligne de chemin de fer, on paie pour le transport des céréales **13** centimes $\frac{1}{2}$ par tonne et par kilomètre. On a payé **41 f. 10** pour le transport de **250 hl.** de blé à une certaine distance. Quelle est cette distance si l'hectolitre de blé pèse **76 kg.** ?

397. Un vase vide pèse **432 g.** Plein d'eau, il pèse **2 032 g.** ; plein d'un autre liquide, il pèse **1 792 g.** Quelle est la densité de ce deuxième liquide ?

398. Quelle est la capacité d'un vase si, pour le remplir aux $\frac{3}{5}$, il faut y verser une quantité d'huile qui pèse autant qu'une somme composée de **128 f.** en argent et **44** centimes en bronze ? La densité de l'huile est **0,912**.

***399.** Un vase qui pèse **292 g.** a une capacité de **84 cl.** On le remplit d'un certain liquide : il faut alors, pour lui faire équilibre, placer dans l'autre plateau de la balance une somme de **27 f.** composée de monnaie d'argent et de bronze, la valeur de la monnaie d'argent étant double de celle de la monnaie de bronze. Quelle est la densité du liquide qui remplit le vase ?

***400.** Deux corps de masse différente pèsent ensemble **5 300 g.** On les place dans les deux plateaux d'une balance et l'on constate que l'on peut établir l'équilibre en mettant du côté du corps le plus lourd une somme de **620 f.** en or et du côté de l'autre une somme de **620 f.** en argent. Trouver le poids de chaque objet.

401. Un vase vide pèse **130 g.** On y verse **35 cl.** d'un liquide dont la densité est **1,2** et on le met sur l'un des plateaux d'une balance. On place sur l'autre plateau une somme de **80 f.** en monnaie d'argent. Quelle somme en bronze faut-il y ajouter pour établir l'équilibre ?

402. Quelle est la valeur de la somme en or qui pèse autant que **2 l. 5** d'eau pure à **4°** ?

403. Trouver la capacité d'un vase, sachant que l'huile qui le remplit aux $\frac{5}{7}$ pèse autant qu'une somme de 182 f. 40 en monnaie d'argent et que la densité de l'huile est 0,912.

*404. Quelle est la somme en or qui contient autant de cuivre qu'une somme de **93 000** f. en argent au titre **0,835**?

405. Quelle est : 1° en monnaie d'or; 2° en monnaie d'argent, la somme qui pèse autant que 2 l. $\frac{1}{2}$ d'eau pure à 4°? Quelle est la masse de l'or pur contenu dans la première et celle de l'argent pur contenu dans la deuxième, si celle-ci est formée de monnaies divisionnaires?

406. Le poids d'une certaine somme en monnaie d'argent surpasse de **4 350** g. le poids de la même somme en monnaie d'or. Quelle est la valeur de cette somme?

407. Un sac contenant différentes sortes de monnaies pèse **2 804** g. **85**; le sac vide pèse **25** g. Il contient **525** f. **50** en argent et **465** f. en or. Quelle est la valeur de la somme en bronze qu'il contient?

408. Un vase plein de vin fait équilibre à une somme de **7 754** f. composée de **7 750** f. en or et **4** f. en argent. Plein d'huile, il pèse **2 440** g. Trouver la capacité du vase, sachant que la densité du vin est **0,95** et celle de l'huile **0,9**. Trouver aussi la masse du vin et celle de l'huile qui peuvent remplir le vase.

409. Deux sommes égales pèsent ensemble **2 415** g. Trouver leur valeur commune, sachant que l'une est en argent et l'autre en bronze.

410. Un lingot d'or pur pèse **675** g. Quelle quantité de cuivre faut-il y ajouter pour obtenir un alliage propre à la fabrication des monnaies et quelle somme obtiendra-t-on avec cet alliage?

411. Une caisse vide pèse **1 225** g.; pleine de pièces de **5** f., elle pèse **8 275** g. Quelle somme contient-elle et quel est le poids de l'argent pur que renferme cette somme?

412. Combien pourrait-on faire de pièces de **5** f. avec un lingot d'argent pur de forme cubique ayant **15** cm. d'arête? La densité de l'argent est **10,5**.

*413. Un lingot d'argent pur pèse **16** kg. **70**. Quelle quantité de cuivre faut-il y ajouter pour avoir un alliage propre à la fabrication des monnaies divisionnaires de **1** f. et **2** f., et combien fera-t-on de pièces avec cet alliage si l'on fabrique 2 fois plus de pièces de **2** f. que de pièces de **1** f.?

414. Quelles sont les masses de cuivre, d'étain et de zinc qui entrent dans la composition d'une somme de **32** f. en monnaie de bronze?

*415. On a une masse de cuivre qui pèse **3** kg. **705**. Quelles quantités de zinc et d'étain faut-il y ajouter pour avoir un alliage propre à la fabrication des monnaies de bronze et combien fera-t-on avec cet alliage de pièces de 5 centimes et de 10 centimes si le nombre des premières doit être triple du nombre des dernières ?

*416. On a allié 3 600 g. d'argent pur avec 250 g. de cuivre. Combien faut-il ajouter de cuivre à cet alliage pour qu'il devienne propre à la fabrication des pièces de 5 f. en argent et combien, avec le nouvel alliage obtenu, pourra-t-on faire de pièces de 5 f. ?

*417. Quelle est la masse d'un alliage d'or au titre 0,800 qui doit être ajoutée à 200 g. d'or pur pour donner un alliage propre à la fabrication des monnaies d'or et quelle sera la valeur de la somme en or que l'on pourra faire avec l'alliage ainsi obtenu ?

*418. Quelle quantité de cuivre faut-il ajouter au lingot obtenu en fondant 668 pièces de 5 f. pour avoir un alliage propre à la fabrication des monnaies divisionnaires ? De combien la valeur de la somme que l'on pourra obtenir avec le nouvel alliage surpassera-t-elle la valeur de la somme primitive ?

419. Deux sommes valent chacune 620 f. L'une est en or ; l'autre se compose de 75 f. de monnaie de bronze et 545 f. en argent. De combien la masse de la deuxième surpasse-t-elle la masse de la première ?

420. Une somme en argent pèse 8 kg. et se compose de pièces de 5 f., de 2 f. et de 1 f. Le nombre des pièces de 2 f. est double du nombre des pièces de 1 f., et la moitié seulement du nombre des pièces de 5 f. Quelle est la valeur de cette somme et combien contient-elle de pièces de chaque espèce ?

421. Une personne a dépensé les $\frac{2}{7}$ de ce qu'elle avait, puis $\frac{1}{5}$ du reste. Elle a encore après cette deuxième dépense une somme en argent qui pèse autant que 12 cl. d'eau pure. Quelle est la valeur de la somme qu'elle avait tout d'abord ?

*422. Un lingot d'argent pur pèse 20 kg. 82. On veut le monnayer de façon à en faire deux sommes égales, l'une en pièces de 5 f., l'autre en monnaies divisionnaires. Quelle sera la valeur commune de chacune des sommes obtenues ?

423. Quelle est la masse totale d'une somme de 7 944 f. composée de masses égales d'or, d'argent et de bronze ? Combien entre-t-il dans cette masse d'or pur, d'argent pur, de cuivre et de zinc, si la somme en argent est composée de pièces de 5 f. ?

424. Un sac qui contient 3 f. en monnaie de bronze, 237 f. en monnaie d'argent et une somme inconnue en monnaie d'or pèse 1 940 g. Quelle est la valeur de la monnaie d'or qu'il renferme si le sac vide pèse 55 g. ?

425. Un sac contient une somme formée d'un nombre égal de pièces de 2 f., de 1 f., de 10 c. et de 5 c. La masse totale de cette somme étant de 11 kg. 250, dire combien il y a de pièces de chaque espèce et trouver la valeur de la somme que contient le sac.

426. Une bourse contient une somme de 3 844 f. composée de pièces d'or et de pièces d'argent. Trouver la masse de cette somme sachant que la valeur de la somme en or est les $\frac{25}{6}$ de celle de la somme en argent.

427. Un vase vide étant placé sur l'un des plateaux d'une balance, on lui fait équilibre en mettant de l'autre côté 8 pièces de 5 f., 4 pièces de 2 f. et 3 pièces de 5 c. Quelle est la masse de ce vase? On y introduit 90 cl. d'un liquide de densité 0,72 et, pour rétablir l'équilibre, on place sur l'autre plateau de la balance d'abord le plus grand nombre possible de pièces de 5 f., puis le plus grand nombre possible de pièces de 2 f., et enfin, s'il le faut, de la monnaie de billon. Quelle est alors la composition de la somme mise sur le deuxième plateau de la balance?

§ 2. — Exercices oraux.

428. Combien 1 dam. vaut-il de cm.; de dm.; de mm.?
Combien 1 km. vaut-il de dm.; de dam.; de cm.; d'hm.?
Combien 1 Mm. vaut-il de dam.; de km.; de dm.; d'hm.?
Combien faut-il de dm. pour faire 1 dam.; 1 hm.; $\frac{1}{2}$ km.?
Combien faut-il de dam. pour faire 1 Mm.; $\frac{1}{2}$ km.; 2 hm.?

429. Convertir en mètres les longueurs suivantes :

32 dam.; 653 dam.; 7 dam. $\frac{1}{2}$; 18 dam. $\frac{1}{2}$; 5 dam. $\frac{1}{4}$;

12 hm.; 750 hm.; 3 hm. $\frac{1}{2}$; 25 hm. $\frac{1}{4}$; 8 hm. $\frac{3}{4}$;

3 km.; 15 km.; 2 km. $\frac{1}{4}$; 18 km. $\frac{3}{4}$; 5 km. $\frac{1}{8}$;

2 Mm.; 7 Mm.; 3 Mm. $\frac{1}{2}$; 12 Mm. $\frac{1}{4}$; 4 Mm. $\frac{3}{8}$.

430. Convertir en mètres les longueurs suivantes :

7 dam. 3 m.; 8 hm. 5 dam.; 7 hm. 8 m.; 8 km. 3 dam.; 3 Mm. 5 hm.; 12 Mm. 3 dam.; 9 km. 7 m.; 7 Mm. 2 km. 3 dam. 55.

431. Quelle est l'unité de longueur qui est 100 fois plus grande que le mm.; le cm.; l'hm.; le dam.; le dm.?
Quelle est l'unité de longueur qui est 1 000 fois plus petite que le Mm.; l'hm.; le dam.; le km.?

432. Quand une longueur est exprimée en kilomètres, quelle est l'unité qui correspond aux centièmes; aux dixièmes; aux dizaines, aux millièmes?

433. Combien y a-t-il : 1° de dam. ; 2° d'hm. ; 3° de km., dans chacune des longueurs suivantes :

32 000 m. ;   2 700 m. ;   750 000 m. ;   5 240 m. ;
8 435 m. ;   13 472 m. ;   251 347 m. ;   3 473 m. ;   715 m. ?

434. Combien y a-t-il de mètres dans :

32 dm. ;   3 465 dm. ;   728 dm. ;   32 544 dm. ;
752 cm. ;   22 835 cm. ;   4 372 cm. ;   257 429 cm. ;
1 345 mm. ;   753 642 mm. ;   29 135 mm. ;   317 475 mm. ?

435. Quelle est la vitesse d'un piéton qui a parcouru une distance de 21 km. en 6 heures sur lesquelles il a pris un repos de $\frac{3}{4}$ d'heure ?

436. Quelle est la vitesse d'un courrier qui a parcouru, de 9 h. $\frac{1}{2}$ à midi, une distance de 25 km. ?

437. Deux piétons partent en même temps de deux points distants l'un de l'autre de 72 km. Au bout de combien de temps se rencontreront-ils si le premier fait 4 km. à l'heure et le second 5 km. ?

Même question en supposant que la distance des points de départ est 60 km. et que l'un des piétons fait 4 km. $\frac{1}{2}$ à l'heure et l'autre 5 km. $\frac{1}{2}$.

438. Deux trains partent à 6 heures du matin de deux villes distantes de 420 km. L'un fait 68 km., l'autre 72 km. à l'heure. A quelle heure et à quelle distance du point de départ du premier se fera le croisement des deux trains ?

439. Un train qui fait 60 km. à l'heure part de Bordeaux à 8 heures du matin ; une demi-heure plus tard, un second train qui parcourt 75 km. à l'heure part de Bordeaux dans la même direction. A quelle heure et à quelle distance de Bordeaux rejoindra-t-il le premier ?

440. Un piéton et un cycliste partent d'un même point à 9 heures du matin et suivent la même route. Le piéton fait 4 km. à l'heure, le cycliste 4 km. en $\frac{1}{4}$ d'heure. Quelle sera l'avance du cycliste sur le piéton à midi ?

441. Combien 1 dam² vaut-il de dm² ; de mm² ; de cm² ?
Combien 1 hm² vaut-il de m² ; de cm² ; de dam² ; de dm² ?
Combien 1 km² vaut-il de dam² ; de dm² ; de m², d'hm² ?

Combien faut-il de dm² pour faire 1 hm² ; 2 dam² ; $\frac{1}{2}$ hm² ; 5 m² ?

Combien faut-il de m² pour faire 1 hm² ; 1 Mm² ; 5 dam² ; $\frac{1}{2}$ km² ?

Combien faut-il de dam² pour faire 5 hm² ; 2 km² ; $\frac{1}{2}$ Mm² ; 3 Mm² ?

442. Lire les nombres suivants :

252 m² 358 ;   6 304 dam² 3 072 ;   27 hm² 32 403 ;   159 km², 329 ;
8 Mm² 053 ;   259 dm² 305 ;   28 cm² 1.

443. Convertir en mètres carrés les longueurs suivantes :

17 dam² ;   3 dam² $\frac{1}{2}$; 12 dam² $\frac{3}{4}$; 21 dam² $\frac{1}{8}$;

3 hm² ; 152 hm² ;   2 hm² $\frac{1}{2}$; 7 hm² $\frac{3}{4}$; 25 hm² $\frac{3}{8}$;

2 km² ; $\frac{1}{2}$ km² ; 12 km² $\frac{1}{2}$; 5 km² $\frac{1}{4}$; 21 km² $\frac{1}{8}$;

1 Mm² ; $\frac{1}{4}$ Mm² ;   2 Mm² $\frac{1}{2}$; 7 Mm² $\frac{3}{4}$.

444. Convertir en mètres carrés les longueurs suivantes :

3 dam² 18 m² ;   7 hm² 12 dam² 7 m² ;   3 hm² 52 m² ;
3 km² 18 hm² 7 dam² 11 m² ;   14 km² 12 dam² 25 m².

445. Quand une aire est exprimée en mètres carrés, quelle est l'unité qui correspond aux centièmes ; aux centaines ; aux dix-millièmes ; aux dixièmes ; aux dizaines de mille ; aux millièmes ?

446. Quelle est l'unité d'aire qui est 10 000 fois plus grande que le m² ; l'hm² ; le dm² ; le mm² ; le cm² ; le dam² ?
Quelle est celle qui est 1.000 000 de fois plus petite que le km² ; le dam² ; le Mm² ; l'hm² ?

447. Quand une surface est exprimée en hectomètres carrés, quelle est l'unité qui correspond aux centièmes ; aux dizaines de mille ; aux dix-millièmes ; aux centaines ; aux millionièmes ?

448. Combien y a-t-il de décamètres carrés dans 6 hm² ; dans 32 km² ; dans $\frac{1}{2}$ hm² ; dans 1 Mm² ; dans $\frac{3}{4}$ d'hm² ?

Combien y a-t-il de dm² dans 15 m² ; dans 7 dam² ; dans 2 hm² 6 dam² ; dans 12 hm² 15 m² ; dans $\frac{3}{4}$ d'hm² ?

449. Combien y a-t-il de mètres carrés dans :

252 dm² ;   1 349 dm² ;   82 647 dm² ;   115 349 dm² ;
31 502 cm² ; 253 439 cm² ; 17 327 cm² ; 3 459 525 cm² ?

450. Combien y a-t-il de dam² dans **32 749** dm²?
de dm² dans **25 6785** mm²?
de cm² dans **3 439** mm² ?
de km² dans **7 233 276** m² ?

451. Combien y a-t-il de mètres carrés dans **7** dam² **08**; dans **21** hm² **375**; dans **11** hm² **5** dam²; dans **8** hm² **9** m²; dans **7** km² **4** hm²?

452. Combien $\dfrac{1}{10}$ de mètre carré vaut-il de dm²?

— $\dfrac{1}{100}$ — — cm²?

— $\dfrac{1}{1\,000}$ — — mm²?

— $\dfrac{1}{10}$ — — cm²?

— $\dfrac{1}{100}$ — — mm²?

453. Dans un nombre mesurant une surface évaluée en ares, que représente le chiffre des centaines; des centièmes; des dixièmes?
Dans un nombre mesurant une surface évaluée en hectares, que représente le chiffre des centièmes; des dix-millièmes; des dixièmes?

454. Combien **1** ha. vaut-il de m² ; de dm² ; de dam² ; de cm²?
Combien **1** hm² contient-il d'a. ; d'ha. ; de ca. ?

455. Exprimer : 1° en a.; 2° en ha.; 3° en ca., les nombres suivants :

325 m²;   **13 249** dm²;   **328 549** cm²;   **32** hm²;   **8** hm² **5** dam²;
135 hm² **12** dam² ; $\dfrac{1}{2}$ hm² ; $\dfrac{3}{4}$ dam².

456. Exprimer : 1° en m² ; 2° en dam²; 3° en dm², les nombres suivants :

17 a. **5**;   **3** ha. **27**;   **1** ha. **9** a.;   **253** a. **42**;   **2** ha. $\dfrac{1}{2}$.

457. Une prairie artificielle a donné trois coupes : la première a été double de la deuxième, elle-même double de la troisième. Celle-ci a rapporté une somme de **120** f. à raison de **10** f. le quintal. Quel était le poids de chacune des deux premières coupes et le poids total des trois coupes ?

458. La récolte en blé sur un champ de **3** ha. a produit **3 240** f. Quel a été le poids du blé récolté sur **1** ha, si le quintal de blé s'est vendu **90** f. ?

*459. Quelle est en mètres la longueur du côté d'un terrain carré dont la superficie est de 36 ha.?

*460. Une table carrée de 1^m,50 de côté est recouverte d'un tapis carré également et qui déborde de 25 cm. de tous côtés la surface de la table. De combien la superficie du tapis surpasse-t-elle celle de la table?

*461. Autour d'une cour carrée de 32 m. de côté se trouve un trottoir de 1 m. de large. Quelle est la superficie de la cour non occupée par le trottoir? Exprimer cette superficie : 1° en m^2 ; 2° en a. ; 3° en dm^2.

*462. La largeur d'une cour rectangulaire est les $\frac{2}{3}$ de sa largeur. Quelle est sa superficie si son périmètre mesure 200 m.?

463. Quelle est l'aire d'un terrain rectangulaire dont la longueur mesure 120 m. et dont la largeur est les $\frac{5}{6}$ de la longueur?

464. Le périmètre d'une chambre rectangulaire mesure 36 m. et la longueur surpasse la largeur de 2 m. Quelle est la superficie du plancher de cette chambre?

465. Tout autour d'un tapis rectangulaire qui a 11 m. de long et 8 m. de large, on enlève une bande de 50 cm. de largeur. Quelle est la superficie du tapis restant?

466. Un terrain rectangulaire a été payé 27 000 f. à raison de 9 000 f. l'hectare. Quelle est sa largeur si sa longueur est de 200 m.

467. Une chambre a 6 m. de long, 4 m. de large et 3 m. 60 de hauteur. Les portes et les fenêtres occupent $\frac{1}{6}$ de la surface des murs. Combien coûtera la peinture de ces murs à raison de 4 f. par mètre carré?

468. Pour carreler une cuisine qui a 5 m. de long et 3 m. de large, on emploie des carreaux de 10 cm. de côté dont le mille tout posé revient à 120 f. Quelle est la dépense nécessitée par ce carrelage?

469. Combien 1 m^3 vaut-il de cm^3; de dm^3; de mm^3?
Combien 1 dm^3 vaut-il de mm^3; de cm^3?

Combien faut-il de cm^3 pour faire 1 dm^3; $\frac{1}{2}$ m^3; 2 m^3?

Combien faut-il de dm^3 pour faire 2 m^3; $\frac{3}{4}$ de m^3; $\frac{5}{8}$ de m^3?

470. Lire les nombres suivants :

3 m^3 21;   25 m^3 3 604;   7 dm^3 27 439;   15 cm^3 32;   11 dm^3 1;
307 m^3 2 513 496.

471. Quand l'unité de volume est le mètre cube, quel ordre d'unité représentent les millièmes; les billionièmes; les millionièmes?

Quand l'unité de volume est le décimètre cube, quel ordre d'unités représentent les millionièmes ; les unités de mille ; les millièmes ?

472. Combien y a-t-il de mètres cubes dans :

$$3\,042 \text{ dm}^3 ; \quad 2\,565\,973 \text{ cm}^3 ; \quad 13\,540 \text{ dm}^3 ; \quad 32\,543\,627 \text{ cm}^3 ?$$

473. Combien y a-t-il de cm³ dans 3745 mm³ ?
de dm³ dans 13 459 cm³ ?
de dm³ dans 52 943 257 mm³ ?

474. Combien $\dfrac{1}{10}$ de m³ vaut-il de dm³ ?

— $\dfrac{1}{100}$ — — cm³ ?

— $\dfrac{1}{1\,000}$ — — mm³ ?

— $\dfrac{1}{10}$ — — cm³ ?

— $\dfrac{1}{100}$ — — mm³ ?

— $\dfrac{1}{1\,000}$ — — cm³ ?

475. Combien 1 m³ contient-il de ds ?
Combien le das. contient-il de m³ ; de ds ; de dm³ ?
Combien y a-t-il de ds. dans 1 m³ ; dans $\dfrac{1}{2}$ m³ ; dans $\dfrac{3}{4}$ de m³ ?

476. Le mètre cube étant pris pour unité, quel ordre d'unités représentent le das ; le ds. ?
Le stère étant pris pour unité, quel ordre d'unités représentent le dm³ ; le mm³ ; le cm³ ?
Le décistère étant pris pour unité, quel ordre d'unités représentent le cm³ ; le mm³ ; le dm³ ?

477. Combien y a-t-il : 1° de dm³ ; 2° de cm³, dans chacun des nombres suivants :

$$2 \text{ m}^3 07 ; \quad 19 \text{ m}^3 6\,056 ; \quad 3 \text{ m}^3 57\,392 ; \quad 0 \text{ m}^3 0\,659 ; \quad 29 \text{ m}^3 1 ;$$
$$0 \text{ m}^3 0\,062 ; \quad 0 \text{ m}^3 52 ; \quad 28 \text{ m}^3 25 ?$$

478. Combien y a-t-il de dm³ dans chacun des nombres suivants :

$$2 \text{ s. } 5 \text{ ds.} ; \quad 3 \text{ das. } 5 \text{ s.} ; \quad 12 \text{ das. } 5 \text{ ds. } ; \quad 432 \text{ ds. } ; \quad 9 \text{ ds. } ;$$
$$3\,245 \text{ s.} ; \quad 729 \text{ ds.} ; \quad 384 \text{ das. ?}$$

479. Un cube a 5 m. d'arête. Exprimer son volume : 1° en m³ ; 2° en dm³ ; 3° en ds. ; 4° en das.

480. Combien peut-on mettre de cubes de 2 cm. d'arête dans un cube creux de 1 dm. d'arête ?

*481. Une boîte cubique en bois creuse et fermée a extérieurement 10 cm. d'arête ; ses parois ont 1 cm. d'épaisseur ; quel est le volume du bois qui la forme ?

*482. Un bloc de pierre de forme cubique a $\frac{1}{2}$ m. d'arête. Quelle est sa masse, si le décimètre cube de pierre pèse 2 kg ?

*483. Exprimer : 1° en m³ ; 2° en dm³ ; 3° en s. ; 4° en ds., le volume d'une poutre en bois qui a 5 m. de long, 4 dm. de large et 2 dm. $\frac{1}{2}$ d'épaisseur.

*484. Quelle est la masse d'une barre métallique qui a $\frac{1}{2}$ m. de long, 5 cm. de large et 4 cm. d'épaisseur, si la densité du métal qui la forme est 7,8 ?

485. Quelle est l'épaisseur d'une règle qui a 25 cm. de long, 4 cm. de large et un volume de 50 cm³ ?

486. Quelle est la hauteur d'un tas de bois qui mesure 9 s. si la longueur des bûches est $\frac{3}{4}$ de m. et celle du tas de bois 8 m. ?

487. De combien faut-il surélever le plafond d'une salle qui a 8 m. de long et 6 m. de large pour augmenter son volume de 24 m³ ?

*488. On recouvre de gravier sur une épaisseur de 4 cm. une cour qui a 25 m. de long et 12 m. de large. Quel est le volume du gravier employé ?

489. On veut dorer la surface d'une boîte cubique de 5 cm. d'arête. Quelle sera la dépense, si la dorure coûte 3 millimes par centimètre carré ?

*490. Quel est le volume d'un cube dont la surface totale mesure 5400 cm² ?

*491. Quelle est la surface d'une cour que l'on a pu recouvrir d'une couche de sable de 3 cm. de hauteur en employant 15 m³ de sable ? Quelle est sa longueur, si sa largeur est de 20 m. ?

492. Combien 1 kg. vaut-il de dg. ; de dag. ; de cg. ?
Combien 1 kg. vaut-il de dag. ; de dg. ; de mg. ; de cg. ?
Combien faut-il de dag. pour faire 1 kg. ; un quintal ; une demi-tonne ?
Combien faut-il d'hg. pour faire 3 kg. ; $\frac{1}{2}$ quintal ; $\frac{3}{4}$ de tonne ?

493. Combien y a-t-il de kilogrammes dans les masses suivantes : 28 quintaux ; 32 tonnes ; 7 tonnes $\frac{1}{2}$; 8 quintaux $\frac{3}{4}$?

494. Combien y a-t-il de grammes dans les masses suivantes :

7 kg.; 32 dag.; 8 kg.; 19 quintaux; $\frac{1}{4}$ de tonne ?

495. Convertir en grammes les masses suivantes :

17 dag.;   8 hg. 5 dag.;   19 hg. 5 g.;   8 kg. 3 hg.;   197 kg.;   2 t. $\frac{3}{5}$.

Convertir en kilogrammes les masses suivantes :

25 t. 45;   2 t. 675;   21 q. 6;   3 t. $\frac{1}{2}$;   2 q. $\frac{3}{4}$;   7 t. 065;   21 q. 07.

496. Quelle est l'unité de masse 1 000 fois plus grande que le g.; le kg.; le dag.; le dg.; le mg.; l'hg.; le cg.?
Quelle est l'unité de masse 1 000 fois plus petite que la tonne ; le kg.; le dag.; le quintal; l'hg.?

497. Quand une masse est exprimée en hectogrammes, quelle est l'unité qui correspond aux centièmes; aux dizaines; aux unités de mille ; aux millièmes; aux centaines?

498. Combien y a-t-il : 1° de dag; 2° de kg; 3° de quintaux, dans chacune des masses suivantes :

1 600 g.;   21 645 g.;   325 459 g.;   3 252 g.;   1 300 hg.;
1 759 dg.;   3 659 639 cg.;   25 t.;   3 t. 5 ?

499. Quelle est la masse en grammes de chacun des volumes suivants d'eau pure :

58 cm³;   32 dm³;   3 dm³ 07;   18 dm³ 359;
$\frac{1}{2}$ dm³ ; $\frac{3}{4}$ de m³ ; $\frac{1}{5}$ de dm³ ?

500. Exprimer par le nombre entier le plus simple les masses de chacun des volumes suivants d'eau pure :

250 cm³;   3 dm³ 08;   1 m³ 5;   3 500 dm³; $\frac{7}{8}$ de m³.

501. Quels poids faut-il employer pour peser directement :

542 g.;   1 879 g.;   768 g.;   635 g.;   1 437 g., etc. ?

502. Quel est en centimètres cubes le volume d'eau qui a pour masse :

3 g.;   7 dag;   13 hg.;   5 dg.;   2 kg. ?

Quel est en millimètres cubes le volume d'eau qui a pour masse :

3 mg.;   2 dg. 3;   7 cg. 92;   15 g. 6;   354 dg. ?

Quel est en décimètres cubes le volume d'eau qui a pour masse :

3 kg.; 17 hg. 8; 3 t. 25; 18 q. 8; 1 357 dag. ?

*503. Une barre de fer qui a 10 m. de long, 1 dm. de large et 2 cm. d'épaisseur a une masse de 156 kg. Quelle est la densité du fer ?

*504. Une tige de fer à section carrée a une longueur de 2 m. $\frac{1}{2}$ et sa section a 2 cm. de côté. Quelle est sa masse si la densité du fer est 7,8 ?

505. La densité du cuivre étant 8,8, quelle est la masse de 1 dm³, 1 mm³, 1 cm³, $\frac{1}{2}$ dm³, $\frac{3}{4}$ de cm³, 2 cm³ $\frac{1}{2}$, 3 dm³ $\frac{1}{4}$ de ce corps?

506. La densité d'un corps étant 0,8, quel est le volume de ce corps qui a pour masse : 3 kg. 2; 0 kg. 72; 728 g.; 1 600 g. ?

507. La densité d'un corps étant 9, quel est le volume de ce corps qui a pour masse : 45 kg.; 180 kg.; 3 t. 6; 5 q. 4; 0 kg. 108 ?

508. Combien 1 hl. contient-il de l.; de cl.; de dl.; de dal.; de ml.?
Combien 1 dal. contient-il de cl.; de dl.; de ml.; de demi-dl. ?

Combien y a-t-il de cl. dans 1 dl.; 1 hl.; 1 dal.; $\frac{1}{2}$ l.?

Combien y a-t-il de dl. dans 1 hl.; 1 dal.; $\frac{1}{2}$ hl.; 1 double l.?

509. Combien y a-t-il de litres dans :

32 hl.; 28 dal.; 3 hl. $\frac{1}{2}$; 5 dal. $\frac{3}{5}$; 3 hl. $\frac{3}{4}$?

510. Combien y a-t-il de centilitres dans :

2 hl.; 3 dal.; 7 hl. 5 l.; 3 dal. 7 dl.; 9 l. 5 dl. ?

511. Quelle est l'unité de capacité 100 fois plus grande que le dal.; le ml.; le dl.; l'hl. ?
Quelle est l'unité 1 000 fois plus petite que l'hl.; le dal.; le l.; le dl. ?

512. Quand une capacité est exprimée en hectolitres, quelle est l'unité qui correspond aux millièmes; aux dixièmes; aux dix-millièmes; aux centièmes ?

513. Combien y a-t-il : 1° d'hl.; 2° de dal., dans chacun des nombres suivants :

17 325 cl.; 34 595 dl.; 5 133 456 ml.; 25 375 dl. ?

514. Quelle est la mesure de capacité qui correspond au dm³; au cm³; au dixième de dm³; au centième de cm³; au mm³?

515. Convertir en litres les volumes suivants :

$$1\,\text{m}^3; \quad 7\text{m}^3; \quad 10\,\text{dm}^3; \quad 150\,\text{dm}^3; \quad 375\,\text{cm}^3; \quad 2\,\text{m}^3\,7.$$

Convertir en hectolitres les volumes suivants :

$$3\,\text{m}^3; \quad 2\,\text{m}^3\,7; \quad 15\,\text{m}^3\frac{1}{2}; \quad 3\,\text{m}^3\frac{3}{4}; \quad 1\,575\,\text{dm}^3.$$

516. Combien y a-t-il : 1° de cm³ ; 2° de dm³, dans :

$$15\,\text{hl.}; \quad 32\,\text{dal.}; \quad 7\,\text{hl.}\frac{1}{2}; \quad 25\,\text{hl.}\frac{3}{4}; \quad 9\,\text{hl.}\frac{1}{8}?$$

517. Que manque-t-il à **72 mm³** pour faire **1** ml. ?
    —   à **3 200 cm³** pour faire **1** dal. ?
    —   à **650 ml.** pour faire 1 dm³ ?
    —   à **75 dal.** pour faire **1** m³ ?

518. Combien y a-t-il de doubles dal. dans **1** hl. ?
    —   de demi-dl. dans **4** l. ?
    —   de doubles l. dans **7** dal. ?
    —   de demi-dal. dans **9** hl. ?

519. Combien faut-il de mm³ pour faire **1** ml. ; **75** cl. ?

$$— \quad \text{de cm}^3 \text{ pour faire } 1\,\text{dl.}; \; 3\,\text{dl.}\frac{1}{2}; \; 7\,\text{cl.}?$$

$$— \quad \text{de dm}^3 \text{ pour faire } 1\,\text{hl.}; \; \frac{1}{2}\,\text{dal.}; \; 3\,\text{hl.}\,6\,\text{l.}?$$

520. Combien $\dfrac{1}{4}$ de l. vaut-il de cm³ ?

Combien $\dfrac{2}{5}$ de dl. valent-ils de mm³ ?

Combien $\dfrac{3}{4}$ d'hl. valent-ils de dm³ ?

Combien un double l. vaut-il de cm³ ?

521. Quelle est la masse des quantités d'eau suivantes :

$$\frac{1}{2}\,\text{l.}; \quad 7\,\text{dl.}; \quad 35\,\text{cl.}; \quad \frac{3}{4}\,\text{de dl.}; \quad 12\,\text{l.}\,57; \quad 3\,\text{hl.}\,2;$$

$$7\,\text{dal.}\,5\,\text{dl.}; \quad \frac{5}{8}\,\text{de l.}; \quad \frac{7}{8}\,\text{d'hl.}\,?$$

Exprimer chacune de ces masses à l'aide du nombre entier le plus simple.

522. La densité de l'alcool étant 0,78, trouver la masse de **1** l.; **1** cl. ; **1** hl. ; $\frac{1}{2}$ l.; **2** dal.; **3** cl. de ce liquide.

523. La densité d'un liquide étant 0,8, quel est son volume : 1° en l. ; 2° en cl., quand il a pour masse :

3 kg. 2; 0 kg. 96; 720 g.; 48 dag,; 64 hg.?

524. Une citerne a **5 m.** de long, **2 m. 50** de large. Combien de litres d'eau contient-elle quand celle-ci a une hauteur de **4 dm.**?

525. Une auge en pierre a **1 m. 50** de long, **40 cm.** de large et **50 cm.** de profondeur. Combien contient-elle de litres d'eau si on la remplit aux $\frac{2}{3}$?

526. On remplit de blé un coffre qui a **2 m.** de long, **1 m.** de large et **75 cm.** de profondeur. Quelle est la valeur de ce blé à raison de **70 f.** l'hectolitre?

527. Un bassin rectangulaire qui a **2 m.** de long et **80 cm.** de large peut contenir **480 l.** d'eau. Quelle est sa profondeur?

528. Un réservoir qui peut contenir **25 m³** d'eau a pour base un rectangle de **4 m.** de long sur $\frac{25}{8}$ de m. de large. Quelle est sa profondeur?

529. On achète à raison de **70 f.** l'hectolitre, pour une somme de **2 100 f.**, une certaine quantité de blé pesant **80 kg.** par hectolitre. Quelle est en quintaux la masse de ce blé?

530. Un vase d'une capacité de **750 cm³** est rempli d'un liquide de densité **0,8** valant **2 f.** le kilogramme. Quelle est la valeur de ce liquide?

531. Un vase plein d'eau pèse **21 kg.** ; rempli aux $\frac{3}{4}$ seulement, il ne pèserait que **16 kg.** Quelle est la masse du vase vide et quelle est sa capacité?

532. Un tonneau plein d'eau pèse **235 kg.** ; s'il ne contenait que **50 l.** d'eau, il ne pèserait que **65 kg.** Quelle est la masse du tonneau vide et quelle est sa capacité?

533. Un fût rempli d'un certain liquide de densité **1,2** pèse **70 kg.** et la masse du fût vide est $\frac{1}{6}$ seulement de la masse du liquide qu'il contient. Quelle est la capacité du fût? Quelle est la valeur de son contenu à raison de **2 f. 50** le litre?

534. Un fût plein d'huile pèse **48 kg.** Si on enlève les $\frac{3}{5}$ de l'huile qu'il contient, il ne pèse plus que **30 kg.** Quelle est la capacité du fût si la densité de l'huile est **0,9**?

535. Un corps pèse **72 g. 8**; plongé dans un vase plein d'eau, il en fait sortir **8 ml.** d'eau. Quelle est la densité de ce corps?

*536. Un vase d'une capacité de **60** cl. est rempli aux $\frac{2}{3}$ d'un liquide dont la densité est **0,75**. Quelle est alors la masse de ce vase qui, vide, pèse **40** g.?

*537. Un fût plein d'eau pèse **82** kg.; plein d'un liquide dont la densité est **0,9**, il pèse **75** kg. Trouver la capacité du fût et le poids du fût vide.

*538. Une feuille de cuivre a **1** m. **50** de long et **4** cm. de large; elle pèse **528** g. Quelle est son épaisseur, si la densité du cuivre est **8,8**?

539. **1** m³ de houille pèse **900** kg. Lequel est préférable d'acheter : cette houille à **300** f. la tonne ou à **27** f. **60** l'hectolitre.

540. Convertir en centimes : **7** sous; **11** sous; **9** sous; **15** sous; **17** sous; **19** sous; **24** sous; **29** sous, etc.

541. Combien y a-t-il de sous dans **40** c.; **70** c.; **65** c.; **90** c.; **1** f. **20**; **1** f. **35**; **1** f. **75**, etc.?

542. Combien pèse chacune des sommes suivantes en monnaie d'argent :

20 f.; **12** f.; **15** f.; **38** f.; **42** f.; **19** f.; **2** f. **50**; **1** f. **50**; **3** f. **20**, etc.?

543. Quelle est la valeur de la monnaie d'argent qui pèse :

25 g.; **50** g.; **80** g.; **45** g.; **65** g.; **350** g.; **785** g., etc.?

544. Quelle est la valeur de la monnaie d'or qui pèse :

50 g.; **100** g.; **150** g.; **200** g.; **500** g.; **600** g., etc.?

545. Quelle est la valeur de la monnaie de billon qui pèse :

300 g.; **250** g.; **175** g.; **135** g.; **180** g.; **70** g.; **95** g.?

546. En prenant le plus grand nombre possible des plus fortes pièces, avec quelles pièces d'argent peut-on faire équilibre à un corps qui pèse :

67 g. **50**; **98** g. **20**; **119** g. **50**; **380** g.; **658** g. **50**; etc.?

547. Un vase vide pèse **300** g.; plein d'eau, il fait équilibre à une somme de **320** f. en monnaie d'argent. Quelle est sa capacité?

*548. Combien pèse une somme de **300** f. composée de valeurs égales de monnaies d'or, d'argent et de bronze? Quel est le volume de l'eau qui pourrait faire équilibre à cette somme?

549. Quelle somme en monnaie de bronze faut-il ajouter à **20** pièces de **2** f. et **40** pièces de **1** f. pour faire une masse de $\frac{1}{2}$ kg.?

550. Quelle est la somme en monnaie d'argent qui pèse autant que 1 dl. ; 3 cl. ; $\frac{1}{2}$ l. ; $\frac{3}{4}$ de l. ; 25 cl. ; 3 l. 5 cl. d'eau pure?

551. Combien y a-t-il d'or pur dans les masses suivantes d'or monnayé :

10 g.; 80 g.; 100 g.; 75 g.; 625 g.; 250 g.; etc.?

552. Combien peut-on faire d'or monnayé avec les masses suivantes d'or pur :

18 g.; 54 g.; 72 g.; 81 g.; 270 g.; 450 g.; 900 g.; etc. ?

553. Combien peut-on faire de pièces de 5 f. avec un alliage propre à la fabrication de ces pièces et qui contient 150 g. de cuivre ?

554. Combien y a-t-il d'argent et de cuivre dans une somme de 50 f. en pièces de 5 f.?

555. Combien pèse le cuivre contenu dans chacune des masses suivantes d'argent en monnaie divisionnaire :

10 g.; 200 g.; 500 g.; 2 kg.; 3 hg.?

556. Combien y a-t-il de cuivre, d'étain et de zinc dans : 100 g.; 10 g.; 20 g. ; 500 g.; 1 000 g., en monnaie de bronze?

***557.** Quelle est la valeur de la monnaie divisionnaire dans laquelle entre une masse de cuivre égale à celle de 165 cl. d'eau pure?

***558.** Quelle est la valeur de la monnaie de billon dans laquelle entre une masse de cuivre qui pèse autant que 380 cl. d'eau pure?

***559.** Combien faut-il ajouter d'étain et de zinc à 7,60 g. de cuivre pour avoir du bronze propre à la fabrication des monnaies?

***560.** On a fondu 720 g. d'argent pur avec 50 g. de cuivre. Combien faut-il y ajouter de cuivre pour avoir un alliage au titre des pièces de 5 f.?

***561.** On a fondu 600 g. d'or pur avec 100 g. de cuivre. Combien faut-il y ajouter d'or pur pour avoir un alliage propre à la fabrication des monnaies?

Livre cinquième

§ 1. — Exercices écrits.

562. Combien y a-t-il de secondes : 1° dans 3 j. 8 h. 45 m. 27 s. ? 2° dans 4 j. 15 h. 39 m. 5 s. ? 3° dans une semaine?

563. Convertir en secondes chacun des nombres suivants :

$$18° 27' 32'' ; \quad 56° 28' 6'' ; \quad 159° 14' 50'' ; \quad 72°$$

564. Décomposer en jours, heures, minutes et secondes chacune des durées suivantes :

$$250\,352 \text{ s.} ; \quad 126\,500 \text{ s.} ; \quad 626\,400 \text{ s.} ; \quad 1\,000\,000 \text{ de s.}$$

565. Décomposer en degrés, minutes et secondes les nombres suivants :

$$32\,400'' ; \quad 752\,438'' ; \quad 295\,000'' ; \quad 907\,345''.$$

566. Faire les additions suivantes :
1° 3 j. 11 h. 28 m. 45 s. + 5 j. 21 h. 57 m. 6 s. + 10 j. 15 h. 39 m. 13 s. + 4 j. 19 h. 43 m. 28 s. ;
2° 18° 36' 48'',8 + 51° 22' 13'' + 11° 54' 32'',8 + 25° 39' 56'',9.

567. Faire les soustractions suivantes :
1° 180° — 32° 57' 49'' ;
2° 90° — 21° 8' 57'',3 ;
3° 12 j. 15 h. 21 m. 56 s. — 7 j. 23 h. 52 m. 43 s. ;
4° 21 j. — 7 j. 8 h. 13 m. 42 s.,4.

568. Une personne est née le 29 février 1884. Combien de fois a-t-on pu fêter son anniversaire jusqu'au jour actuel ?

569. Deux villes situées sur le même méridien ont pour latitude, l'une 32° 41' 56'', l'autre 59° 28' 17''. Quelle est en kilomètres la distance de ces deux villes ? On les supposera d'abord toutes deux au nord de l'équateur, puis l'une au nord et l'autre au sud de l'équateur.

570. La durée d'une lunaison est de 29 j. 12 h. 44 m. Quelle est la durée totale de 13 lunaisons ?

571. Un bicycliste parcourt une piste circulaire d'un mouvement uniforme. En une minute, il parcourt un arc de 9° 15' 26''. Quel arc peut-il parcourir : 1° en 12 minutes ? 2° en 35 minutes ? 3° en 17 m. 21 s. ?

572. Un bicycliste parcourt 12 km. $\frac{1}{2}$ par heure. Quel chemin peut-il parcourir de 10 h. $\frac{1}{2}$ du matin à 5 h. 25 m. du soir, s'il fait une halte de 1 h. 10 m. à midi ?

573. Un train a parcouru 198 km. en 2 h. 45 m. Quelle est sa vitesse et combien lui faut-il de temps pour parcourir 250 km. ?

574. Un courrier met 2 h. 42 m. 36 s. pour parcourir une distance de 24 km. 5. Quel temps met-il pour parcourir 1 km. ?

575. Quelle est en degrés, minutes et secondes la valeur des $\frac{4}{11}$ d'une circonférence?

576. Deux bicyclistes parcourent une piste circulaire d'un mouvement uniforme. Ils décrivent, en une minute, l'un un arc de 13° 57′, l'autre un arc de 15° 33′. Au bout de combien de temps se rejoindront-ils : 1° s'ils marchent dans le même sens? 2° s'ils vont à la rencontre l'un de l'autre?

577. La longueur d'une circonférence étant de 9 m. 72, quelle est la longueur d'un arc de 32° 18′ 36″ de cette circonférence?

*578. Quelle heure est-il entre onze heures et midi quand la grande aiguille d'une horloge a parcouru les $\frac{17}{24}$ du cadran?

*579. Quelle est en degrés, minutes et secondes la distance de deux villes situées sur le même méridien et qui sont à 324 km. l'une de l'autre?

*580. A quel moment entre 2 heures et 3 heures les deux aiguilles d'une montre sont-elles dans le prolongement l'une de l'autre?

581. Un train doit parcourir la distance de Paris à Lyon avec une vitesse de 48 km. à l'heure. Lorsqu'il est parvenu aux $\frac{3}{4}$ de sa course, un accident oblige le mécanicien à diminuer la vitesse de 8 km. A quelle heure le train arrivera-t-il à Lyon, s'il est parti de Paris à 15 h. 30 m.? La distance de Paris à Lyon est 512 km.

*582. Une personne A en poursuit une autre B qui a sur elle une avance de 450 m.; elle fait 3 pas de 70 cm. quand B en fait 2 de 75 cm. Combien doit-elle faire de pas pour atteindre B? Quelle sera alors la longueur du chemin parcouru par A et la durée de son trajet si elle parcourt en une heure 4 km. $\frac{29}{40}$?

583. Deux piétons partent du même point d'une route dans le même sens, l'un à 6 h. 25 m., l'autre à 7 h. 10 m. du matin. Le premier fait 80 pas à la minute et le deuxième en fait 90. Mais, tandis que 1 800 pas du premier font 1 km. $\frac{1}{2}$, 1 800 pas du deuxième font seulement 1 km. $\frac{1}{4}$. A quelle heure ces piétons seront-ils séparés par une distance de 4 km. $\frac{1}{3}$?

584. Une montre avance de 6 minutes par 24 heures ; on la met à l'heure à 5 h. $\frac{1}{2}$ du matin. Trouver : 1° quelle est l'heure exacte

lorsque cette montre marque **9** h. **34** m. du soir ; **2°** quelle heure marque cette montre à **11** h. $\frac{1}{2}$ du soir.

585. En **13** h. **26** m. **40** s., une fontaine a fourni **72** hl. **6** d'eau. Combien de mètres cubes peut-elle donner en une journée de **24** heures ?

586. Combien les $\frac{5}{11}$ d'un mois de **30** jours valent-ils de jours, heures, minutes et secondes ?

§ 2. — Exercices oraux.

587. Combien y a-t-il de jours du **25** janvier inclusivement au **17** février inclusivement ? du **17** mars au **11** avril ? du **14** juillet au **7** septembre ?

588. Combien y a-t-il de degrés dans une demi-circonférence ; dans $\frac{1}{4}$ de circonférence ; dans $\frac{1}{5}$ de circonférence ; dans $\frac{3}{4}$ de circonférence ; dans $\frac{3}{5}$ de circonférence ; dans $\frac{5}{6}$ de circonférence, etc.?

589. Combien y a-t-il de minutes dans **2°** ; dans **5°** ; dans **2° 3′** ; dans **12°** ; dans **100°** ?
Combien y a-t-il de secondes dans **10′** ; dans **50′** ; dans **1°** ; dans **2°** $\frac{1}{2}$; dans $\frac{3}{4}$ de degré, etc. ?

590. Combien y a-t-il de mois dans **7** ans ; dans **9** ans ; dans **13** ans ; dans **19** ans ; dans **21** ans ; dans **2** ans $\frac{1}{2}$; **3** ans $\frac{1}{3}$; **7** ans $\frac{3}{4}$; **4** ans $\frac{5}{6}$, etc. ?

591. Evaluer en années et fractions d'année, s'il y a lieu, les durées suivantes :

36 mois ; **54** mois ; **60** mois ; **76** mois ; **69** mois ; **100** mois ; **128** mois.

592. Combien y a-t-il de minutes dans :

$$3 \text{ h.} ; \quad 5 \text{ h.} \tfrac{1}{2} ; \quad 8 \text{ h.} \tfrac{2}{3} ; \quad \tfrac{3}{4} \text{ d'h.} ; \quad 2 \text{ h.} \tfrac{5}{6} ; \quad 8 \text{ h.} \tfrac{11}{10} ?$$

593. Exprimer en heures et fractions d'heure, s'il y a lieu, les durées suivantes :

360 m. ; **540** m. ; **270** m. ; **135** m. ; **48** m. ; **108** m. ; **150** m., etc.

594. Quelle est la fraction d'une circonférence qui vaut :

36° ; 18° ; 9° ; 27° ; 45° ; 81° ; 60° ; 240° ; 225°, etc. ?

595. Quelle est la durée de la partie de la journée comprise :

<pre>
entre 8 h.   du matin et   6 h.   du soir ?
  —   3 h.   —   9 h.   —
  —   9 h.   —   10 h. ½   —
  —   9 h. ¼   —   3 h. ½   —
  —   9 h. ¾   —   5 h. ½   —
  —   8 h. ½   —   6 h. ¾   —
  —   7 h. ½   —   11 h. ¼   —
</pre>

596. Un train qui fait 25 km. à l'heure part de Paris à 8 h. du matin ; un autre qui fait 30 km. à l'heure part de Paris 2 h. plus tard dans la même direction. A quelle heure rejoindra-t-il le premier ?

PROBLÈMES ET EXERCICES DE GÉOMÉTRIE

1. Tracer une ligne droite ayant **4** cm. de long; **3** cm. $\frac{1}{2}$; **2** cm. **7**; **8** cm. **9**; etc.

2. Décrire une circonférence ayant pour rayon **1** cm.; **1** cm. $\frac{1}{2}$; **2** cm. **4**; **3** cm. **2**; etc.

3. Tracer une ligne brisée de **8** côtés; un polygone de **6** côtés, etc.

4. Dessiner une bordure composée : 1° uniquement de lignes droites; 2° de lignes droites et de lignes courbes; 3° uniquement de lignes courbes.

5. Construire **un angle et** évaluer avec le rapporteur la valeur de cet angle.

6. Calculer la valeur du supplément d'un angle de **32°**; de **58°**; de **129°**; de **147°**; de **172°**.

7. Calculer la valeur du complément d'un angle de **32°**; de **17°**; de **45°**; de **60°**; de **72°**.

8. Construire un angle de **78°** et tracer sa bissectrice à l'aide du rapporteur. Même question pour des angles de **64°**; **50°**; **45°**, etc.

9. Étant donné un point **O** sur une droite **xy**, mener par le point **O** une demi-droite **Oz** telle que l'angle **zOx** mesure 72°. Evaluer la valeur de l'angle **zOy**.

10. Étant donné un point **O** sur une droite **xy**, mener par le point **O** de part et d'autre de **xy** deux demi-droites **Oz** et **Ot** telles que les angles **xOz** et **xOt** vaillent respectivement 36° et 54°. Comment sont l'une par rapport à l'autre les demi-droites **Oz** et **Ot**?

11. Même question en supposant que les angles **xOz** et **xOt** doivent valoir respectivement **105°** et **75°**.

12. En un point **O** d'une droite donnée **xy**, mener la perpendiculaire à cette droite : 1° avec le rapporteur; 2° avec l'équerre; 3° avec la règle et le compas.

13. Par un point extérieur à une droite, mener la perpendiculaire à cette droite : 1° avec la règle et l'équerre; 2° avec la règle et le compas.

14. Mener la perpendiculaire à une droite **AB** en son milieu. Vérifier qu'un point quelconque **C** pris sur cette perpendiculaire est équidistant des points **A** et **B**.

15. Diviser une droite **AB** en huit parties égales.

16. Calculer : 1° la valeur d'un angle qui vaut **5** fois moins que son complément; 2° la valeur d'un angle qui vaut **8** fois moins que son supplément.

17. Construire un angle de **85°**; le partager ensuite en quatre parties égales.

18. Tracer une droite **AB** de **8 cm.** de longueur. Mener la perpendiculaire à **AB** par le point **C** situé sur **AB** à **3 cm.** du point **A.** Prendre sur cette perpendiculaire un point **D** situé à **4 cm.** du point **C** et déterminer les points de **xy** qui sont à **5 cm.** du point **D.** Que peut-on remarquer sur l'un de ces points?

19. Étant donnée une droite **xy** et un point extérieur **A,** mener du point **A** la perpendiculaire **AB** à **xy,** puis la perpendiculaire **AC** à **AB.** Que sont les droites **xy** et **AC** ?

20. Étant donnés une droite **xy** et un point extérieur **A,** mener par le point **A** la parallèle à la droite **xy** : 1° avec la règle et l'équerre ; 2° avec la règle et le compas.

21. Étant donnés une droite **xy** et un point **A** sur cette droite, mener par le point **A** la perpendiculaire **Az** à **xy** ; prendre sur **Az** un point **B** situé à **2 cm.** $\frac{1}{2}$ de **xy** et mener par le point **B** la parallèle à **xy.**

22. Étant donnée une droite **xy,** construire tous les points situés à **2 cm.** de cette droite.

23. Étant donnés une droite **xy** et un point **O** situé à **3 cm.** de **xy,** construire tous les points situés :
1° À **1 cm.** de **xy** et à **5 cm.** du point **O**;
2° À **1 cm.** de **xy** et à **4 cm.** du point **O**;
3° À **1 cm.** de **xy** et à **3 cm.** du point **O**;
4° À **1 cm.** de **xy** et à **2 cm.** du point **O.**

24. Trouver tous les points équidistants de deux points donnés **A** et **B** et situés à **3 cm.** **2** d'une droite donnée **xy.**

25. Partager une droite **AB** en **7** parties égales.

26. On donne un angle **xOy.** Sur le côté **Ox,** on porte à partir du point **O** les longueurs **OA, AB, BC, CD** et **DE** mesurant toutes **1 cm.** ; sur le côté **Oy,** on porte à partir du point **O** les longueurs **OA', A'B',** **B'C', C'D'** et **D'E'** mesurant toutes **1 cm.** $\frac{1}{2}$. On trace les droites **AA',** **BB', CC', DD'** et **EE'.** Que sont ces différentes droites ?

27. Construire un triangle **ABC** ; tracer ses trois médianes **AA',** **BB'** et **CC',** et constater que ces trois droites passent par un même point.

28. Construire un triangle acutangle **ABC**; tracer ses trois hauteurs **AH, BH′** et **CH″**, et constater que ces trois droites passent par le même point.

Même question pour un triangle obtusangle.

29. Construire un triangle **ABC** tel que le côté **BC** mesure **5** cm. **4** et que les angles **B** et **C** aient pour valeurs respectives **60°** et **72°**. Mesurer avec le rapporteur l'angle **A**.

30. Construire un triangle **ABC** sachant que l'angle **A** doit valoir **36°** et que les côtés **AB** et **AC** ont pour longueurs respectives **4** cm. **5** et **5** cm. **2**.

31. Construire un triangle **ABC** tel que **BC = 5** cm., **AB = 6** cm., **AC = 7** cm. Mesurer à l'aide du rapporteur les angles de ce triangle.

32. Construire un triangle **ABC** tel que **BC = 10** cm., **AC = 8** cm., **AB = 6** cm.

Dire quelle particularité présente l'angle **A** de ce triangle.

33. Construire un triangle isocèle dont les côtés égaux **AB** et **AC** aient une longueur de **5** cm. et comprennent un angle de **48°**.

Mesurer au rapporteur les angles **B** et **C** de ce triangle.

34. Construire un triangle équilatéral ayant **42** mm. de côté. Mesurer au rapporteur les angles de ce triangle.

35. Peut-on construire un triangle ayant pour côtés **867** mm., **552** mm. et **317** mm. ? ou **867** mm., **552** mm. et **307** mm. ?

36. Peut-on construire un triangle isocèle ayant pour base **68** cm. et pour longueur des côtés égaux **32** cm. ? ou pour base **32** cm. et pour longueur des côtés égaux **68** cm. ?

37. Construire un triangle **ABC** rectangle en **A**, connaissant les côtés **AB = 4** cm. **2** et **BC = 6** cm. **4**.

38. Construire un triangle **ABC** rectangle en **A**, sachant que l'angle **B** vaut **30°** et que l'hypoténuse **BC** mesure **6** cm.

Tracer la médiane **AM** du triangle et mesurer les longueurs **AM, BM, MC** et **AC**. Quelle particularité présentent ces longueurs?

39. Deux angles d'un triangle valent **98°** et **65°**. Que vaut le troisième angle?

40. Un triangle rectangle a un angle aigu de **28°**; que vaut l'autre?

41. Un triangle a un angle de **72°**; ses deux autres angles sont égaux. Quelle est leur valeur commune?

42. Construire un hexagone convexe. Tracer ses diagonales. Combien y en a-t-il?

43. Construire un polygone convexe de **12** côtés. Tracer toutes les diagonales issues d'un même sommet **A**. Combien trace-t-on ainsi de diagonales et combien forme-t-on de triangles dans le polygone?

44. Dans un polygone, on peut, en partant d'un sommet **A**, tracer **15** diagonales. Combien le polygone a-t-il de côtés?

45. Quelles sont les propriétés communes au parallélogramme et au rectangle? Quelles sont celles qui sont différentes?

46. Même question pour le parallélogramme et le losange.

47. Citer des objets usuels ayant la forme de rectangles.

48. Étant donné un triangle **ABC**, on mène par le point **A** la parallèle au côté **BC** et par le point **C** la parallèle au côté **AB**. Ces deux droites se coupent au point **D**. Qu'est le quadrilatère **ABCD** ? Que devient ce quadrilatère : 1° si l'angle **B** est droit ; 2° si les côtés **AB** et **BC** du triangle sont égaux; 3° si, en même temps que l'angle **B** est droit, les côtés **AB** et **BC** sont égaux? Faire la figure qui répond aux différents cas.

49. Construire un parallélogramme **ABCD** dont l'angle **A** mesure 125° et les côtés **AB** et **AD**, 5 cm. 2 et 3 cm. 4. Que vaut l'angle B de ce parallélogramme ?

50. Construire un parallélogramme **ABCD**, sachant que ses diagonales **AC** et **BD** mesurent respectivement 40 mm. et 66 mm., et que, si ces diagonales se coupent au point **O**, l'angle **AOD** vaut 72°.

51. Construire un rectangle **ABCD** dont les côtés **AB** et **AD** mesurent respectivement 36 et 64 mm.

52. Construire un losange **ABCD** dont les côtés mesurent 5 cm. et tel que l'angle **A** du losange vaille 65°.

53. A quelle condition la plus petite diagonale d'un losange partage-t-elle la figure en deux triangles équilatéraux ?

54. Construire un losange dont l'une des diagonales mesure 9 cm. et dont le côté ait 6 cm. 5.

55. Construire un losange **ABCD** dont les diagonales **AC** et **BD** ont pour longueurs respectives 6 cm. 4 et 4 cm. 8.

56. Construire un carré de 48 mm. de côté. Vérifier que ses diagonales sont égales et perpendiculaires l'une sur l'autre.

57. Tracer une circonférence de 4 cm. de rayon ; figurer dans cette circonférence un rayon, un diamètre, un secteur comprenant un arc de 72° et la corde de cet arc.

58. Tracer un segment de droite **AB** de 5 cm. de longueur et trouver des points situés à la fois à 32 mm. de **A** et 45 mm. de **B**.

59. Deux circonférences **O** et **O'** ont pour rayons 18 mm. et 31 mm. Quelle est la position de ces circonférences lorsque la distance des centres **OO'** est égale : 1° à 52 mm. ; 2° à 49 mm. ; 3° à 40 mm. ; 4° à 13 mm. ; 5° à 10 mm. ? Faire la figure qui correspond à chacun de ces cas.

60. Deux circonférences **O** et **O'** ont pour rayons, l'une 20 mm., l'autre 36 mm. Que doit être la distance **OO'** : 1° pour que les circonférences soient sécantes ; 2° pour qu'elles soient extérieures l'une à l'autre; 3° pour qu'elles soient tangentes intérieurement; 4° pour qu'elles soient l'une intérieure à l'autre ; 5° pour qu'elles soient tangentes extérieurement?

61. Construire un triangle **ABC** tel que **AB** = 4 cm., **AC** = 4 cm. 8, **BC** = 6 cm. Tracer ensuite la circonférence qui passe par les trois sommets de ce triangle.

62. Construire une circonférence ayant pour centre le centre d'un carré de 3 cm. de côté (point d'intersection des diagonales du carré) et passant par les sommets de ce carré.

63. Même question pour un rectangle **ABCD** tel que **AB** = 6 cm. et **AD** = 4 cm. 5.

64. Dans un cercle **O** de **32** mm. de rayon, prolonger un rayon **OA** d'une longueur **AB** égale à **28** mm. et mener les tangentes à la circonférence **O** par le point **B**.

65. Tracer une circonférence **O** de **25** mm. de rayon ; marquer un point **A** sur cette circonférence et faire passer par **A** une circonférence de même rayon, tangente à la première.

66. Même question en admettant que la deuxième circonférence doit avoir un rayon de **3** cm.

67. Quelle est en centimètres la longueur d'une circonférence qui a **25** cm. de rayon ? Même question en supposant que la longueur du rayon de la circonférence est **12** cm. **5** ; **15** cm. **25** ; **8** dm. ; **5** m. (Prendre π = **3,1416**.)

68. Les grandes roues d'une voiture ont **65** cm. de rayon. Combien ont-elles fait de tours quand la voiture a parcouru une distance de **3 573** m. **57**? (Prendre π = **3,1416**.)

69. Quels sont les rayons des circonférences qui ont respectivement pour longueurs **5** m. **4 978** ; **16** dam. **4 934** ; **47** dm. **124**?

70. La longueur du méridien terrestre étant de **40 000** km., trouver en kilomètres la valeur du rayon de la Terre.

71. Les grandes roues d'une voiture font **50** tours à la minute. Quelle est la distance parcourue par cette voiture en **2** h. **40** m., si le rayon des roues est de **70** cm?

72. Autour d'un parterre circulaire de **2** m. **5** de diamètre, on veut placer une bordure de fleurs dont les plants seront à **8** cm. l'un de l'autre. Que coûtera cette bordure si chaque plant vaut **5** centimes?

73. A l'aide du rapporteur, inscrire dans une circonférence de **3** cm. de rayon : 1° un décagone régulier ; 2° un polygone régulier de **15** côtés.

74. Dans une circonférence de **32** mm. de rayon, inscrire à l'aide de la règle et du compas : 1° un carré ; 2° un octogone régulier.

75. Inscrire dans un cercle de **8** cm. **4** de diamètre : 1° un hexagone régulier ; 2° un dodécagone régulier (emploi de la règle et du compas).

76. Inscrire à l'aide de la règle et du compas un triangle équilatéral dans un cercle de **36** mm. de rayon.

77. Quel est l'angle que forment les rayons qui aboutissent à deux sommets consécutifs d'un hexagone régulier? d'un octogone régulier?

78. Dans une circonférence **O**, on trace à partir d'un même point **A**, dans le même sens, deux cordes, l'une **AB** égale au côté du carré inscrit dans le cercle, l'autre **AC** égale au côté de l'hexagone régulier inscrit. Combien y a-t-il de degrés dans l'arc **BC** et de quel polygone régulier la corde **BC** est-elle le côté?

79. Même question en admettant que **AB** est le côté du triangle équilatéral et **AC** le côté du carré inscrit dans la circonférence **O**.

80. Même question en admettant que **AB** est le côté de l'hexagone régulier et **AC** celui du décagone régulier inscrit dans le cercle **O**.

81. Quel est le périmètre d'un hexagone régulier inscrit dans un cercle de **4 m. 5** de diamètre?

82. On démontre en géométrie que le carré du nombre qui mesure l'hypoténuse d'un triangle rectangle est égal à la somme des carrés des nombres qui mesurent les deux autres côtés. Trouver d'après cela le périmètre d'un carré inscrit dans un cercle de **3 cm.** de rayon.

83. Quelle est en hectares l'aire d'un carré de **375 m.** de côté?

84. Quelle est l'aire d'un rectangle dont la base est quadruple de la hauteur et dont le périmètre mesure **99 m. 2**?

85. Un champ carré de **38 m.** de côté a été vendu **8 664 f.** Dans les mêmes conditions, quel serait le prix d'un champ ayant la forme d'un parallélogramme de **72 m. 50** de long et **31 m. 2** de hauteur?

86. Un champ a la forme d'un triangle de **232 m.** de base et **73 m.** de hauteur. Quelle est la valeur de l'are si ce champ a été payé **22 185 f.**?

87. Trouver l'aire d'un losange dont les diagonales ont l'une **135 m.**, l'autre **72 m.** de long.

88. L'aire d'un trapèze est de **224 m²**; sa hauteur est de **8 m.** Trouver les longueurs de ses bases si la grande est triple de l'autre.

89. Trouver l'aire d'un trapèze dont les bases ont l'une **28 m. 40**, l'autre **13 m. 60** et la hauteur **6 m. 80**.

90. Un hexagone régulier a **15 m.** de côté; son apothème a **12 m. 99**. Quelle est l'aire de cet hexagone?

91. Trouver l'aire d'un cercle qui a **25 cm.** de rayon.

93. Trouver l'aire d'un cercle dont la circonférence a **15 m. 708** de longueur.

94. Quelle est la plus grande de deux surfaces, l'une carrée, l'autre circulaire, dont le contour mesure **23 m. 562**?

95. Une pelouse circulaire a **8 m.** de diamètre; elle est bordée d'une allée de **1 m. 3** de large. Trouver : 1° la longueur du contour de la pelouse ; 2° la longueur du contour extérieur de l'allée ; 3° l'aire de cette allée.

96. Quelle est l'aire d'un secteur circulaire de **25°**, si le cercle auquel appartient le secteur a **3 cm.** de rayon ?

97. L'aire d'un terrain en forme de trapèze est de **93 a. 6** ; sa hauteur est de **36 m.** Trouver ses deux bases, sachant que l'une mesure **50 m.** de plus que l'autre.

98. On doit tracer dans un jardin un massif en forme de losange dont l'une des diagonales aura **6 m. 40** de long. Quelle longueur faut-il donner à l'autre diagonale pour que l'aire du massif soit de **14 m² 4** ?

99. Un bassin de forme rectangulaire a **40 m.** de long et **25 m.** de large. A chacune de ses deux petites extrémités il se termine par un demi-cercle. Quelle est la superficie de ce bassin ? Quelle dépense faudra-t-il faire pour l'entourer à **1 m.** du bord d'une grille qui, toute posée, revient à 4 f. 50 le mètre courant ?

100. La longueur d'une circonférence est **23 m. 562.** Quelle est l'aire d'un secteur du cercle limité par cette circonférence et dont l'arc mesure **5 m. 8 905** ?

101. Parmi les objets usuels, citer des objets : 1° limités uniquement par des surfaces planes ; 2° limités uniquement par des surfaces courbes ; 3° limités à la fois par des surfaces planes et des surfaces courbes.

102. Combien y a-t-il de surfaces différentes limitant une caisse en bois munie de son couvercle ? Combien la caisse présente-t-elle d'angles dièdres ? De quelle nature sont ces dièdres ?

103. Donner des exemples de lignes droites perpendiculaires à un plan.

104. Donner des exemples de parallélépipèdes rectangles. Combien un parallélépipède rectangle a-t-il de faces ? Combien d'arêtes ? Combien de sommets ? Combien a-t-il au moins de faces égales ? Combien au plus d'arêtes inégales ?

105. Quelle est la différence entre un parallélépipède oblique et un parallélépipède droit ? Entre un parallélépipède droit et un parallélépipède rectangle ? Que sont les faces d'un parallélépipède oblique ? Qu'est-ce qu'un parallélépipède rectangle dont toutes les arêtes sont égales ?

106. Combien un prisme pentagonal a-t-il de faces, d'arêtes, de sommets ? Que sont ses bases et ses faces latérales ? Même question pour un prisme octogonal.

107. Construire avec une feuille de carton mince :

1° Un cube de **10 cm.** d'arête ;

2° Un parallélépipède rectangle de **12 cm.** de hauteur et dont la base ait **10 cm.** de long et **4 cm.** de large ;

3° Un prisme droit à base hexagonale dont la base ait **5 cm.** de côté et la hauteur **8 cm.**

108. Quelles sont, parmi les polyèdres étudiés au cours, les formes différentes que peut présenter un polyèdre à **6** faces? Combien y a-t-il, pour chacune de ces formes, d'arêtes et de sommets dans le polyèdre?

109. Combien une pyramide hexagonale a-t-elle de faces? Combien un tronc de pyramide octogonale en a-t-il?

110. Construire une pyramide régulière ayant pour base un carré de **5** cm. de côté et telle que ses arêtes latérales aient **12** cm. de longueur.

111. Même question en faisant en sorte que la base soit un hexagone régulier dont le côté mesure **4** cm., et que les arêtes latérales aient **8** cm. de longueur.

112. Quelle est l'aire de la surface totale d'un parallélépipède rectangle dont la hauteur est **12** dm. et dont la base a **5** dm. de long et **3** dm. **5** de large? Quel est le volume de ce solide?

113. Une pierre de taille a la forme d'un parallélépipède rectangle de **75** cm. de hauteur. L'aire de la surface latérale est de **63** dm². Quelles sont les dimensions de sa base si la largeur est les $\frac{3}{7}$ de sa longueur? Quel est en décimètres cubes le volume de cette pierre?

114. Quelle est l'aire de la surface latérale d'un prisme droit dont la base est un octogone régulier de **15** cm. de côté et dont la hauteur est de **17** cm. **5**?

115. Une auge en pierre ayant la forme d'un parallélépipède rectangle a pour dimensions extérieures **1** m. **80** en longueur; **90** cm. en largeur et **75** cm. en hauteur. Quelle est sa capacité en hectolitres si ses parois ont une épaisseur de **15** cm.? Quelle est sa masse si la densité de la pierre qui la forme est **2,3**?

116. Que devient le volume d'un parallélépipède rectangle : 1° si l'on double chacune de ses dimensions? 2° si l'on double sa hauteur en triplant sa largeur et en quadruplant sa longueur?

117. Un presse-papier en bronze a la forme d'une pyramide régulière dont la base est un carré de **5** cm. de côté et dont la hauteur est **9** cm. Quelle est sa masse si le décimètre cube de bronze pèse **7** kg. **8**?

118. Une tour carrée de **18** m. de côté est surmontée d'un toit en forme de pyramide. Les triangles qui forment les faces latérales de cette pyramide ont **12** m. **50** de hauteur. Combien a coûté la couverture de ce toit à raison de **8** f. **25** le mètre carré?

119. Le volume d'une pyramide à base rectangulaire est **4** m³ **140**, sa hauteur **2** m. **30**. Quelle est la largeur de la base si la longueur a **15** dm.?

120. Quelle surface de tôle faut-il employer pour fabriquer un tuyau de **22** cm. de diamètre et **3** m. **75** de longueur? On sait que l'ajustage de la tôle fait perdre $\frac{1}{12}$ de la surface.

121. Quelle est l'aire de la surface totale d'un cylindre dont le rayon de base a 8 cm. et dont la hauteur est 3 m. 50?

122. L'aire de la surface latérale d'un cylindre est 7.854 cm², la hauteur du cylindre est 2 m. 50. Quel est son rayon de base?

123. Quel est le volume d'un cylindre dont le rayon de base a 5 cm. et la hauteur 12 dm. ? Trouver également l'aire de la surface latérale et de la surface totale de ce cylindre.

124. Le volume d'un cylindre est 247 cm³, 401, sa hauteur 35 cm. Quel est le rayon de base de ce cylindre?

125. Quelle longueur de fil de fer fera-t-on avec 1 kg. de fer dont la densité est 7,8 si le diamètre de ce fil doit être de $\frac{1}{2}$ mm. ?

126. Trouver la masse d'un tuyau de plomb de 12 m. de long dont le diamètre intérieur est 2 cm. 5 et le diamètre extérieur 4 cm. La densité du plomb est 11,35.

127. Une colonne creuse en fonte pèse 384 kg. 532. Quelle est sa longueur si son diamètre extérieur est de 21 cm. et l'épaisseur de la fonte 4 cm. ? La densité de cette fonte est 7,2.

128. Un charron garnit une paire de roues de 1 m. 50 de diamètre d'un cercle en fer de 1 cm. 2 d'épaisseur et de 7 cm. 5 de largeur. La densité du fer est 7,8. A combien reviendra le cerclage des deux roues si le charron le fait payer à raison de 80 f. le quintal?

129. Construire un cylindre dont le rayon de base soit de 3 cm. et la hauteur 8 cm.

130. Construire un cône dont le rayon de base soit de 42 mm. et l'arête latérale de 125 mm.

131. Quelle est l'aire de la surface totale d'un cône dont le rayon de base mesure 3 cm. 5 et l'arête latérale 12 cm. ?

132. L'aire de la surface totale d'un cône est 1178 cm² 1 ; son rayon de base mesure 12 cm. 5. Trouver la longueur de son arête latérale.

133. Un verre de forme conique a 8 cm. de diamètre et 15 cm. de profondeur. Combien de fois pourra-t-on le remplir exactement avec le contenu d'une bouteille de $\frac{3}{4}$ de litre ? Combien après cela restera-t-il de liquide au fond de la bouteille ?

134. Quelle est la masse d'un pain de sucre en forme de cône ayant pour base un cercle de 7 cm. $\frac{1}{2}$ de rayon et dont la hauteur vaut 3 fois le diamètre de la base? Le volume de 1 kg. de sucre est 625 cm³.

135. Quel est le rayon de base d'un cône de 3 m. 50 de hauteur et dont le volume est de 916 dm³ 3?

136. Quel est en centimètres cubes le volume d'une sphère qui a 2 dm. de rayon? Quelle est en centimètres carrés l'aire de sa surface?

Même question pour une sphère ayant **28 cm.** de diamètre.

137. Une chaudière cylindrique a un fond hémisphérique. Quelle est en hectolitres la quantité d'eau que peut contenir cette chaudière, si la partie cylindrique a **1 m. 50** de hauteur et un diamètre de **1 m. 20?**

138. Quelle est la masse d'une sphère creuse en cuivre dont le rayon extérieur est **11 cm.** et dont les parois ont **1 cm.** d'épaisseur? La densité du cuivre est **8,8.**

139. Un récipient cubique a intérieurement **5 dm.** d'arête. Il est exactement plein d'eau. On y plonge une sphère massive en cuivre de **12 cm.** de diamètre. Quelle est la masse de l'eau qui sort du récipient et quelle est alors la masse du contenu de celui-ci si la densité du cuivre est **8,75?**

140. Un vase cylindrique est tel que son diamètre intérieur est égal à sa profondeur, qui est **12 cm. 50.** On y introduit une sphère dont le diamètre est également de **12 cm. 50,** et on achève de le remplir exactement avec du sable fin. Quel est le volume du sable ainsi employé?

141. Que devient le volume d'une sphère lorsque son rayon devient **2 fois** plus grand?

142. On a confectionné l'enveloppe d'un ballon sphérique de **22 m.** de diamètre avec du taffetas de **70 cm.** de large dont le mètre coûte **32 f. 50.** Quelle a été la dépense si l'assemblage du taffetas fait perdre $\frac{1}{7}$ de l'étoffe?

TABLE DES MATIÈRES

Pages.

PRÉFACE III

PREMIÈRE PARTIE
ÉLÉMENTS D'ARITHMÉTIQUE

Notions préliminaires 5

LIVRE PREMIER

NUMÉRATION DES NOMBRES ENTIERS. — OPÉRATIONS SUR CES NOMBRES

Chapitres
- I. — Numération 9
- II. — Addition 19
- III. — Soustraction 25
- IV. — Multiplication 33
- V. — Division 48

LIVRE DEUXIÈME
LES FRACTIONS ET LES NOMBRES DÉCIMAUX

Chapitres
- I. — Notions sur les fractions ordinaires 64
- II. — Opérations sur les fractions. 78
- III. — Numération des nombres décimaux 95
- IV. — Opérations sur les nombres décimaux 102

LIVRE TROISIÈME
CARRÉS ET RACINES CARRÉES

Chapitres
- I. — Carrés et racines carrées des nombres entiers 112
- II. — Racine carrée entière des nombres fractionnaires. — Racine carrée à une approximation décimale donnée d'un nombre quelconque 119

LIVRE QUATRIÈME
SYSTÈME MÉTRIQUE

Chapitres
- I. — Notions générales 124
- II. — Mesures de longueur 130

Chapitres — Pages
- III. — Mesures de surface 136
- IV. — Mesures de volume 141
- V. — Mesures de masse ou de poids 146
- VI. — Mesures de capacité 151
- VII. — Monnaies 154

LIVRE CINQUIÈME
NOMBRES COMPLEXES . 159

DEUXIÈME PARTIE
ÉLÉMENTS DE GÉOMÉTRIE

Chapitres
- I. — Notions préliminaires 169
- II. — Différentes sortes de lignes et de surfaces. — Tracé des lignes droites et des circonférences 171
- III. — Les angles 176
- IV. — Tracé des perpendiculaires. 183
- V. — Tracé des parallèles 188
- VI. — Des triangles 192
- VII. — Des quadrilatères 199
- VIII. — De la circonférence 205
- IX. — Des polygones 212
- X. — Mesure des aires 217
- XI. — Notions sur les figures à trois dimensions 224
- XII. — Des polyèdres 228
- XIII. — Aire de la surface et volume du prisme et de la pyramide 237
- XIV. — Les corps ronds 241
- XV. — Aire de la surface et volume des corps ronds 246

PROBLÈMES ET EXERCICES

Problèmes et Exercices d'arithmétique 250
Problèmes et Exercices de géométrie 310

Tours. — Imprimerie Deslis père, R. et P. Deslis.